挥发性有机污染物控制技术概论

焦　正　吴克食　编著

上海大学出版社
·上海·

图书在版编目(CIP)数据

挥发性有机污染物控制技术概论 / 焦正，吴克食编著. —上海：上海大学出版社，2023.12
ISBN 978-7-5671-4818-5

Ⅰ. ①挥… Ⅱ. ①焦… ②吴… Ⅲ. ①挥发性有机物—污染防治—研究 Ⅳ. ①X513

中国国家版本馆 CIP 数据核字(2024)第 001959 号

责任编辑 李 双
封面设计 缪炎栩
技术编辑 金 鑫 钱宇坤

挥发性有机污染物控制技术概论
焦 正 吴克食 编著
上海大学出版社出版发行
(上海市上大路 99 号 邮政编码 200444)
(https://www.shupress.cn 发行热线 021-66135112)
出版人 戴骏豪
*
南京展望文化发展有限公司排版
江苏凤凰数码印务有限公司印刷 各地新华书店经销
开本 787mm×1092mm 1/16 印张 16.25 字数 346千字
2024 年 1 月第 1 版 2024 年 1 月第 1 次印刷
ISBN 978-7-5671-4818-5/X·13 定价 68.00 元

序 | Preface

“环境就是民生，青山就是美丽，蓝天也是幸福。”良好的生态环境是最公平的公共产品，是最普惠的民生福祉！党的十八大以来，以习近平同志为核心的党中央全面加强对生态文明建设和生态环境保护的领导，开展了一系列前瞻性、开创性、战略性工作，推动污染防治的措施之实、力度之大、成效之显著前所未有。党中央、国务院高度重视大气污染防治工作，近年来，通过制定实施《大气污染防治行动计划》《打赢蓝天保卫战三年行动计划》等政策文件，我国环境空气质量明显改善，人民群众蓝天幸福感、获得感显著增强，污染防治攻坚战阶段性目标任务圆满完成。但与此同时，我国重点区域、重点行业大气污染问题仍然突出，实现碳达峰、碳中和任务艰巨，生态环境保护任重道远。进入“十四五”时期，我国经济社会发展已进入加快绿色化、低碳化的高质量发展阶段，生态文明建设仍处于压力叠加、负重前行的关键期。我们必须以更高站位、更宽视野、更大力度来谋划和推进新征程生态环境保护工作，深入打好污染防治攻坚战，谱写新时代生态文明建设新篇章。

从“十三五”坚决打好污染防治攻坚战，到“十四五”深入打好污染防治攻坚战，从“坚决”到“深入”，意味着污染防治触及的矛盾问题层次更深、领域更广，要求也更高。今后五年是美丽中国建设的重要时期，进入新发展阶段，在深入打好污染防治攻坚战的进程中想要有所作为，就必须着力解决污染防治工作中存在的思想认识不够深、治理能力不够强、改善水平不够高、工作成效不够稳、治理范围不够广等不足和短板，推动在重点区域、重点领域、关键指标上实现新突破。

为进一步加强生态环境保护，深入打好大气污染防治攻坚战，深入打好蓝天保卫战标志性战役，推动“十四五”空气质量改善目标顺利实现，首要任务便是着力打好重污染天气消除攻坚战、着力打好臭氧污染防治攻坚战，其中重要一环则是高效推进挥发性有机物与氮氧化物协同减排与综合治理。

在大气污染控制领域，继粉尘、SO_2、NO_x 之后，挥发性有机化合物（Volatile Organic Compounds，VOCs）是一类组成十分复杂的有机污染物，是导致我国高浓度 $PM_{2.5}$ 和 O_3 形成的共同前体物，其不仅会引起光化学烟雾等大气污染，所含的有毒、有害的有机废气更会严重影响人类的身体健康，其污染排放复杂、涉及行业众多。挥发性有机污染物的减排控制不仅涉及标准法规、政策制度，也涉及排放特征、控制材料、工艺过程、技术设备、工程应用等多个方面。然而，目前还缺少这方面的系统培训教材，尤其是缺乏结合工程实践的高校教材。

综合上述背景，由长期从事 VOCs 污染防治技术研究的知名专家、俄罗斯工程院外籍院士、上海大学教授焦正，联合中华环保联合会 VOCs 污染防治专业委员会副主任委员兼秘书长吴克食共同编著的《挥发性有机污染物控制技术概论》一书，理论与实践并重，全面、系统和深入地总结了 VOCs 从源头到末端的全过程污染物排放控制技术，详细论述了当前国内外较为成熟的多种 VOCs 治理应用技术，并对每一项技术的剖析都力求全面而深入，同时为了加深理解，梳理了多个重点行业的典型案例以及 VOCs 治理"绿岛"新模式等，使读者能够在不同层面全面了解挥发性有机污染物控制技术的现状和未来趋势，并从中深刻领略到作者对于生态环境保护事业的深刻洞察与执着探索。

本书作为高等院校环境工程专业及其他相关专业的教材或参考教材，具有较高的学术价值。本书的出版不仅可为环境科学与工程领域的教学和科研工作者提供借鉴，对相关领域的管理人员和工程技术人员也有较高的参考应用价值。

赵华林

2023 年 10 月

（赵华林：环境保护专家，历任国家环境保护部污染物排放总量控制司司长、污染防治司司长、规划财务司司长、国务院国有资产监督管理委员会国有重点大型企业监事会主席）

前言 | Foreword

在大气污染控制领域，继粉尘、SO_2、NO_x 之后，种类繁多的挥发性有机化合物(VOCs)，其所含的有毒、有害的有机废气不仅直接对人体产生严重危害，更是形成 O_3 和 $PM_{2.5}$ 的重要前体物。因此，挥发性有机污染物的处理越来越受到世界各国的重视，许多国家都颁布了相应的法令限制 VOCs 的排放。挥发性有机污染物处理已经成为大气污染控制中的一个热点。

在我国，对于挥发性有机污染物，国家早有严格的排放标准，有些地区更是多次发布更加严格的排放标准。在《关于推进大气污染联防联控工作改善区域空气质量的指导意见》(国办发〔2010〕33 号)的文件中，首次把挥发性有机化合物与二氧化硫、氮氧化物、颗粒物并列确定为大气污染联防联控的重点污染物，有力地推动了全国挥发性有机污染物的治理步伐。2012 年，在《重点区域大气污染防治"十二五"规划》中提出了全面展开挥发性有机物污染防治工作的要求，确定了重点区域挥发性有机物污染的防治目标。自此，在国家众多政策的指引下，更是掀起了挥发性有机物污染治理的高潮。之后，国家相关部门还陆续颁布了各重点行业的 VOCs 排放标准，具体规定挥发性有机物排放的浓度限值。

进入"十四五"时期，国家更是加大了对挥发性有机物的治理管控力度，尤其是对 VOCs 与臭氧、氮氧化物协同增效治理、重点行业原辅材料替代、加强全过程控制技术等方面做出了关键指导。《"十四五"节能减排综合工作方案》中明确提出了"到 2025 年，全国单位国内 VOCs 排放总量比 2020 年下降 10%以上，推进 VOCs 和氮氧化物协同减排"的要求。该方案提出以工业涂装、包装印刷等行业为重点，推进原辅材料和产品源头替代工程，实施全过程污染物治理。生态环境部等七部委印发的《减污降碳协同增效实施方案》(环综合〔2022〕42 号)中提出重点行业大气污染深度治理与节能降碳行动，VOCs 等大气污染物的治理要求优先采用源头替代措施。《深入打好重污染天气消除、臭氧污染防治和柴油货车污染治理攻坚战行动方案》(环大气〔2022〕68 号)中强调强化挥发性有机物(VOCs)、氮氧化物等多污染物协同减排，以石化、化工、涂装、制药、包装印刷和油品储运销等为重点，加强 VOCs 源头、过程、末端全流程治理。2023 年 12 月，国务院印发的《空气质量持续改善行动计划》(国发〔2023〕24 号)明确要求以改善空气质量为核心，以减少重污染天气和解决人民群众身边的突出大气环境问题为重点，以降低细颗粒物($PM_{2.5}$)浓度为主线，大力推动氮氧化物和挥发性有机物(VOCs)减排。

作为环境保护工作者，作者根据多年从事教学、科研、工程实践的经验以及上述国家近年来的科学指导方向，编著了《挥发性有机污染物控制技术概论》，论述挥发性有机污染物的全过程控制原理和治理方法。本书适用于高等院校环境工程专业及其他相关专业的教材或参考教材。也可作为从事大气污染控制工程，特别是从事挥发性有机物治理的工程设计、科研和管理的工程技术人员的参考用书。希望此书的出版能为我国大气污染控制相关基础学科和技术领域的科技工作者和广大师生等提供必要的依据和参考。

本书共分为六章。第一章概述，主要讲述挥发性有机污染物的定义与排放源、分类和危害，挥发与溶解蒸气压，挥发性有机污染物的污染现状，挥发性有机污染物的行业特征等；第二章讲述了我国发布的挥发性有机污染物相关治理政策、法律法规以及标准与规范；第三章介绍了挥发性有机污染物源头控制技术，讲述了典型重点行业的原辅材料替代、工艺技术改进以及设备装置升级等内容；第四章介绍了净化系统设计相关的过程控制技术；第五、第六章分别从回收技术、销毁技术等方面对挥发性有机污染物末端治理技术进行介绍，内容涉及各技术的原理、装置以及技术特点等。另外，在本书的最后还将石化、化工、涂料生产及涂装、包装印刷等典型行业的多个 VOCs 控制技术应用案例作为附录。

全书在编著过程中，得到了中华环保联合会以及众多同行专家的支持和协助。正是由于众多同行专家的指导、支持和帮助，才使本书的编写工作得以顺利进行。在此一并表示衷心的感谢！

希望本书的出版对广大读者有所裨益，对我国的大气污染特别是挥发性有机物污染的控制有所帮助。由于本书所涉及的领域较宽，难免有挂一漏万之处。由于作者的专业水平和认知有限，书中观点难免存在一些疏漏甚至错误，恳请同行专家及广大读者批评指正。

目录 | Contents

第1章
VOCs 治理概述

随着工业发展，继硫氧化物、氮氧化物和氟利昂之后，挥发性有机物的污染治理已经成为世界各国关注的焦点。我国长期关注有关挥发性有机物的污染问题，寻求挥发性有机物的有效处理技术已经迫在眉睫。本章侧重介绍挥发性有机物的定义与排放源、污染现状与危害，以及重点行业的排放特征。

1.1 VOCs 治理

1.1.1 VOCs 定义与排放源

1.1.1.1 VOCs 的定义

挥发性有机物(Volatile Organic Compounds, VOCs)一般指在标准状态下，饱和蒸气压较高、分子量小、沸点较低、常温状态下易挥发的有机化合物。常见的 VOCs 有非甲烷碳氢化合物(Non-methane hydrocarbons, NMHCs)、含氧挥发性有机物(Oxygenated Volatile Organic Compounds, OVOCs)、卤代烃(Halogenated Hydrocarbons)、含氮有机化合物(Organic Nitrates)、含硫有机化合物(Organic Sulfur)以及含碳原子数大于 10 的高碳烃等几大类化合物。美国、欧盟等国家和组织对挥发性有机物的定义如下：

1. 世界卫生组织(WHO, 1989)

世界卫生组织对总挥发性有机化合物(Total Volatile Organic Compound, TVOC)的定义为：熔点低于室温而沸点在 50～260 ℃的挥发性有机化合物的总称。

2. 欧盟(EU)

欧盟对 VOCs 的定义为：在 20 ℃条件下，蒸气压大于 0.01 kPa 的所有有机物。其在涂料行业中的定义为：在常压下，沸点或初馏点低于或等于 250 ℃的任何有机化合物。

3. 欧洲溶剂工业集团(ESIG)

欧洲溶剂工业集团对 VOCs 采用蒸发性定义：对于烃类溶剂而言，在蒸气压 0.01 kPa

下相对应其沸点约为 216 ℃的有机物溶剂。

4. 澳大利亚国家污染物清单(Australian National Pollution Inventory)

澳大利亚国家污染物清单对 VOCs 的定义为：在 20 ℃条件下蒸气压大于 0.01 kPa 的所有有机物。

5. 美国国家环境保护局(EPA)

美国国家环境保护局对 VOCs 的定义为：除 CO、CO_2、H_2CO_3、金属碳化物、金属碳酸盐和碳酸铵外，任何参加大气光化学反应的碳化合物。

6. 美国材料与试验协会(ASTM)D3960－98 标准

美国材料与试验协会(ASTM)D3960－98 标准对 VOCs 的定义为：任何能参加大气光化学反应的有机化合物。

7. 国际标准 ISO 4618/1－1998 和德国 DIN 55649－2000 标准

有关色漆和清漆通用术语的国际标准 ISO 4618/1－1998 和德国 DIN 55649－2000 标准对 VOCs 的定义为：原则上，在常温常压下，任何能自发挥发的有机液体和/或固体。德国 DIN 55649－2000 标准在测定 VOCs 含量时又作了一个限定，即在通常压力条件下，沸点或初馏点低于或等于 250 ℃的任何有机化合物。

8. 我国国家标准 GB37822－2019

我国在《挥发性有机物无组织排放控制标准》(GB 37822—2019)中将 VOCs 定义为：参与大气光化学反应的有机化合物，或者根据有关规定确定的有机化合物。《大气挥发性有机物源排放清单编制技术指南(试行)》适用的挥发性有机物包括烷烃、烯烃、芳香烃、炔烃的 C_2～C_{12} 非甲烷碳氢化合物，醛、酮、醇、醚、酯、酚等 C_1～C_{10} 含氧有机物，卤代烃，含氮有机化合物，含硫有机化合物等几类 152 种化合物。在表征 VOCs 总体排放情况时，根据行业特征和环境管理体系要求，可采用总挥发性有机物(以 TVOC 表示)、非甲烷总烃(以 NMHC 表示)作为污染物控制项目。

1.1.1.2 VOCs 的分类与排放源

1. 分类

对 VOCs 的分类依据标准各有不同，以下将从官能团、沸点、排放形式为切入点对 VOCs 的分类进行简述。

依据其官能团差异，可将 VOCs 分为：苯类、烷烃、烯烃、卤代烃、醇类、醛类、酮类、酚类、醚类、酸类、酯类、胺类共 12 大类。不同类别的 VOCs 及其典型物质见表 1－1。

表 1－1 不同官能团的 VOCs 类别及其典型物质

VOCs 类别	典型物质
苯类	苯、甲苯、二甲苯、乙苯、异丙苯、苯并芘
烷烃	丙烷、正丁烷、环己烷、己烷
烯烃	丙烯、氯丁二烯、戊二烯、氯乙烯、苯乙烯

续　表

VOCs 类别	典　型　物　质
卤代烃	二氯甲烷、三氯甲烷、氯仿、二氯乙烷
醇　类	甲醇、乙醇、丁醇、乙二醇、正丁醇、异丙醇、异丁醇、甲硫醇
醛　类	甲醛、乙醛、丙烯醛
酮　类	丁酮、丙酮、环己酮
酚　类	苯酚、苯硫酚
醚　类	丁醚、乙醚、二甲醚、甲硫醚、四氢呋喃
酸　类	丙烯酸、苯乙酸、乙酸
酯　类	辛酯、戊酯、乙酸乙酯、乙酸丁酯、乙酸丙酯、丙烯酸乙酯、丙烯酸丁酯、酚醛树脂、环氧树脂
胺　类	一甲胺、二甲胺、三甲胺、三乙胺、苯乙胺、N,N-二甲基甲酰胺(DMF)

不同行业产生的 VOCs 种类有较大差异。一些行业产生的 VOCs 种类多，如化学原料和化学制品制造业、医药制造业等，主要是因为这些行业本身生产的产品种类繁多，并且生产过程中的原料、产品、副产品或溶剂均有可能是 VOCs。此外，也有一些行业产生的 VOCs 种类较少，如通用设备制造业、家具制造业等。从各行业产生的工业 VOCs 种类来看，苯类挥发性有机物出现最频繁且行业分布最广，其次是酯类、醇类、醛类和酮类等。

世界卫生组织（WHO）根据沸点对 VOCs 进行了分类，详见表 1-2。

表 1-2　WHO 根据沸点对 VOCs 的分类

沸点情况	名　　称	VOCs 举例与沸点
沸点<50 ℃	高挥发性有机化合物(WOC)	甲烷(−161 ℃)、甲醛(−21 ℃)、甲硫醇(6 ℃)、乙醛(20 ℃)、二氯甲烷(40 ℃)
50 ℃≤沸点<260 ℃	挥发性有机物(VOC)	乙酸乙酯(77 ℃)、乙醇(78 ℃)、苯(80 ℃)、甲乙酮(80 ℃)、甲苯(110 ℃)、三氯乙烷(113 ℃)、二甲苯(140 ℃)
260 ℃≤沸点<400 ℃	半挥发性有机化合物(SVOC)	邻苯二甲酸二丁酯(340 ℃)
沸点≥400 ℃	颗粒状有机化合物(POM)	苯并芘、多氯联苯

各行业 VOCs 的排放形式一般可分为有组织排放与无组织排放两大类。

(1) 有组织排放

指 VOCs 废气污染物经过排气筒(烟囱)等固定管道进行有规律的集中排放。这种形式排放的 VOCs 基本上是生产工艺过程中产生的有机废气，而且大都是经过有机废气处理工程设施处理过后向外排放的有机废气，其浓度较低，而且向高空排放，较容易扩散。

(2) 无组织排放

指工艺操作中污染物不经排气筒或烟囱，无组织地直接向环境逸散。这种形式包括：

生产过程中没有密闭或密封措施不完善引发的设备与管线组件产生泄漏，挥发性有机液体储存和在露天作业场所装载、废水收集、处理和堆放场所的逸散，挥发性有机物料在输送、分离、精制等工艺过程中的逸散。因 VOCs 的挥发性强，其无组织逸散较多，无组织排放是 VOCs 进入大气环境的重要途径。

2. 排放源

大气中 VOCs 的污染源分为自然源和人为源。从行业分布的特点看，我国工业门类齐全，产业规模庞大，VOCs 排放来源非常复杂，且 VOCs 污染物种类繁多。

根据《大气挥发性有机物源排放清单编制技术指南（试行）》（公告 2014 年 第 55 号），人为源主要包括交通源、工业源、生活源和农业源四大类。其中，交通源包括道路机动车、油品储运销等；工业源包括化石燃料燃烧、废物处理和化学工艺过程等；生活源包括生活燃料燃烧、环境管理、居民生活消费、建筑装饰和餐饮油烟；农业源包括生物质露天燃烧、生物质燃料燃烧和农药使用等。自然源包括生物排放（如植被、土壤微生物等）和非生物过程（如火山喷发、森林或草原大火等）。

从全球范围上看，在人为活动较少的地区，自然源对 VOCs 排放的贡献占主导地位，但是在人为活动主导的地区，人为活动排放是 VOCs 最重要的来源。其中，工业源是 VOCs 排放的重要部分。

不同 VOCs 排放源分类和典型排放过程见表 1－3。实际上，不同研究者划分人为源的方法也不尽相同，这里仅列出一种分类方法供参考。

表 1－3　VOCs 排放源分类与典型排放过程

VOCs 排放源	类别	子类别	典型排放过程
人为源	工业源	产品生产	炼油、炼焦、化学品制造、制药、食品加工等行业的产品生产过程
		溶剂使用	油漆、表面喷涂、干洗、溶剂脱脂、油墨印刷、人造革生产、胶黏剂使用、冶金铸造等
		废物处理	污水处理、垃圾填埋与焚烧
		燃料燃烧	煤燃烧、生物质燃烧
	交通源	交通运输	交通工具尾气排放
		存储输送	含 VOCs 原料和产品的储存、运输
	农业源	畜禽养殖	养鸡、养猪、养牛
		农田释放	农药使用、作物和土壤释放
		燃烧排放	生物质露天燃烧、生物质燃料燃烧
	生活源	建筑装饰	室内装修、家具释放
		日常生活	生活燃料燃烧、环境管理、生活消费、餐饮油烟
自然源			森林火灾、植物释放、火山喷发

1.1.2　蒸气压、挥发与溶解

1.1.2.1　蒸气压

判断有机物是否属于挥发性有机物时主要依据该有机物的蒸气压。液态或固态物质蒸气压的大小与温度有关，温度越高，蒸气压越大。表 1－4 列出了几种液体的平衡蒸气压数据，图 1－1 给出了部分有机物的蒸气压随温度的变化曲线。

表 1－4　几种液体的平衡蒸气压

温度(℃)	$p_{水}$(mmHg)	$p_{乙醇}$(mmHg)	$p_{苯}$(mmHg)	$p_{甲苯}$(mmHg)
0	4.58	12.20	—	6.90
10	9.21	23.60	44.75	13.00
20	17.54	43.90	74.80	22.30
30	31.82	78.80	118.40	36.70
40	55.32	135.30	181.50	59.10
50	92.51	222.20	268.70	92.60
60	149.40	352.70	388.00	139.50
70	233.70	542.50	542.00	202.40
80	355.10	812.60	748.00	289.70
90	525.80	1 187.00	1 013.00	404.60
100	760.00	1 690.00	1 335.00	557.20

为了计算气液平衡体系的有关参数，在热力学中，通常选用克劳修斯－克拉佩龙(Clausius-Clapyron)方程：

$$\lg p = A - \frac{B}{T} \tag{1-1}$$

式中：p——与液相对应的平衡蒸气压，mmHg；

T——系统温度，K；

A、B——由实验确定的经验常数。通常情形下，实验数据可以用安托万(Antoine)方程更好地表示：

$$\lg p = A - \frac{B}{(T + C)} \tag{1-2}$$

式中：A、B、C——经验常数，由实验确定；

T——系统温度，℃。

表 1－5 给出了 23 种物质的经验常数值。

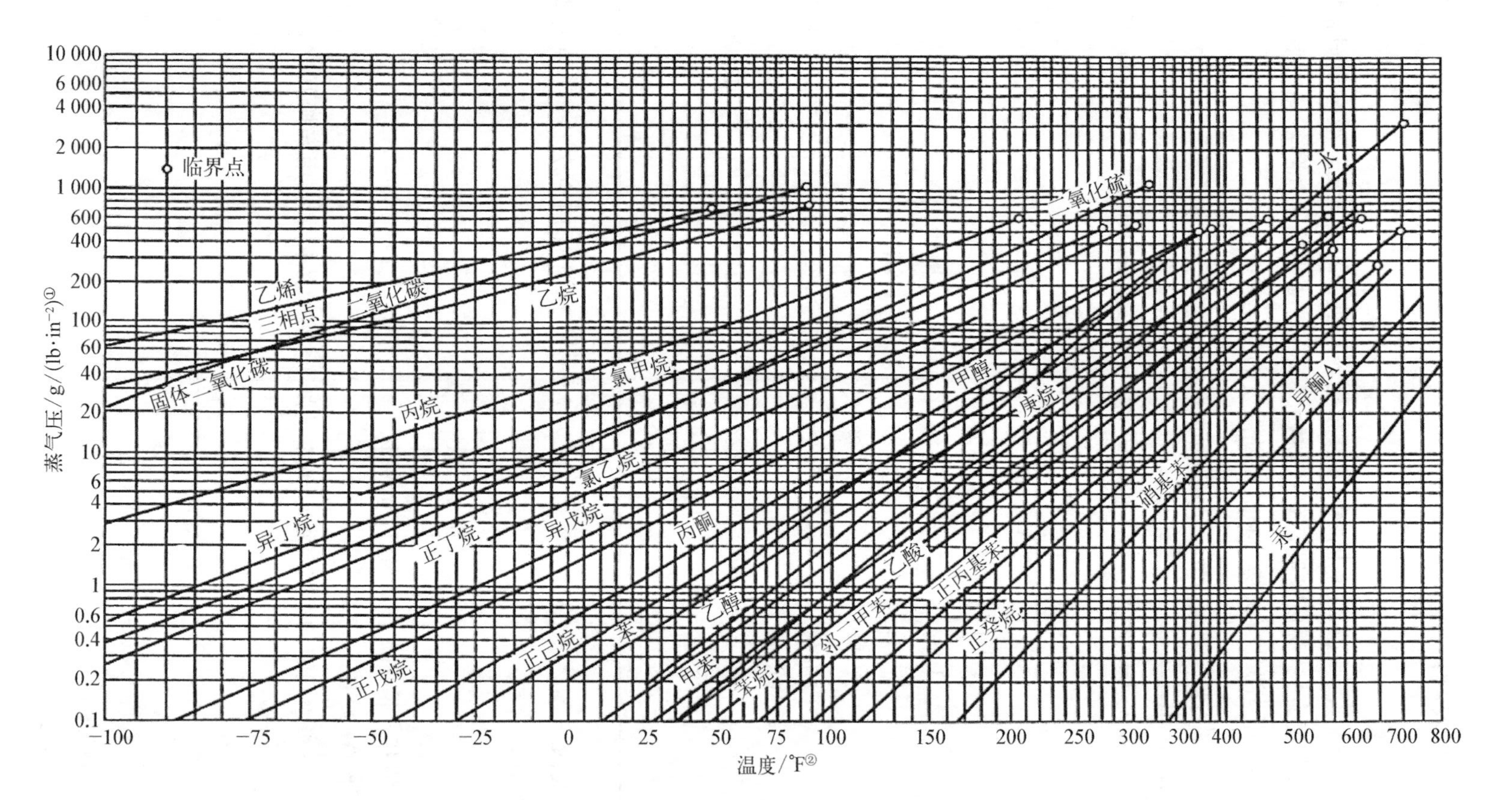

图 1－1　部分有机物蒸气压随温度的变化曲线

注：① 1 lb/in²(磅/英寸²)＝0.07 kg/cm²，② 1°F＝32＋1°C×1.8

表 1-5　安托万方程中部分常用物质的经验常数值

分子式	温度范围(℃)	*A*	*B*	*C*
C_2H_{40}	−40～70	6.810 89	992.0	230.0
$C_2H_4O_2$	0～36	7.803 07	1 651.1	225.0
	36～170	7.188 07	1 416.7	211.0
C_3H_6O	—	7.024 47	1 161.0	224.0
NH_3	−83～60	7.554 66	1 002.7	247.9
C_6H_6	—	6.905 65	1 211.0	220.8
CCl_4	—	6.933 90	1 242.4	230.0
C_6H_5Cl	0～42	7.106 90	1 500.0	224.0
	42～230	6.945 04	1 413.1	216.0
$CHCl_3$	−30～150	6.903 28	1 163.0	227.4
C_6H_{12}	−50～200	6.844 98	1 203.5	222.9
$C_4H_8O_2$	−20～150	7.098 08	1 238.7	217.0
C_2H_6O	—	8.044 94	1 554.3	222.7
C_8H_{10}	—	6.957 19	1 424.3	213.2
C_7H_{16}	—	6.902 40	1 268.1	216.9
C_7H_{14}	—	6.877 76	1 171.5	224.4
Pb	525～1 325	7.827 00	9 845.4	273.2
Hg	—	7.975 76	3 255.6	282.0
CH_4O	−20～140	7.878 63	1 471.1	230.0
C_4H_8O	—	6.974 21	1 209.6	216.0
C_5H_{12}	—	6.852 21	1 064.6	232.0
C_5H_{12}	—	6.789 67	1 020.0	233.2
C_8H_8	—	6.924 09	1 420.0	206.0
C_7H_8	—	6.953 34	1 343.9	219.4
H_2O	0～60	8.107 65	1 750.3	235.0
	60～150	7.996 81	1 668.2	228.0

1.1.2.2　挥发与溶解

实际应用中，大部分有机物均置于与大气相通的容器内，因此其容易发生汽化并进入大气环境中，引起环境污染。部分有机物(如乙烷、丙烷、丁烷)在室温时的蒸气压大于大气压，会剧烈沸腾，此类物质必须加压密闭保存。作为燃料用的有机物，如汽油、液化气等，在装卸、运输过程中都会因挥发而排出大量的 VOCs，导致大气环境的污染。表 1-6 给出了不同蒸气压及在标准大气压下 VOCs 的行为。

表 1-6　不同蒸气压和标准大气压下 VOCs 的行为

蒸气压 p	与大气相通的容器内	密闭且无通风口的容器内	密闭而有通风口的容器内
$p > p_0$	剧烈沸腾后逐渐冷却直到 $p = p_0$	容器内部压力 $= p_0$	剧烈沸腾，通过通风口排出
$p = p_0$	沸腾，沸腾速率依赖于输入容器的热量	容器内部压力 $= p_0$	沸腾，沸腾速率依赖于输入容器的热量，通过通风口排出
$p < p_0$	液体缓慢汽化	容器内部压力 $< p_0$	容器顶空蒸气饱和

另外，VOCs 在水中的溶解度也与其排放和控制有密切关系。表 1-7 给出了部分 VOCs 25 ℃时在水中的溶解度。从表中数据可知，大部分 VOCs 微溶于水，可以通过简单的相分离和滗析法去除部分 VOCs。但是，由于去除 VOCs 的水中仍然含有少量溶解性碳氢化合物，因此必须经进一步处理方可排入市政排水管网或受纳水体。由于极性的 VOCs 除了含有 C、H 元素外，还含有 N、O 元素(醇、醚、醛、酮、羟基酸、酯、胺等)，比只含 C、H 元素的非极性 VOCs 更易溶于水。溶解性能的差异，使气体中的极性 VOCs 更易通过洗涤而被去除，但溶解于水中的 VOCs 却较难去除。相对分子质量相同时，极性有机物的溶解度是非极性有机物的 100 多倍。属同族的有机物，溶解度随相对分子质量的增加而减小。

表 1-7　部分 VOCs 在水中的溶解度(25 ℃)

族	化合物	相对分子质量	溶解度(%)(质量分数)
直链烃	正戊烷	72	3.8×10^{-3}
	异乙烷	86	9.5×10^{-4}
环烃	环己烷	84	5.5×10^{-3}
芳烃	苯	78	1.8×10^{-1}
	甲苯	92	5.2×10^{-2}
	乙苯	106	2.0×10^{-2}
醇	甲醇	32	互溶
	乙醇	46	互溶
	正丙醇	60	互溶
	异丙醇	60	互溶
	乙二醇	62	互溶
	丁醇	74	7.3
	环己醇	100	4.3

续　表

族	化合物	相对分子质量	溶解度(%)(质量分数)
酮	丙酮	58	互溶
	丁酮	72	26
	甲基异丁基酮	100	1.7
醚	乙醚	74	6.9
	异丁醚	102	1.2
酸	甲酸	74	24.5
	乙酸	88	7.7
	丁酸	116	0.7

1.1.3　VOCs 的危害

VOCs 是大气对流层非常重要的痕量组分，也是重要的大气污染物之一，其组分十分复杂，包括成百上千种不同的物质。VOCs 对环境和人类健康会产生直接和间接的危害，不容小觑。

1. VOCs 的直接危害

VOCs 对人身健康的危害极大。VOCs 中大多组分具有毒性并且散发出恶臭气味，当其在环境中的浓度达到一定值时，短时间内便可以使人头痛、恶心、呕吐，严重时甚至会使人发生抽搐、昏迷及记忆力衰退。VOCs 可对人的眼、鼻、咽喉等部位造成刺激。例如，引起人眼部干燥且有刺痛感，频繁眨眼、流泪；使鼻部位出现鼻塞、干燥、刺痛、嗅觉失灵、流鼻血；咽喉部位会充血、引发炎症，还会出现咳嗽及声音沙哑等症状；皮肤出现干燥、瘙痒、刺痛、红斑等。

VOCs 含量过高时会导致过敏性肺炎、神经机能失调及痴呆。长时间在无保护措施的情况下暴露于高浓度的 VOCs 中，罹患癌症和白血病的概率会大幅升高。有关数据显示：当 VOCs 浓度低于 0.2 mg/m^3 时，对人体基本无影响；当 VOCs 浓度在 0.2～3 mg/m^3 时，短时间内也不会对人体造成危害，但可能会产生刺激和不适；当 VOCs 浓度在 3～25 mg/m^2 时，人体会感受到刺激和不适，可能会感到头痛；当 VOCs 浓度大于 25 mg/m^3 时，会对人体产生明显毒性作用。由于某些 VOCs 具有渗透、脂溶及挥发等物理特性，会导致呼吸道、消化系统、神经系统及造血系统等发生病变，室内空气中 VOCs 的存在更是危及人身健康，目前已确认的超过 900 种室内化学物质及生物性物质当中，VOCs 有 350 种以上($>5.36\times10^{-4}$ $\mu g/m^3$，以碳计)，其中多种物质具有神经毒性、肝脏毒性及肾脏毒性，具有致癌性或致突变性的超过 20 种，会对血液成分和心血管系统造成损害。不可忽视的是，当多种 VOCs 共存于同一空间时，其造成的毒性作用往往成倍增大。

VOCs 的存在对植物的危害也很大，VOCs 污染物对植物的危害通常发生在叶片上，常见的可毒害植物的 VOCs 有过氧乙酰硝酸酯(Peroxyacetyl Nitrate，PAN)和乙烯。PAN 侵害叶片气孔周围的海绵状薄壁细胞，使叶子背面呈银灰色或古铜色，从而影响植物的生长，降低植物对病虫害的抵抗力。有报道称，牵牛花在 PAN 浓度为 5×10^{-5} $\mu g/m^3$ 的空气中暴露 8 h 就会受到影响。

2. VOCs 的间接危害

城市地区高浓度的臭氧和二次细颗粒物的形成都与 VOCs 的光化学反应过程有关。VOCs 在紫外线照射条件下，与 NO_x 发生光化学反应会生成 O_3，增强了大气的氧化性。在许多城市，大气臭氧的生成都是受 VOCs 控制的大气化学过程。平流层中的部分 VOCs，如卤代烃类，会与臭氧发生循环链式反应，破坏臭氧层，影响全球环境。同时，VOCs 经过一系列反应生成二次有机物，某些二次有机物会形成二次有机气溶胶(Secondary Organic Aerosol，SOA)即 $PM_{2.5}$(2.5 - micrometep Particulate Matter)的重要组成成分。VOCs 转换生成的 O_3 再次参与大气化学反应，生成硫酸盐及硝酸盐，进一步促进二次有机气溶胶的生成。全球每年大约 70%的有机气溶胶均为二次气溶胶，总质量约为 150 Tg，而其中 VOCs 转化生成的二次有机气溶胶在细颗粒有机物质量浓度中占 30%甚至更高，从而间接影响人体健康。另外，多种 VOCs 会影响对流层的 O_3、CH_5 和 CO_2 等气体，具有一定温室效应，其中氢氟氯碳化物本身即为温室气体，其全球增温系数高达几百甚至几千。

在 VOCs 对环境和人体健康产生危害的同时，还需要注意到，由于基本上所有的 VOCs 都具有易燃、易爆的特性，在高温、高压的环境中，其会给工业生产带来较大的安全隐患。

1.2 VOCs 污染现状

1.2.1 国内 VOCs 污染特征

我国挥发性有机物的污染特点主要有以下几个方面：一是工业城市大气中 VOCs 的浓度高于非工业城市；二是综合型大城市大气中 VOCs 的浓度高于中小型城市和农村地区；三是北方燃煤城市大气中 VOCs 的浓度高于南方城市。

从分布区域特点看，2021 年我国重点地区 VOCs 排放量可依据其在全国总量中的占比分为>10%、5%～10%、3%～4%、1%～2%和<1%五个档位。其中，处于 3%～4%档的地区最多，共 14 个；长三角地区 VOCs 排放量最大，占全国 VOCs 排放总量的 18%；

处于 5%～10%档的地区，按占比从大到小依次为：山东、京津冀地区和河南；处于 3%～4%档的地区，按占比从大到小依次为四川、辽宁、湖北、湖南、黑龙江、福建、内蒙古、山西、吉林、云南、陕西、广西、江西和新疆；介于 1%～2%的地区，按占比从大到小的城市分别为甘肃、重庆、贵州、海南和宁夏详见图 1－2。

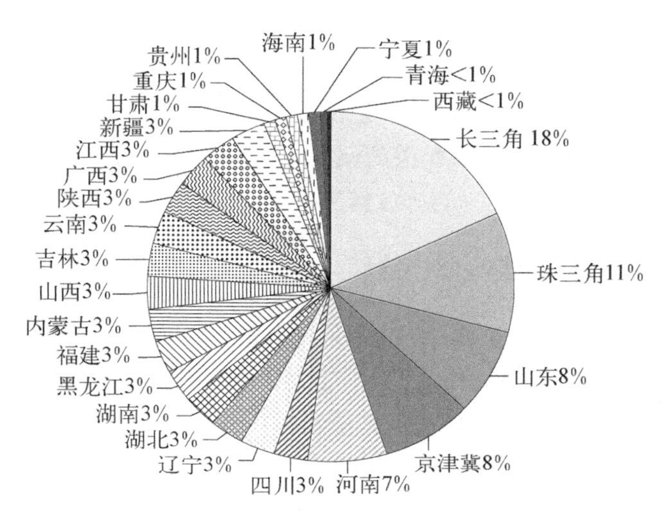

图 1－2　2021 年我国重点地区 VOCs 排放量占比情况

从各工业行业 VOCs 排放量的占比情况来看，石油、煤炭及其他燃料加工业占比 25.5%，化学原料和化学制品制造业占比 22.4%，橡胶和塑料制品业占比 6.3%，其他工业行业占比 45.8%，如图 1－3 所示。

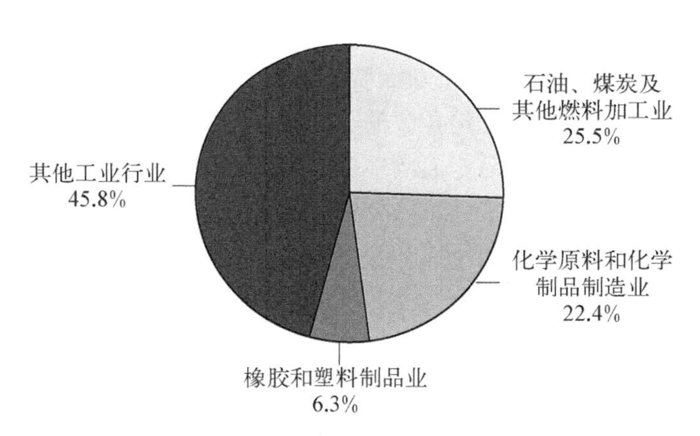

图 1－3　2021 年我国各工业行业 VOCs 排放量占比情况

目前 VOCs 污染问题是我国大气环境保护遇到的难题之一。工业源 VOCs 的排放是 VOCs 的最大来源，它所涉及的行业众多，具有排放强度大、浓度高、污染物种类多、持续时间长等特点，对局部空气质量的影响显著。

同时需要注意的是，虽然人们意识到 VOCs 具有一定的危害性，但对其认识了解不足，与二氧化硫、氮氧化物、颗粒物相比，VOCs尚未被纳入日常监测体系。现有的排放与监测数据大多基于个人或机构研究结果，所采用的监测方法不同，数据之间存在着差异。对大气环境中的VOCs，常用的监测方法是在线法和离线法。在线法多采用自动在线监测系统，该系统存在一定的污染交叉，仪器的环境适用性和稳定性亟待完善；离线法一般以SUMMA罐或吸附管采样，采用色-质联用分析，分析时间长，具有一定的滞后性。工业源排放的VOCs，具有排放温度高、湿度大、组分复杂、浓度波动范围广等特点，目前尚无较好的监测仪器与方法，一般采用总烃监测仪，以监测总挥发性有机物为主，但其不能准确地反映污染排放的真实情况。相关的便携式色谱、离子质谱正在研究与试用当中，还不能及时、准确地监测工业VOCs的排放情况。

1.2.2 国内的VOCs排放与治理现状

2013年之前，我国VOCs排放、治理情况并未引起广泛的关注，《大气污染防治行动计划》(国发〔2013〕37号)的发布，使人们的关注点逐渐从脱硫脱硝转到VOCs的治理上。2015年，在新的《中华人民共和国环境保护法》和《中华人民共和国大气污染防治法》中增加了关于VOCs污染防治的条款，使得VOCs的排污收费办法初步成型，促进了治理行业的发展。同年，《挥发性有机物排污收费试点办法》(财税〔2015〕71号)出台并提出对直接向大气排放VOCs的企业征收VOCs排污费。

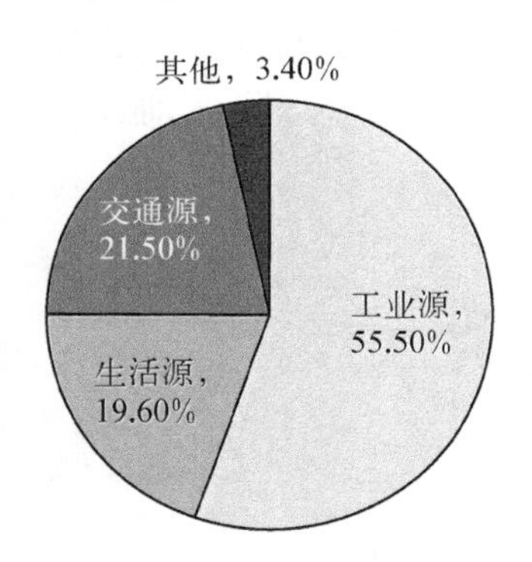

图1-4 2015年我国不同VOCs排放源构成情况

基于相关统计资料计算，2015年我国VOCs排放总量为2 600万吨，其中工业源VOCs排放最多，占总量的55.50%，其次是交通源排放的VOCS，占总量的21.50%，生活源排放的VOCs占总量的19.60%。按行业划分，工业源中排放较多的是化工、工业涂装、石化和印刷行业；交通源中，道路机动车油品储运销排放的VOCs较多；生活源中家居用品、餐饮油烟和化妆品排放的VOCs较多。

2016年，《"十三五"生态环境保护规划》中明确提出全面启动VOCs污染防治，在重点行业、重点区域推进VOCs排放总量控制，全国VOCs排放总量下降10%以上，并提出了一系列VOCs减排举措。2018年，国务院印发的《打赢蓝天保卫战三年行动计划》(国发〔2018〕22号)中，政府部门加大了对VOCs治理的投入，各地开始加强对VOCs的标准规范制定，VOCs治理行业快速发展。2018年，《固定污染源废气挥发性有机物检查监测要点》和《固定污染源废气挥发性有机物监测技术规定(试行)》两项技术规范出台，系统建立了VOCs排放标准和监测管理指标体系。2019年，《挥发性有机物无组织排放控制标准》(GB 37822—2019)出台，对VOCs物料储存无组织排放、VOCs物料转移和输送无组织排放等控制要求作了明确规定；同年生态环境部印发的《重点行业挥发性有机物综合治理方案》(环大气〔2019〕53号)明确了重点行业VOCs的治理任务。

2020 年，生态环境部发布的《2020 年挥发性有机物治理攻坚方案》（环大气〔2020〕33 号）旨在通过攻坚行动，使 VOCs 治理能力显著提升，VOCs 排放量明显下降。2020 年，全国挥发性有机物排放量为 610.2 万吨。其中，工业源挥发性有机物排放量为 217.1 万吨，占全国挥发性有机物排放量的 35.6%；生活源挥发性有机物排放量为 182.5 万吨，占全国挥发性有机物排放量的 29.9%；移动源挥发性有机物排放量为 210.5 万吨，占全国挥发性有机物排放量的 34.5%。2020 年全国及各排放源挥发性有机物排放情况见表 1 - 8。

表 1 - 8　2020 年全国及各排放源挥发性有机物排放情况

项　　目	合　计	工业源	生活源	移动源
排放量(万吨)	610.1	217.1	182.5	210.5
占比(%)	100.0	35.6	29.9	34.5

2020 年，挥发性有机物排放量排名前五的地区依次为：山东、广东、江苏、浙江和河北，排放量合计为 216.8 万吨，占全国挥发性有机物排放量的 35.5%。工业源和移动源挥发性有机物排放量最大的地区都是山东，生活源挥发性有机物排放量最大的地区是广东。2020 年各地区挥发性有机物排放情况见图 1 - 5。

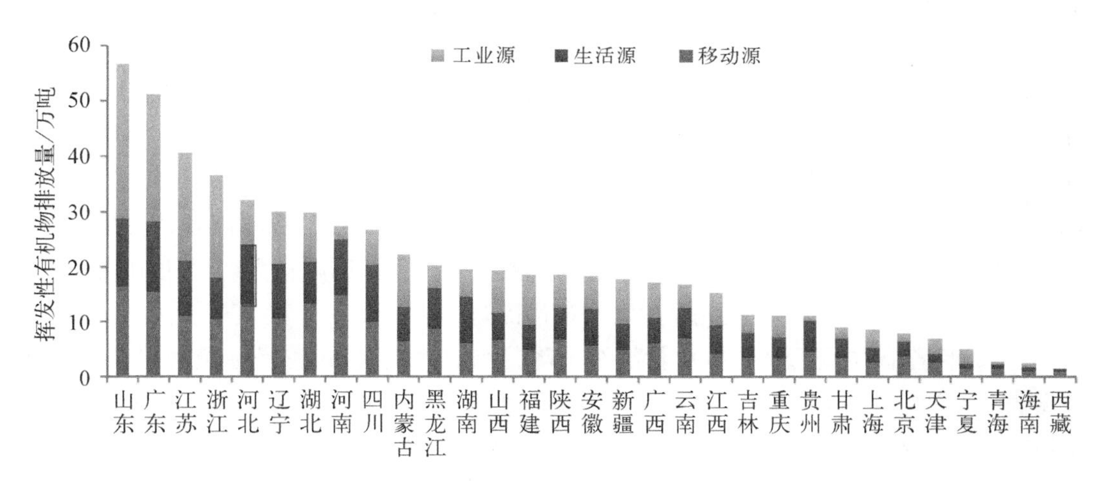

图 1 - 5　2020 年各地区挥发性有机物排放情况

对 VOCs 的治理不仅能直接降低挥发性有机污染物的排放量，更能间接性地对 $PM_{2.5}$ 和 O_3 的治理作出贡献。VOCs 是造成大气中臭氧等污染物浓度增加及向二次有机颗粒物转化并最终形成 $PM_{2.5}$ 的重要原因。VOCs 在光照条件下能与氮氧化物发生光化学反应生成臭氧；同时其也是 $PM_{2.5}$ 二次颗粒物的重要前体物，能够通过氧化、吸附、凝结等过程最终生成二次有机颗粒物。因此，VOCs、O_3 和 $PM_{2.5}$ 的协同治理是环保部门的重点研究方向之一。

从反应机理来分析，VOCs 可以和 NO_x 发生光化学反应，形成光化学烟雾；也能与大气中的·OH、NO_3^-、O_3 等氧化剂发生多途径反应，生成二次有机气溶胶，对环境空气中的 O_3 和 $PM_{2.5}$ 均有重要影响。京津冀及周边地区源解析结果表明，当前阶段有机物（Organic Matter，OM）是 $PM_{2.5}$ 的主要组分，占比达 20%～40%，其中，二次有机物占 OM 比例为 30%～50%，主要来自 VOCs 转化生成。

《2021 中国生态环境状况公报》发布，2021 年全国 339 个地级及以上城市平均优良天数比例为 87.5%，同比上升 0.5 个百分点。在大气方面，城市环境空气质量总体仍未摆脱“气象影响型”，尚有 29.8%的城市 $PM_{2.5}$ 平均浓度超标。细颗粒物（$PM_{2.5}$）、可吸入颗粒物（PM_{10}）、臭氧（O_3）、二氧化硫（SO_2）、二氧化氮（NO_2）和一氧化碳（CO）六项指标年均浓度同比首次全部下降，其中，$PM_{2.5}$ 平均浓度为 35 $\mu g/m^3$，O_3 平均浓度为 150 $\mu g/m^3$，$PM_{2.5}$ 和 O_3 平均浓度连续两年双下降。京津冀及周边地区、长三角地区、汾渭平原等重点区域空气质量明显改善，“十四五”生态环境保护实现良好开局。

《2022 中国生态环境状况公报》显示，2022 年 1 至 12 月，全国 339 个地级及以上城市 $PM_{2.5}$ 平均浓度为 29 $\mu g/m^3$，同比下降 3.3%；PM_{10} 平均浓度为 51 $\mu g/m^3$，同比下降 5.6%。但 O_3 的平均浓度仍保持 145 $\mu g/m^2$ 的高位，臭氧污染同步导致了空气质量优良天数比例下降。由此可见，我国臭氧污染情势严峻，为了更好地维护大气环境，仍需要继续加强对 VOCs 的治理。

2022 年年初，国务院出台《“十四五”节能减排综合工作方案》提出，到 2025 年实现全国 VOCs 排放总量较 2020 年下降 10%以上，并确定 VOCs 综合整治工程为“十大重点工程”之一，以工业涂装、包装印刷等行业为重点，推动使用低 VOCs 含量的涂料、油墨、胶粘剂、清洗剂；深化石化、化工等行业的 VOCs 治理。6 月，生态环境部等 7 部门联合印发《减污降碳协同增效实施方案》（环综合〔2022〕42 号），紧扣“双碳”战略部署，突出大气污染防治协同控制重要性，要求加大 NO_x、VOCs 及温室气体协同减排力度，开展工程试点，对 VOCs 等大气污染物治理优先采用源头替代措施。

2022 年，全国主要污染物排放量继续下降，生态环境质量改善目标顺利完成。监测数据表明，2022 年全国空气质量稳中向好，全国地级及以上城市优良天数比例为 86.5%，重污染天数比例首次降到 1%以内，$PM_{2.5}$ 有监测数据以来浓度首次降到 30 $\mu g/m^3$ 以内。2022 年，全国生态环境系统持续推进蓝天保卫战，累计完成 2.1 亿吨粗钢产能全流程超低排放改造和 4.6 万余个挥发性有机物突出问题整改，开展重点区域空气质量改善监督帮扶。

多年以来，中国生态环境保护发生了历史性、转折性和全局性的变化，绿色循环低碳发展步履坚实，生态环境质量改善成效显著，生态系统稳定性不断提升，应对气候变化工作有力推进，核与辐射安全监管全面加强，生态环境风险得到有效防控，生态环境治理能力明显提升，环境领域国际影响力显著增强，为建设人与自然和谐共生的现代化奠定了坚实基础。

以工业园区为切入点讨论我国VOCs排放现状，我国工业园区数量大，其中有高VOCs排放量的园区占比高，VOCs总体排放量大，对环境的危害明显，因此VOCs管控治理极其重要。由于工业园区数量巨大，大气污染排放管理与控制相对复杂，对主导行业有高VOCs排放量的园区进行梳理，2022年国家级工业园区的主要情况见表1-9，省市级工业园区的主要情况见表1-10。梳理行业主要包括《"十三五"挥发性有机物污染防治工作方案》中提到的石化、化工、包装印刷、工业涂装、油品储运销等行业，其中涂装行业主要涉及动车制造与维修、家具、家电、机械装备制造、管业、造船、集装箱等。近几年，国内VOCs的治理主要集中在石油化工、有机化工、工业涂装和包装印刷等行业。

表1-9 我国国家级工业园区涉及VOCs主要排放行业情况统计 （单位：个）

行业	经济技术开发区	高新技术产业开发区	海关特殊监管区域	边境/跨境经济合作区	其他类型开发区	总计
石化	17	1	0	0	0	18
有机化工	6	16	1	1	0	24
包装印刷	1	1	0	0	0	2
制药	16	9	0	0	0	25
生物制药	24	32	3	0	2	61
汽车	34	19	3	1	2	59
家具	1	0	2	0	0	3
机械制造	88	62	12	1	3	166
造船	0	0	0	0	0	0
家电	3	3	2	0	0	8
园区总数	219	156	135	19	23	552

表1-10 我国省(市)级工业园区涉及VOCs主要排放行业情况统计 （单位：个）

省份＼行业	石化	有机化工	包装印刷	制药	生物制药	汽车	家具	机械装备/装备制造	造船	家电	园区总数
北京市	0	0	0	2	2	1	0	2	0	0	16
天津市	1	1	0	2	0	0	0	6	0	0	21
河北省	0	18	1	8	10	13	3	78	0	0	138
山西省	0	7	0	1	2	0	0	14	0	0	20
内蒙古自治区	1	27	0	4	2	0	0	15	0	0	69
辽宁省	5	8	3	2	2	7	1	30	0	0	62
吉林省	0	4	0	21	3	9	0	8	0	0	48
黑龙江省	0	10	0	12	2	0	1	5	0	0	74

续　表

省份＼行业	石化	有机化工	包装印刷	制药	生物制药	汽车	家具	机械装备/装备制造	造船	家电	园区总数
上海市	0	0	1	5	6	9	0	4	1	0	39
江苏省	2	13	0	5	3	14	1	36	0	1	103
浙江省	0	8	1	4	3	13	3	14	0	0	82
安徽省	1	12	0	6	4	19	2	22	0	2	96
福建省	3	7	4	5	5	2	1	6	0	0	67
江西省	1	11	0	6	10	4	3	7	0	0	78
山东省	8	38	2	10	14	17	2	38	0	1	136
河南省	1	17	0	12	5	6	1	44	0	1	131
湖北省	0	15	2	6	10	15	1	14	0	0	84
湖南省	1	10	0	14	12	5	2	14	0	0	109
广东省	1	8	3	9	9	10	5	25	0	3	102
广西壮族自治区	2	7	0	6	2	4	1	4	0	0	50
海南省	0	1	0	0	0	0	0	0	0	0	2
重庆市	0	7	0	7	0	12	0	18	0	0	41
四川省	3	24	3	21	0	4	2	14	0	0	116
贵州省	0	8	0	12	0	1	0	19	0	0	57
云南省	1	17	1	5	2	0	0	4	0	0	63
西藏自治区	0	0	0	3	0	0	0	1	0	0	4
陕西省	0	7	1	2	4	2	0	8	0	0	40
甘肃省	2	14	1	12	1	0	0	13	0	0	58
青海省	0	4	0	0	2	0	0	1	0	0	12
宁夏回族自治区	0	3	0	0	2	0	0	4	0	0	12
新疆维吾尔自治区	2	17	1	0	1	0	0	7	0	0	61
总计	34	323	24	202	118	167	29	475	1	8	1 991

1.2.3　国外 VOCs 排放与治理现状

1.2.3.1　美国的 VOCs 排放现状

美国对 VOCs 污染排放情况的基础数据调研和数据共享、公开工作非常重视。在美国国家环保局(EPA)的网站上可以查到美国每个州和每个县的 VOCs 排放总量和来源构成。

EPA 公开的 VOCs 排放数据(图 1－6)显示，1970—2001 年，美国 VOCs 排放总量及自然源、人为源和其他源的 VOCs 排放量均呈逐年波动下降走势；2002—2020 年，VOCs 排放总量呈先升高后下降的走势，自然源及其他源的 VOCs 排放量呈逐年波动增加走势，人为源排放量持续呈波动下降走势。1970—2001 年，美国人为源 VOCs 排放量在 VOCs

总排放量中的占比 1970—2001 年在 91.0%以上，2002—2016 年在 83.5%以上，2017—2020 年在 72.4%以上，人为源排放占比的逐渐降低证实了不断增加的管控力度及其管控成效。2020 年，美国人为源 VOCs 排放量较 1970 年降低了 64.3%，约 2.2×107 t。以 1970 年为基准年，1970—2001 年，美国人为源 VOCs 的减排量对 VOCs 总减排量的贡献率为 91.5%～98.8%(1980 年为 103.0%、1990 年为 100.6%、1996 年为 106.9%，这三年除外)，2002—2016 年为 108.1%～115.9%，2017—2020 年为 120.3%～120.9%。综上，美国 VOCs 管控中人为源 VOCs 管控的贡献大、成效显著。

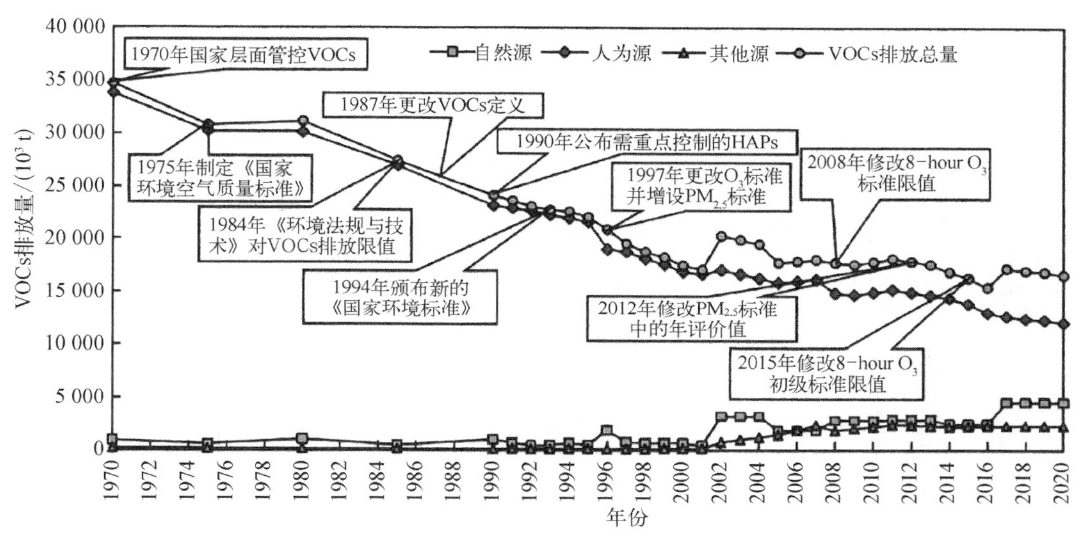

注：数据来源于US EPA(https://www.epa.gov/air-emissions-inventories)，为美国全国1970—2020年VOCs排放数据。

图 1-6　EPA 公开的 VOCs 排放数据

美国的 VOCs 管控过程历经四个阶段：萌芽阶段(1970 年以前)、探索阶段(1970—1976 年)、发展阶段(1977—1996 年)和成熟阶段(1997 年至今)。其中，管控目的从仅防治 O_3 污染扩充到防治 VOCs 毒性、O_3 污染及颗粒物污染。表 1-11 介绍了美国在各个阶段内的管控措施及主要内容。

表 1-11　美国各阶段大气环境管控措施及主要内容

管控阶段	管控措施及主要内容	管控目的
萌芽阶段(1970 年以前)	1947 年，洛杉矶成立空气污染控制局 1955 年，美国政府通过第一部环境空气防治法，即《空气污染控制法》(APCA) 1962 年，美国政府修订《空气污染控制法》，初步规定汽车尾气治理条例 1963 年，出台《清洁空气法案》(CAA)，作为美国最重要的空气污染控制法案 1965 年，修订《清洁空气法案》，加强联邦政府对移动源的控制并颁布《机动车污染控制法》 1966 年，洛杉矶颁布了著名的“66 规定”(Rule 66)以限制有机溶剂的排放	防治 O_3 污染

续 表

管控阶段	管控措施及主要内容	管控目的
探索阶段（1970—1976年）	1970年，发布《清洁空气法案》严格了汽车排放标准，发布了《碳氢化合物和有机溶剂控制技术》 1971年，发布《环境空气质量标准》并首次承认VOCs反应性问题 1975年，发布《清洁空气法案》，同时形成了《国家环境空气质量标准》(NAAQS) 1976年，发布关于有机化合物反应性的政策性文件声明	防治O_3污染
发展阶段（1977—1996年）	1977年，发布《清洁空气法案的修正案》并颁布VOCs控制推荐政策 1979年，明确VOCs和NO_x是O_3的主要前体物并颁布1-hour O_3标准限值 1981年，发布《国家臭氧执行计划》(SIP) 1984年，发布《环境法规与技术》限制VOCs的排放 1987年，更新VOCs的定义 1988年，颁布《关于VOCs定义中蒸气压限值设定存在不是与缺陷的声明》，限制VOCs排放 1990年，发布新的《清洁空气法案》，公布需重点控制的189种（后为187种）有害空气污染物(HAPs)，并加强移动源管理 1991年，成立加利福尼亚州环境保护局(CalEPA)，并用最大增量反应活性(MIR)来表示每种VOC的反应性 1992年，为限制低反应性的VOCs并控制制造业工艺的VOCs排放量，发布固定源VOCs排放控制技术 1993年，发布化学加工设施逸散VOCs控制技术指南 1994年，颁布新的《国家环境标准》发布消费者和商业产品VOCs排放研究报告 1995年，开始征收VOCs排污费，确定HAPs标准，发布制造业VOCs排放技术指南 1996年，美国举行听证会，确定排放清单标准	防治O_3污染及VOCs毒性
成熟阶段（1997年至今）	1997年，发布《国家环境标准》将1-hour O_3环境标准改为8-hour O_3，并首次增设$PM_{2.5}$标准限值 1998年，发布《国家建筑涂料VOCs排放标准》《国家汽车装修VOCs排放标准》和《国家消费品VOCs排放标准》 2000年，制定所有乘用车尾气排放标准及汽油中VOCs含量标准，要求石油行业安装处理设施 2001年，控制机动车及其燃料VOCs的排放，更新固定源VOCs排放标准 2005年，发布臭氧污染实施计划中控制VOCs的临时性指南，修订移动源空气毒性规则 2006年，修改24-hour $PM_{2.5}$标准限值并发布平版/胶状印刷的VOCs控制技术指南 2007年，减少移动源燃料中的HAPs含量，发布各行业喷涂过程的VOCs排放控制技术指南 2008年，修改8-hour O_3标准限值，发布多个涂装行业VOCs排放控制技术指南 2011年，使用清洁能源替代燃料 2012年，修改$PM_{2.5}$标准中的年评价值 2015年，修改8-hour O_3初级标准限值 2016年，要求热固性印刷行业集体按照标准处理设备 2019年，修订石油和天然气行业新源性能标准 2021年，利用光化学监测网监测环境中的O_3、NO_x和VOCs含量	防治VOCs毒性、O_3污染及颗粒物污染

1.2.3.2　日本的 VOCs 排放现状

日本是亚洲较早开展 VOCs 管理的国家，自 21 世纪初相继出台了一系列 VOCs 控制政策和排放标准，构建了完善的管控体系；同时，设立了明确的减排目标，且最大限度地鼓励企业自主减排。21 世纪初，日本悬浮颗粒物（Suspended Particle Matter，SPM）和光化学氧化物造成的大气污染仍然十分严重：SPM 环境标准的实施效果不佳，且 SPM 环境危害尚不明确；光化学氧化物平均浓度逐年上升，对由光化学氧化剂造成的健康问题的申诉也日益增多。大气污染形势严峻，倒逼日本政府在 21 世纪初采取了一系列严格的防治措施，在成功降低了大气 NO_x 浓度后，将工作重点转向了颗粒物和臭氧防控。VOCs 作为臭氧和二次有机气溶胶的重要前体物，是 SPM 和光化学氧化物防治中的重要环节。

2004 年 5 月，日本政府在修订的《大气污染防治法》中添加了“VOCs 排放规制”一章，并于 2005 年 5 月、6 月根据修订的《大气污染防治法》，先后修订了《大气污染防治法实施令》（国级令）和《大气污染防治法实施规则》（部级令），此外，日本环境省还公布了 VOCs 浓度的标准测定法。在以上措施颁布后，VOCs 排放相关规定于 2006 年 4 月 1 日开始正式实施，重点对六类重点源实施 VOCs 排放控制，这六类 VOCs 重点源包括：化学品制造、涂装、工业清洗、黏接、印刷和 VOCs 贮存，涵盖了大部分 VOCs 排放源。同时，日本政府对大气污染物实行管制，确定的空气有毒物质当中，苯、三氯乙烯、四氯乙烯 3 种 VOCs 被列入需要优先采取行动的物质，通过区分现有源和新源，分别制定了这些污染物的排放限值。

在日本，厚生劳动省还为 13 种挥发性有机物设定了指导浓度值，并为总挥发性有机物水平设定了 400 $\mu g/m^3$ 的临时目标值，作为应对挥发性有机物对人类健康影响的措施。同时，VOCs 相关排放规定要求至 2010 年，来自工厂等固定污染源的 VOCs 排放总量比 2000 年降低 30%。日本政府希望通过 VOCs 减排，最终实现对大气中 SPM 和光化学氧化剂的显著控制。

在东京，光化学氧化剂的环境指标尚未达到标准要求，近年来出现高浓度光化学氧化剂的天数也在增加。东京都政府正在努力减少 VOCs 的排放，在根据法律和条例监管排放的同时，还为自愿减少 VOCs 排放的各方提供技术支持，如分发挥发性有机物污染防治措施指南的小册子和向中小型企业派遣顾问。此外，东京都政府还通过在其网站上介绍低 VOCs 涂料的先进实例，努力促进对低 VOCs 产品的认识和广泛使用。日本历年来为改善空气质量实行的措施见表 1－12。

表 1－12　日本历年来改善空气质量实行的措施概述

年　代	措　施
20 世纪 70 年代至 90 年代	通过法令和其他法规来监管来自工厂的空气污染物，如烟尘和烟雾等
20 世纪 90 年代至 21 世纪 20 年代初	在交通流量增加的同时，由于汽车排放造成的黑烟（颗粒物），使空气污染不断加剧；2003 年，开始对柴油车辆的废气进行管制
当前	东京的空气质量有了显著的改善。然而，许多监测站测得的光化学氧化剂和 $PM_{2.5}$ 的浓度仍超标

1.2.3.3 欧盟的 VOCs 排放现状

空气中的氨气(NH_3)、非甲烷挥发性有机化合物(NMVOCs)、氮氧化物(NO_x)、细颗粒物(PM)和硫氧化物(SO_x)会损害人类健康和环境，因此，减少其排放是欧盟空气质量立法的优先事项。

2005—2020 年，欧盟各国的四种污染物排放量大幅下降：硫氧化物排放量降低了 79%，氮氧化物排放量降低了 48%，非挥发性有机化合物排放量降低 31%，$PM_{2.5}$ 排放量降低 32%。这种污染物排放量降低主要是因为能源、工业和运输部门 VOCs 排放量的明显下降，其次是因为欧盟立法制定的部门特定排放限值，如工业排放指令、大型燃烧厂指令和欧洲汽车排放标准。氨气排放量也有所下降，但总体仅下降 9%，2013—2017 年排放量甚至略有增加，这反映出农业部门缺乏进展，农业部门造成了 90%以上的氨气排放，见图 1-7。

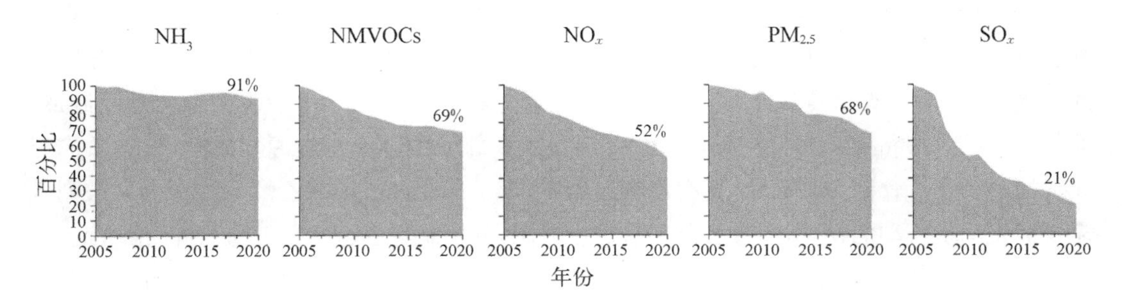

图 1-7 欧洲 2020 年主要空气污染物排放降幅较 2005 年下降比例

根据欧洲环境署(European Environment Agency)统计，自 2005 年以来，上述五种污染物的排放量都有所下降。到 2012 年，SO_x、NO_x、NMVOCs 和 NH_3 的排放量远低于欧盟国家排放上限指令(NECD)的排放上限指标。然而，欧盟至今还没有走上履行 2020—2029 年减排承诺的轨道，NH_3、NO_x 和 $PM_{2.5}$ 给空气污染防治带来了极大的挑战。因此，如果欧盟要履行其长期减排承诺并实现其目标，就必须做出重大努力并制定更有效的政策，将空气污染降至不会对人类健康或环境构成风险的水平。

1.3 VOCs 行业特征

1.3.1 石化行业

相比其他行业，石化行业的 VOCs 排放有着排放源点多面广，成分复杂，污染物活性强危害大、浓度高、排放量大的特点。因此，对于石化企业来说，VOCs 的排放源识别和把控是主要难点。长期以来，我国石化行业 VOCs 排放处于无组织排放为主的阶段，石油化工等各工业生产所形成的废气排放是大气中 VOCs 的主要来源之一。

石化行业排放的 VOCs 成分复杂，一般包含烷烃、烯烃、硫醇、硫醚、多环芳烃等，石化行业排放环节众多，以有组织排放和无组织排放作为两大排放类型，其各自在石化行业主要排放环节中的占比见表 1－13。

表 1－13　石化行业 VOCs 排放情况

排 放 类 型	排 放 环 节	排放量占比(%)
有组织排放	工艺排气筒	43
	工艺加热炉	6
	火炬	3
无组织排放	设备与管线组件	16
	装卸过程	5
	储罐	8
	污水处理	4
	冷却塔	15

有组织排放中，燃烧废气排放和非正常工况下的火炬排放等排放环节均属于石化生产工艺中的固定排放源。有组织排放的挥发性有机污染物应通过标准化排污口进行排放。如果采用有效的处理方式，排放浓度一般可以达到相应的排放限值要求。

无组织排放的主要来源是工艺废气中无组织排放的部分，管道、阀门等设备泄漏，原材料、产品等在装卸和储运过程中的挥发逸散，废水处理过程中的挥发逸散，冷却系统的损失，采样、检修等过程的损失等。无组织排放具有单点位排放量小，分散性隐蔽性强、不易检测发现的特点，管控治理难度大，易引发污染。

石化企业在生产过程、燃料油和有机溶剂输配及储存过程中均涉及 VOCs 的排放，其 VOCs 污染主要产生于 11 个重要源项(图 1－8)。

按另一种分类方式，石化企业 VOCs 排放源还可分为炼化生产过程排放与储运销过程排放两个主要方面。一是石油炼制、石油化工过程中生产装置排放的废气，主要包括生产装置尾气，如脱硫醇尾气、碱渣再生气、停工检修排放气等，管阀件泄漏导致的跑冒滴漏逸散废气、泄压阀采样阀非密闭污水池等逸散气、火炬气、焦化场废气等；二是石油产品储存和装卸过程产生的废气，如酸性水罐、污油罐、油品中间罐、成品油储罐、高温重质油储罐、油品装车装船等污染源的逸散废气。

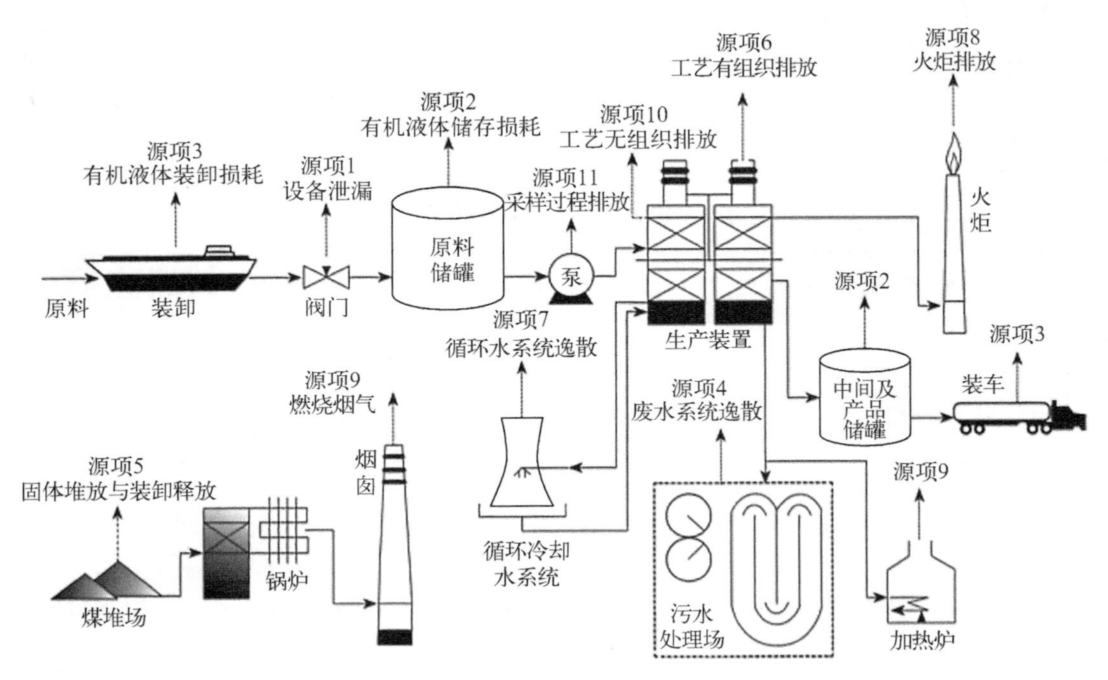

图 1-8　石化行业 VOCs 源项解析

1. 炼化生产过程排放

炼化生产过程排放指在石油炼制及石油化工的工艺流程中由于化学反应而产生的 VOCs 排放，其主要是无组织排放，也包括工艺流程中设备与管线组件、装载设施排放等。

根据 2019 年生态环境部发布的《重点行业挥发性有机物综合治理方案》，石油炼制及石油化工（有机化学品、合成树脂、合成纤维、合成橡胶等行业）为石化行业 VOCs 综合治理的重点。根据管控要求和各级排放标准，表 1-14 总结了石化行业主要 VOCs 排放及其治理策略。

表 1-14　石化行业主要 VOCs 排放及其治理策略

序号	行　　业	主要 VOCs 排放	治理策略
1	石油化学工业	二氧化硫、NO_x、非甲烷总烃、氯化氢、氟化氢、溴化氢、氯气、苯并(a)芘、苯、甲苯、二甲苯	加热炉、裂解炉应以经过脱硫的燃料气为燃料，采用低氮燃烧技术
2	石油炼制及有机化学品行业	二氧化硫、NO_x、苯、甲苯、非甲烷总烃、硫酸雾、氯化氢、沥青烟、苯并芘	
3	合成树脂行业	非甲烷总烃、颗粒物、苯乙烯、丙烯腈、1,3-丁二烯、环氧氯丙烷、酚类、甲醛、乙醛、氨、氟化氢、氯化氢、光气、二氧化硫、硫化氢、丙烯酸、苯、甲苯、乙苯、氯苯类、二氯甲烷、四氢呋喃、邻苯二甲酸酐	

续　表

序号	行　业	主要 VOCs 排放	治理策略
4	合成纤维行业	油烟、臭气、非甲烷总烃、乙二醇、乙醛、甲醛、二硫化碳、硫化氢、丙酮、苯、苯系物	
5	合成橡胶行业	非甲烷总烃、氨、甲苯、二甲苯、丙酮、环己酮、二氯甲烷、三氯甲烷、三氯乙烯	
6	聚氯乙烯工业	二氧化硫、NO_x、氯化氢、氯乙烯、二氯甲烷、非甲烷总烃	活性炭变温/变压吸附

石油炼制排放的 VOCs 的特征污染物为：苯并(a)芘、苯、甲苯、二甲苯、乙烯、丙烯、丁烯、丁二烯、酚、硫醇等。石油化工排放的 VOCs 的特征污染物为：烷烃、烯烃、环烷烃、醇、芳香烃、醚酮、醛、酚、酯、卤代烃、卤化物等。具体见表 1 - 15。

表 1 - 15　石油化工排放的 VOCs 的特征污染物

序号	特征污染物	序号	特征污染物
1	正己烷	20	环氧氯丙烷
2	环己烷	21	苯
3	氯甲烷	22	甲苯
4	二氯甲烷	23	二甲苯
5	三氯甲烷	24	乙苯
6	四氯化碳	25	苯乙烯
7	1,2 -二氯乙烷	26	氯苯类
8	1,2 -二氯丙烷	27	氯萘
9	溴甲烷	28	硝基苯类
10	溴乙烷	29	甲醇
11	1,3 -丁二烯	30	乙二醇
12	氯乙烯	31	甲醛
13	三氯乙烯	32	乙醛
14	四氯乙烯	33	丙烯醛
15	氯丙烯	34	丙酮
16	氯丁二烯	35	2 -丁酮
17	二氯乙炔	36	异佛尔酮
18	环氧乙烷	37	酚类
19	环氧丙烷	38	氯甲基甲醚

续 表

序号	特征污染物	序号	特征污染物
39	二氯甲基醚	52	二甲基甲酰胺
40	氯乙酸	53	丙烯酰胺
41	丙烯酸	54	肼(联氨)
42	邻苯二甲酸酐	55	甲肼
43	马来酸酐	56	偏二甲肼
44	乙酸乙烯酯	57	吡啶
45	甲基丙烯酸甲酯	58	四氢呋喃
46	异氰酸甲酯	59	光气
47	甲苯二异氰酸酯	60	氰化氢
48	硫酸二甲酯	61	二硫化碳
49	乙腈	62	苯并(a)芘
50	丙烯腈	63	多氯联苯
51	苯胺类	64	二噁英类

2. 储运销过程排放

储运销过程排放一般指油品储存、运输、销售的过程中，油气由于具有挥发性而产生的 VOCs 排放或泄漏。油品储运销行业是我国 VOCs 排放的重要来源之一，其排放量约占 VOCs 总排放量的 32.8%，排放环节众多，且含有苯系物、己烷等有毒有害物质。

油品储运过程的 VOCs 排放颇为复杂，周转地点涉及产地(如油田、炼油厂)、码头、油库、终端(如加油站)等环节；运输过程包括车运、船运和管道运输三种方式；储罐类型有固定顶罐、内浮顶罐和外浮顶罐，众多环节共同决定了油品储运过程中 VOCs 的排放水平。油品储运行业 VOCs 排放环节及特点见表 1-16。

表 1-16 油品储运行业 VOCs 排放环节及特点

排放环节	特点
储存：储罐“大呼吸”和“小呼吸”时，有 VOCs 排放	浓度高，排放量较大
洗车：装车前须对槽车进行清洗	短时，低浓度，排放量较大，随时间推移，浓度逐渐降低
装车、装船：炼油厂原油铁路装车和汽车装车	浓度高，排放量小
成品油运输：公路、铁路、轮船和管道运输	浓度高，排放量小
加油：加油、卸油过程有 VOCs 排放	短时，浓度高，排放量大

其中，油品储存是最重要的 VOCs 排放环节，VOCs 挥发主要来自储罐的“大呼吸”和“小呼吸”损耗。“大呼吸”损耗是指油罐进油时，一定浓度的油蒸汽经呼吸阀逸散，造成了油品的蒸发损失。“小呼吸”损耗是指静止储存情况下，随着外界气温、压力在一天内的升降周期变化，油罐排出油蒸汽和吸入空气的过程造成的油品的损失，生产上也将此类损耗称为油罐静止储存损耗。参考国内外油气排放因子，整个油品储运过程（从炼油厂到车辆油箱）合计排放因子为每吨油品排放 10 L 油气。表 1－17 显示了全国储运油气排放量及预测。

表 1－17　全国储运油气排放量及预测

年　份	2005	2010	2015	2020	2025
排放量（万吨/年）	50	73	92	115	138

预计到 2025 年我国油品储运行业所排放的油气将会达到 138 万吨/年，可见随着油品储运行业的发展，油品储运量及无组织排放量都在逐年递增，然而我国只建立了基本的油品储运法律体系，缺乏相应的管控措施。

1.3.2　化工行业

我国已经成为一个拥有联合国产业分类中全部工业门类的国家。我国化工行业覆盖领域见图 1－9。据应急管理部门的数据显示，2018 年我国化工行业规模以上企业达 23 513 家，行业产值 14.8 万亿元，占国内生产总值（GDP）的 13.8%。化工行业的发展为我国的经济发展作出了巨大的贡献，但同时也带来了严重的环境污染问题。对化工园区行业进行综合治理已经成为必然。

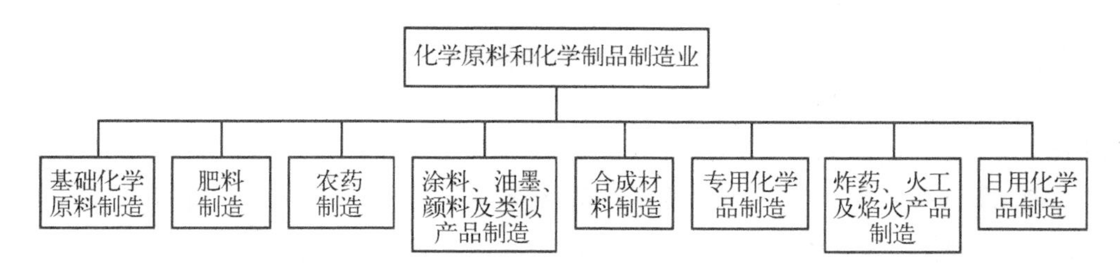

图 1－9　中国化工行业覆盖领域

在化工行业的生产过程中，形成 VOCs 废气的环节较多，且排放的 VOCs 废气浓度高、排放量大，其中化工合成、过滤、蒸馏、离心等生产工序都极易产生 VOCs 废气，除此之外，在化工原料装卸、储存、输送等环节也会不同程度地产生 VOCs 废气。化工行业中 VOCs 产生环节及排放形式见表 1－18。

表 1－18　化工行业污染物产生环节及排放形式

排放源	产生环节	排放形式
工艺废气	加热	有组织
	催化裂化	有组织
	重整	有组织
	焦化	有组织
	过滤	有组织
	蒸馏	有组织
	离心	有组织
	硫化	有组织
储罐和装卸过程挥发	储罐处理	无组织
	装卸	无组织
废水处理系统逸散	废水处理、储存	无组织
	冷却塔、循环水冷却系统运行	无组织
生产管理机制缺失	生产过程中管理机制不完善，操作人员错误操作	无组织
	生产设备出现腐蚀及磨损	无组织

化工行业排放 VOCs 主要发生在生产过程、燃料油和有机溶剂输配及储存过程中，主要排放组分是苯系物、氟利昂、胺等。化工生产中，使用锅炉、加热炉、裂解炉和焚烧炉燃烧烟气时，会产生大量含有 CO、CO_2 的烟雾类污染物。此外，甲醛、乙醛、聚乙烯和硝基氯苯等原材料和甲醛装置、对苯二甲酸装置、环氧氯丙烷装置等特殊装置运行时，都会产生含有烷烃、烯烃、环烷烃和芳香烃等污染物的工业废气。化工行业产生的废气一般有以下特点：一是易燃、易爆气体较多。如低沸点的酮、醛，易聚合的不饱和烃等，大量易燃、易爆气体如不采取适当措施，容易引发火灾、爆炸事故，危害极大。二是排放物大多有刺激性或腐蚀性。如二氧化硫、NO_x、氯气、氟化氢等气体都有刺激性或腐蚀性，尤其以二氧化硫排放量最大，二氧化硫气体会直接损害人体健康，腐蚀金属、建筑物和雕塑的表面，还易被氧化成硫酸盐降落到地面，污染土壤、森林、河流、湖泊。三是废气中浮游粒子种类多、危害大。化工生产排放的浮游粒子包括粉尘、烟气、酸雾等，种类繁多，对环境的危害较大。当浮游粒子与有害气体同时存在时能产生协同作用，对人的危害更大。

因此，对化工园区的废气治理不仅要考虑到化工废气本身的处理难度，还要彻底消除企业的发展隐患。

通过分析标准体系，不同子行业的主要 VOCs 组分见表 1－19。

表 1－19　化工企业不同子行业的主要 VOCs 组分

化工行业典型子行业	主要 VOCs 组分
农药行业	苯、甲苯、二甲苯、苯系物、非甲烷总烃、甲醛、颗粒物、臭气、硫化氢、氟化氢、乙酸酯类、丙酮、二氧化硫
涂料、油墨、胶黏剂行业	苯、甲苯、二甲苯、苯系物、非甲烷总烃、甲醛、颗粒物、臭气、1,2－二氯乙烷、异氰酸酯类、丙酮
制药行业	氯气、苯、甲苯、二甲苯、苯系物、非甲烷总烃、甲醛、颗粒物、臭气、硫化氢、氰化氢、氯化氢、乙酸酯类、丙酮、甲醇
合成革及人造革行业	DMF、苯、甲苯、二甲苯、非甲烷总烃
橡胶制品行业	非甲烷总烃、氨、甲苯、二甲苯、苯

1.3.3　工业涂装行业

工业涂装行业的 VOCs 排放主要来自搅拌等工序，具有排放量大、废气多为低和中高风量、浓度中高等特点。

工业涂装 VOCs 的来源主要有四个：一是调漆时有机溶剂的挥发；二是施涂过程中随过喷漆雾排放的溶剂；三是涂层干燥固化过程中的溶剂挥发和产生的 VOCs；四是补漆过程中的溶剂挥发。其中，涂料施涂作业中的过喷漆雾的排放和涂层干燥固化过程中溶剂的挥发占主要比例。工业涂装行业排放的大气污染物种类及来源如图 1－10 所示。

工业涂装主要涉及汽车制造、家具制造、集装箱制造、电子产品、工程机械等行业。工业涂装排放的 VOCs 主要来自涂料中的溶剂组分。不同行业排放的 VOCs 种类也不尽相同，具体见表 1－20。

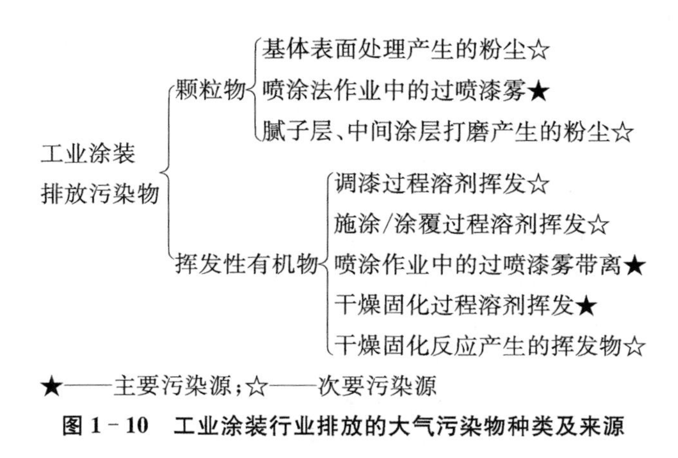

图 1－10　工业涂装行业排放的大气污染物种类及来源

表 1-20 不同行业工业涂装 VOCs 排放环节及排放的 VOCs 组分

典型行业	排放环节	预处理	涂装	干燥	主要排放的 VOCs 组分
汽车整车制造	电泳、空气喷涂、涂胶	◇	●	●	苯、甲苯、(对、间、邻)二甲苯、1,2,4-三甲苯、1,3,5-三甲苯、正丁醇、丁酮、丙酮、环己酮、甲基异丁基酮、乙酸乙酯、乙酸丁酯，乙酸异丁酯、乙二醇甲醚、乙二醇乙醚
家具制造	空气喷涂	◇	●	●	苯、甲苯、二甲苯、醋酸丁酯、丙酮、丁酮、环己酮、丁醇、甲基异丁酮、甲醛
集装箱制造	空气喷涂	◇	●	●	苯、甲苯、二甲苯、三甲苯、乙苯、苯乙烯、一氯甲烷、二氯甲烷、三氯甲烷、四氯化碳、甲醇、乙醇、异丙醇、正丁醇、异丁醇、丙酮、甲乙酮、甲基异丁酮、乙酸乙酯、乙酸乙烯酯、乙酸丁酯、乙二醇单乙醚、乙二醇单丁醚
汽车零部件	空气喷涂	◎	●	●	甲苯、二甲苯、丁酮、甲乙酮
家电	静电喷涂、粉末	◇	◇	○	甲苯、二甲苯、乙醇、丁醇、丙酮、甲乙酮
金属制品	喷涂、辊涂、粉末	○	◎	●	甲苯、二甲苯、丙醇、丁醇、甲基异丁酮
机械制造	空气喷涂、静电喷涂	◇	◎	●	甲苯、二甲苯、甲乙酮、丁醇、乙酸、乙酸乙酯、乙酸丁酯
乐器	空气喷涂、手工刷涂	◇	●	●	甲苯、苯、甲乙酮、丁醇、丙酮、乙酸乙酯、乙酸丁酯、乙醇
手机外壳	空气喷涂	○	●	●	甲苯、二甲苯、异丙醇、丁醇、甲基异丁酮

注：◇无 ○可能有 ◎有 ●严重

从上表可知，工业涂装过程产生或排放的 VOCs 主要为烃类、醇类、酯类、酮类、醚类、卤代烃类。目前，在大多类涂料中醚类已经被限用，可以不考虑。工业涂装排放的 VOCs 按有机物类别划分的情况见表 1-21。

表 1-21 按有机物类别划分的工业涂装排放的 VOCs 及相应组分

类 别	VOCs 主要组分
烃 类	苯、甲苯、间,对-二甲苯、邻-二甲苯、1,2,4-三甲苯、1,3,5-三甲苯、乙苯、苯乙烯、正已烷
醇 类	甲醇、乙醇、异丙醇、丁醇、正丁醇、异丁醇
酯 类	乙酸乙酯、乙酸丁酯、乙酸丁酯、乙酸异丁酯、乙酸乙烯酯、醋酸丁酯
酮 类	甲乙酮、丙酮、丁酮、甲基异丁酮、环己酮、
醚 类	乙二醇单乙醚、乙二醇单丁醚
卤代烃类	一氯甲烷、二氯甲烷、三氯甲烷、四氯化碳

1.3.4 包装印刷行业

包装印刷行业在生产过程中会产生较多含有VOCs的废气，VOCs排放主要集中在印刷、烘干、复合和清洗等生产工艺过程中，主要来源于油墨、胶黏剂、涂布液、润版液、洗车水、各类溶剂等含VOCs的物料的自然挥发和烘干挥发，每年总产生量约110万吨，占印刷行业VOCs总排放量的90%。

包装印刷按承印材料可分为塑料彩印软包装印刷、纸制品包装印刷、金属包装印刷及其他类包装印刷。其中，VOCs排放量较高的为塑料彩印软包装印刷和金属包装印刷。塑料彩印软包装行业是包装印刷业VOCs排放的主力军。为实现产品效果，生产过程中需要使用有机溶剂，主要是乙酸乙酯、甲苯、丁酮、异丙醇等。因此，塑料彩印软包装行业是包装印刷行业中的治理重点，业内估算其VOCs产生量约100万吨/年，约占包装印刷行业VOCs总排放量的90%，约占印刷行业VOCs总排放量的80%。包装印刷行业主要的印刷方式及VOCs排放见表1-22。

表1-22 主要的印刷方式及VOCs排放

印刷方式	主要特点	典型应用	油墨	VOCs排放
柔性版印刷	适于柔印高速多色的印刷，墨色饱满、墨层厚实、层次分明、色彩鲜艳	商标、标签、包装盒、包装纸、不干胶印刷	溶剂型柔印油墨	有排放
			水性柔印油墨	微量排放
平版印刷	适于连续调原稿印刷、层次丰富，适应范围广	广告、样本、包装纸、各类商标、挂历及金属印刷	轮转胶印油墨	有排放
			单张纸胶印油墨	少量排放
凹版印刷	墨层厚、层次鲜明，适于软包装材料印刷	各种塑料包装袋、复合袋印刷、壁纸、建材印刷	溶剂型油墨	多排放
			水性凹印油墨	微量排放
孔版（丝网）印刷	墨层厚，有重量感，适于各种材料各种成形表面印刷	纸张、纸板、织物印刷，各类容器及瓷制品、罐类印刷等	溶剂型丝印油墨	有排放
			RC型（UV/EB）丝印油墨	微量排放
数码印刷	直接印刷，色深、层次、清晰度、高光和暗调都能还原	包装盒、挂历、台历、手提袋、精美画册、样本、宣传册、海报、激光防伪标、商标等	打印色(Toner)	微量排放
			喷绘墨	有排放

在印刷工艺流程中除了印刷单元本身以外，还包括了调墨供墨、润版、烘干、洗车、复

合涂布等工序，图 1-11 显示了典型包装印刷行业的工艺流程和 VOCs 产生环节。VOCs 排放主要集中在印刷、烘干、复合和清洗等生产工艺过程中；除了油墨及其稀释剂之外，主要来源还有润版液、洗车水、胶黏剂、涂布液、上光油。各类含 VOCs 溶剂或物料的自然挥发和烘干导致了印刷工艺整体流程中的 VOCs 排放。包装印刷工艺过程 VOCs 排放分析见表 1-23。

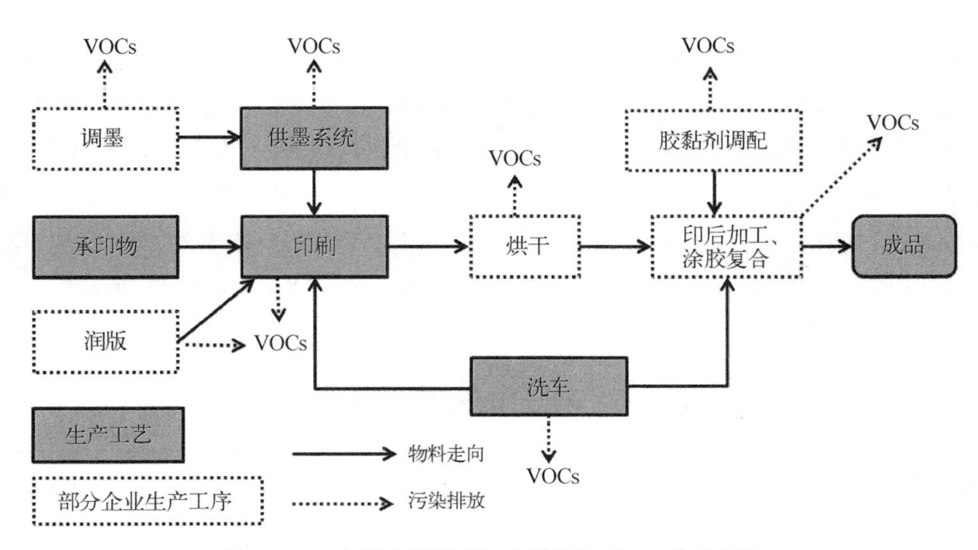

图 1-11　包装印刷行业工艺流程和 VOCs 排放环节

表 1-23　包装印刷工艺过程中的 VOCs 排放分析

包装印刷工艺过程	VOCs 排放分析
原材料存放	油墨、溶剂等的存放过程会释放出 VOCs
成像	显影剂、定色剂/定影剂的使用过程会释放 VOCs
制版	使用显影剂可能会释放出乙醇
印刷	润版液的使用(胶印机使用的酒精润版液添加有乙醇、异丙醇和其他醇类) 油墨的使用 加热烘干
印后加工	胶黏剂的使用会释放 VOCs 覆膜过程中使用了甲苯、香蕉水等 油性上光材料使用的稀释剂的主要组分是甲苯
清洁过程	清洁印版上的油墨、胶黏剂等过程所使用的有机溶剂
废弃物存放和处置过程	废气油墨、弃置的容器的处置过程会挥发 VOCs

印刷工艺、原辅材料、VOCs 排放特征及特征污染物见表 1-24。

表 1-24　印刷工艺、原辅材料与 VOCs 排放特征及特征污染物

VOCs 来源		主要含 VOCs 的原辅材料	VOCs 排放特征	特征污染物
油墨及稀释剂	平版	溶剂型油墨、植物大豆油墨，UV 固化油墨和水性油墨	印刷与干燥过程排放，使用溶剂型油墨时 VOCs 排放浓度较高；使用其他类型油墨时 VOCs 排放浓度较低	异丙醇、乙醇、丁醇、甲乙酮、醋酸乙酯、醋酸丁酯、甲苯等
	凸版	醇溶性油墨、水性油墨、UV 固化油墨	印刷过程排放，使用水性油墨时 VOCs 排放浓度较低；使用醇溶性油墨时 VOCs 排放浓度高	醇类
	凹版	溶剂型油墨、水性油墨	印刷与干燥过程排放 VOCs，使用溶剂型油墨时 VOCs 排放浓度较高；使用水性油墨时 VOCs 排放浓度较低	酮、醇、醚、酯和芳烃类
	孔版	溶剂型油墨、水性油墨、UV 油墨	印刷与洗版过程排放 VOCs，使用溶剂型油墨时 VOCs 排放浓度较高；使用水性油墨时 VOCs 排放浓度较低	酮、醇、醚、酯和芳烃类
复　合		胶黏剂、水性胶黏剂	复合过程排放 VOCs，使用溶剂型胶黏剂时 VOCs 排放浓度高；使用水性胶黏剂时 VOCs 排放浓度较低	乙醇、乙酸乙酯
润　版		普通润版液、免酒精润版液	使用普通润版液时 VOCs 排放浓度较高；使用免酒精润版液时基本无 VOCs 排放	醇类
洗　车		溶剂型洗车水、水基型洗车水	使用溶剂型洗车水时 VOCs 排放浓度较高；使用水基型洗车水时 VOCs 排放浓度较低	苯类、醚类、烃类、酯类
上　光		水性光油、UV 光油、溶剂型光油	使用溶剂型光油时 VOCs 排放浓度高；使用水性光油、UV 光油时 VOCs 排放量较低	醇类、酮类、苯类、酯类

本章参考文献

[1] 李守信.挥发性有机物污染控制工程[M].北京：化学工业出版社，2017.

[2] 席劲瑛，王灿，武俊良.工业源挥发性有机物（VOCs）排放特征与控制技术[M].北京：中国环境出版社，2014.

[3] 邵敏，袁斌，王鸣，等.挥发性有机物（VOCs）来源及其大气化学作用[M].北京：科学出版社，2020.

[4] 郝吉明，马广大，王书肖.大气污染控制工程(第三版)[M].北京：高等教育出版社，2010.
[5] 侯立安，陈冠益.大气污染控制工程[M].北京：化学工业出版社，2022.
[6] 郝郑平，等.挥发性有机污染物排放控制过程、材料与技术[M].北京：科学出版社，2016.
[7] 孙也.挥发性有机物监测技术[M].北京：化学工业出版社，2018.
[8] 曹娟，毋振海，鲍捷萌，等.美国人为源 VOCs 管控经验及其对我国的启示[J].环境科学研究，2022，35(3)：633-649.

第2章 VOCs治理相关政策与法律法规

大气环境保护事关人民群众根本利益，事关经济持续健康发展。当前，中国大气污染形势严峻，VOCs为特征污染物的区域性大气环境问题日益突出，损害了人民群众身体健康，影响了社会的和谐稳定。本章将侧重介绍我国目前针对VOCs污染治理问题所颁布的相关法律法规、标准与规范。

2.1 大气污染治理法律法规

近50年来，我国对大气污染治理的重视程度日益提高，相关法律法规的制定也趋于完善。自20世纪70年代至今，我国对大气污染的控制经历了多个阶段：20世纪70年代起开始关注大气颗粒污染物控制；"十一五"期间（2006—2010年）要求火电厂安装脱硫设施，并逐步向其他工业锅炉推广；2010年起，将挥发性有机物列为继颗粒物、二氧化硫和氮氧化物之后的又一重点防控的大气污染物；"十二五"期间（2011—2015年）要求全面推进火电、水泥等行业烟气脱硝；"十三五"期间（2016—2020年）的目标是生产和生活方式绿色、低碳水平上升，主要污染物排放总量大幅降低，环境风险有效控制；"十四五"期间（2021—2025年）的目标是形成绿色生产生活方式，碳排放达峰后稳中有降，生态环境根本好转。

2.1.1 我国大气污染防治法律制度现状

2010年5月至2015年6月，5年间，国家出台了12项法规政策以确保VOCs得到有效控制。政策发布单位涵盖生态环境部、财政部、工业和信息化部、国务院等，表明了国家严控VOCs、从源头上防控雾霾的决心。2013年国务院出台极为严格的空气污染防治计划《大气污染防治行动计划》（下文简称《计划》），为我国此后开展大气污染治理奠定了基础。在其基础上修订的《中华人民共和国大气污染防治法（征求意见稿）》中，VOCs的产品标准被单列一条，要求制定燃煤、石油焦、生物质燃料、涂料等含挥发性有机物的产品质量标准，明确环保要求。

《计划》整体体现为限制和鼓励两个方面。限制方面，主要是针对煤、石油、化工等企业污染源头排放的限制；鼓励方面，鼓励企业通过技术改造减少污染排放，鼓励和培育节能环保企业。《计划》通过财税政策及金融政策鼓励资金流入节能环保领域，并以完善监测手段及法律制度来实现对大气污染的综合防治。

我国为防治大气污染已出台了新修订的《中华人民共和国大气污染防治法》《中华人民共和国环境保护法》等相关法律，机制方面主要是大气污染应急制度、大气污染预警制度及大气污染区域联防联控制度。

大气污染应急制度主要是应对各地大气污染的突发状况。大气污染应急制度要有效地发挥作用，就需要硬件配置、人力资源配置及相应制度配置三者相结合。硬件配置方面，要求有全面的大气污染监测装置，在各个检测地区布设检测装置的检测点，污染发生后能及时收集各检测点污染数据，并根据数据情况灵活出具应急预案。人力资源配置方面少不了领导部门、组织部门、执行部门、监督部门等的相互配合作业。制度配置方面，为了与大气污染防治法律制度协调配合发挥作用，各地相继制定了因地制宜的大气污染应急预案，在大气污染突发时，各地政府方便调动人民群众及时快速地应对污染，避免不必要的损失。

大气污染预警制度在大气污染防治方面的重要性不容忽视。大气污染的出现具有复杂性特征，与污染物的来源、种类、比例、化学反应、发展变化，以及不同气象条件下的污染物间的相互作用等密不可分。一般来说，大气污染预警制度与大气污染应急制度配合发挥作用，预警制度指导应急制度。当前，我国大气污染预警一般分为四个等级：蓝色、黄色、橙色和红色，分别对应Ⅰ、Ⅱ、Ⅲ、Ⅳ四个等级，随着污染程度依次加重，所采取的预警措施也越来越复杂和完备。大气污染预警制度的优势在于能够实时不间断地监测各检测点的空气污染状况，定时更新空气污染状况等级，通过多种方式及时向大众公布，保证了公民的知情权和参与权，能够使群众更好地参与空气污染防治。

大气污染区域联防联控制度在综合治理跨区域、复合型大气污染治理方面起关键作用。要应对污染源的多样性和地域的复杂性的大气污染，以及城市之间工业污染交叉耦合，单一的大气污染防治制度已经无法适应。大气污染区域联防联控制度能够在区域间建立统一的污染防治协调机构，共同采取措施应对区域性、大范围空气重污染。例如，在京津冀地区建立区域空气重污染预警会商和应急联动长效机制，研究制定《京津冀空气重污染预警会商与应急联动工作方案》，应对区域性、大范围空气重污染，最大限度减缓不利扩散条件下污染物的累积速度，有效遏制污染程度，保障公众健康。

2.1.2 我国大气污染防治法律法规概览

1.《中华人民共和国宪法》

《中华人民共和国宪法》第二十六条规定：国家保护和改善生活环境和生态环境，防治污染和其他公害。

《中华人民共和国宪法》中关于环境保护的规定是环境法和其他各种环境法律、法规的立法依据，是人类协调人与环境关系的愿望在我国法律体系中的直接体现和反映。

2.《中华人民共和国环境保护法》

《中华人民共和国环境保护法》中第四条：保护环境是国家的基本国策；第三十二条：国家加强对大气、水、土壤等的保护，建立和完善相应的调查、监测、评估和修复制度。

《中华人民共和国环境保护法》为保护和改善生活环境与生态环境，防治污染和其他公害，保障人体健康，促进社会主义现代化建设的发展而制定。其中“环境”指影响人类生存和发展的各种天然的和经过人工改造的自然因素的总体，包括大气、水、海洋、土地、矿藏、森林、草原、野生生物、自然遗迹、人文遗迹、自然保护区、风景名胜区、城市和乡村等。

3.《中华人民共和国大气污染防治法》

《中华人民共和国大气污染防治法》为保护和改善环境，防治大气污染，保障公众健康，推进生态文明建设，促进经济社会可持续发展而制定。该法以改善大气环境质量为目标，坚持源头治理，规划先行，转变经济发展方式，优化产业结构和布局，调整能源结构。其中提到应当加强对燃煤、工业、机动车船、扬尘、农业等大气污染的综合防治，推行重点区域大气污染联合防治，对颗粒物、二氧化硫、氮氧化物、挥发性有机物、氨气等大气污染物和温室气体实施协同控制。

2.2 VOCs治理政策与相关标准

我国针对挥发性有机物的管控体系还处于发展和完善的阶段，国家对挥发性有机物的管控要求也在逐步严格。目前我国VOCs特征因子的监测方法还不完善，许多特征因子的监测尚未发布国家标准，即便标准中有明确的限制要求，但在执行过程中仍很难操作，具有较大的不确定性。“十四五”规划提出“持续改善京津冀及周边地区、汾渭平原、长三角地区空气质量，因地制宜地推动北方地区清洁取暖、工业窑炉治理、非电行业超低排放改造，加快挥发性有机物排放综合整治，氮氧化物和挥发性有机物排放总量分别下降10％以上”的要求，可见国家对于VOCs的治理极为重视。

2.2.1 VOCs治理相关的重要政策

1.“十二五”时期颁布了一些指导性政策

“十二五”时期，国家层面颁布的环境保护文件中提出了一些治理VOCs污染的要求。例如，2010年国务院办公厅转发的《关于推进大气污染联防联控工作改善区域空气质量的指导意见》中，首次提出将VOCs与颗粒物、二氧化硫和氮氧化物一起列为需进行防控的重点大气污染物，把开展 VOCs 污染防治工作作为大气污染联防联控工作的重要组成部分。为此，“十二五”期间的各类大气污染防治规划都将大气污染防治工作扩展到 VOCs 污染防治，实行污染物联合控制。例如，2012 年在《重点区域大气污染防治“十二五”规划》中提出完善 VOCs 污染防治体系，确定了重点区域 VOCs 污染防治目标。2013 年 9 月，国务院发布《大气污染防治行动计划》，对 VOCs 的污染防治工作提出了具体要求。紧接着全国各省市也陆续出台了控制 VOCs 排放的地方标准和规定。

2.《挥发性有机物(VOCs)污染防治技术政策》

《挥发性有机物(VOCs)污染防治技术政策》从源头和过程控制，末端治理与综合利用，鼓励研发新技术、新材料和新装备，运行与监测五部分展开叙述。

该政策提出了生产 VOCs 物料和含 VOCs 产品的生产、储运销、使用、消费各环节的污染防治策略和方法。VOCs 来源广泛，主要污染源有工业源和生活源。工业源主要包括石油炼制与石油化工、煤炭加工与转化等含 VOCs 原料的生产行业，油类(燃油、溶剂等)储存、运输和销售过程，涂料、油墨、胶黏剂、农药等以 VOCs 为原料的生产行业，涂装、印刷、黏合、工业清洗等含 VOCs 产品的使用过程；生活源包括建筑装饰装修、餐饮服务和服装干洗。

该政策提出 VOCs 污染防治应遵循源头和过程控制与末端治理相结合的综合防治原则。在工业生产中采用清洁生产技术，严格控制含 VOCs 原料和产品在生产和储运销过程中的 VOCs 排放，鼓励对资源和能源的回收利用；鼓励在生产和生活中使用不含 VOCs 的替代产品或低 VOCs 含量的产品。

该政策提出，通过积极开展 VOCs 摸底调查、制/修订重点行业 VOCs 排放标准和管理制度等文件、加强 VOCs 监测和治理、推广使用环境标志产品等措施，到 2015 年，基本建立起重点区域 VOCs 污染防治体系；到 2020 年，基本实现 VOCs 从原料到产品、从生产到消费的全过程减排。

3.“十三五”时期 VOCs 污染防治政策初具体系

进入“十三五”时期，我国 VOCs 污染防治法规、政策、标准和工程技术规范已初步形成体系。

2016 年 1 月 1 日起实施的《中华人民共和国大气污染防治法》对 VOCs 污染防治在源头治理、过程控制和末端治理等方面都提出了具体要求，并且规定了相应的处罚措施。自此，我国 VOCs 治理有了真正的法律依据。

《中华人民共和国大气污染防治法》第十三条规定：制定燃煤、石油焦、生物质燃料、涂料等含挥发性有机物的产品、烟花爆竹以及锅炉等产品的质量标准，应当明确大气环境保护要求。制定燃油质量标准，应当符合国家大气污染物控制要求，并与国家机动车船、非道路移动机械大气污染物排放标准相互衔接，同步实施。第四十六条规定：工业涂装企业应当使用低挥发性有机物含量的涂料，并建立台账，记录生产原料、辅料的使用量、废弃量、去向以及挥发性有机物含量。台账保存期限不得少于三年。

4.“十四五”时期 VOCs 污染防治工作加强推进

(1)《“十四五”节能减排综合工作方案》

文件中明确提出要求，到 2025 年，全国单位国内生产总值能源消耗比 2020 年下降 13.5%，能源消费总量得到合理控制，化学需氧量、氨氮、氮氧化物、VOCs 排放总量比 2020 年分别下降 8%、8%、10%以上、10%以上。持续推进大气污染防治重点区域秋冬季攻坚行动，加大重点行业结构调整和污染治理力度。以大气污染防治重点区域及珠三角地区、成渝地区等为重点，推进 VOCs 和氮氧化物协同减排，强化细颗粒物和臭氧的协同控制。

该方案提出推进原、辅材料和产品源头替代工程，实施全过程污染物治理。以工业涂装、包装印刷等行业为重点，推动使用低挥发性有机物含量的涂料、油墨、胶黏剂、清洗剂。深化石油化工等行业的 VOCs 污染治理，全面提升废气收集率、治理设施同步运行率和去除率。对易挥发有机液体储罐实施改造，对浮顶罐推广采用全接液浮盘和高效双重密封技术，对废水系统高浓度废气实施单独收集处理。加强油船和原油、成品油码头油气回收治理。到 2025 年，溶剂型工业涂料、油墨使用比例分别降低 20%、10%，溶剂型胶黏剂使用量降低 20%。

同时，该方案提出制定、修订居民消费品 VOCs 含量限制标准和涉 VOCs 重点行业大气污染物排放标准，进口非道路移动机械执行国内排放标准。完善 VOCs 监测技术和排放量计算方法，在相关条件成熟后，研究适时地将 VOCs 纳入环境保护税征收范围。

(2)《关于推进原油成品油码头和油船挥发性有机物治理工作的通知》

生态环境部和交通运输部联合印发的《关于推进原油成品油码头和油船挥发性有机物治理工作的通知》(环大气〔2022〕76 号)，要求各地加大政策支持力度，发挥财政金融引导作用，积极支持码头、油船油气回收设施建设和回收油品资源化定向利用，加快推进原油、成品油码头和油船 VOCs 治理。

相关数据显示，在 VOCs 总排放量中，油品存储和中转环节挥发的 VOCs 约占 8%，2021 年我国原油进口量为 5.13 亿吨，其中大部分通过油船运输，因此，加强原油成品油码头和油船 VOCs 治理工作具有重要意义。

(3)《环保装备制造业高质量发展行动计划(2022—2025 年)》

工业和信息化部、科学技术部、生态环境部等三个部门联合发布了《环保装备制造业高质量发展行动计划(2022—2025 年)》(工信部联节〔2021〕237 号)，聚焦“十四五”期间环境治理新需求，围绕减污降碳协同增效、细颗粒物($PM_{2.5}$)和臭氧协同控制等领域，开展重大技术装备联合攻关。在石化、工业涂装、包装印刷、原料药等涉及 VOCs 排放的重点行业大力推广微气泡深度氧化法、安全型蓄热式热力氧化、催化燃烧、生物净化等 VOCs 处理装备；在钢铁、水泥等重点行业推广基于陶瓷滤筒(袋)烟气多污染物协同处理、氮氧化物与 VOCs 协同处理等的先进环保技术装备。

(4)《减污降碳协同增效实施方案》

生态环境部等七部委印发的《减污降碳协同增效实施方案》(环综合〔2022〕42 号)提出，推进大气污染防治协同控制，优化治理技术路线，加大氮氧化物、挥发性有机物

（VOCs）及温室气体协同减排力度；一体推进重点行业大气污染深度治理与节能降碳行动，探索开展大气污染物与温室气体排放协同控制改造提升工程试点；VOCs等大气污染物治理优先采用源头替代措施；推进大气污染治理设备节能降耗，提高设备自动化、智能化运行水平。

（5）《深入打好重污染天气消除、臭氧污染防治和柴油货车污染治理攻坚战行动方案》

生态环境部联合多部委发布《深入打好重污染天气消除、臭氧污染防治和柴油货车污染治理攻坚战行动方案》（环大气〔2022〕68号），强调强化挥发性有机物（VOCs）、氮氧化物等多污染物协同减排，以石化、化工、涂装、制药、包装印刷和油品储运销等为重点，加强VOCs源头、过程、末端全流程治理；持续推进钢铁行业超低排放改造，出台焦化、水泥行业超低排放改造方案；开展低效治理设施全面提升改造工程。

其中，“臭氧污染防治攻坚行动方案”中强调推进涉VOCs产业集群治理提升，要求各地全面排查使用溶剂型涂料、油墨、胶黏剂、清洗剂以及涉及有机化工生产的产业集群，研究制订治理提升计划，统一治理标准和时限，加快建设涉VOCs的“绿岛”项目。同一类别工业涂装企业聚集的园区和集群，推进建设集中涂装中心；吸附剂使用量大的地区，建设吸附剂集中再生中心，同步完善吸附剂规范采购、统一收集、集中再生的管理体系；同类型有机溶剂使用量较大的园区和集群，建设有机溶剂集中回收中心。推进各地建设钣喷共享中心，配套建设适宜高效VOCs治理设施，钣喷共享中心辐射服务范围内逐步取消使用溶剂型涂料的钣喷车间。

“绿岛”指由政府投资或政府组织多元投资，配套建有可供多个市场主体共享的环保公共基础设施，实现污染物统一收集、集中治理、稳定达标排放的集中点（片区）。同时，“绿岛”是一种治理模式，即按照“集约建设、共享治污”的理念推进“绿岛”项目建设，形成中小微企业污染物统一收集、集中治理、统一管理的新模式，降低企业污染治理成本，实现“精准治污、科学治污”，实现中小微企业经济绿色高质量发展，构建环境治理的多元共治模式。“绿岛”这一模式对市场端具有一次性投资低、运行费用低、处理效率优、排放可控的效果，同步废气治理过程资源化、无害化，达成治理闭环模式，节能减排，减污降碳协同增效，有显著的经济、社会和生态效益。因此，特别提倡针对中小型企业的VOCs治理形成系统性、全过程“绿岛”治理模式。

2.2.2 国家标准

与欧美等发达国家或地区相比，我国有关控制挥发性有机物法规的颁布相对滞后。《中华人民共和国大气污染防治法》是我国大气污染防治管理的根本依据。为严格控制大气污染物的排放，我国不仅对VOCs排放总量进行控制，国家相关部门还颁布了污染物浓度排放限值。我国在颁布了《大气污染物综合排放标准》（GB 16297—1996）后，又相继颁布了各重点行业的大气污染物排放标准，标准中明确规定VOCs类别的各种污染物排放限值。为加强对 VOCs 无组织排放的控制和管理，2019 年，我国生态环境部颁布了《挥发性有机物无组织排放控制标准》(GB 37822—2019)。

1.《大气污染物综合排放标准》(GB 16297—1996)

《大气污染物综合排放标准》中规定了污染源大气污染物的最高允许排放浓度、最高允许排放速率及无组织排放监控浓度限值(表 2-1)。该标准规定了 33 种大气污染物的排放限值，同时规定了标准执行中的各种要求。在我国现有的国家大气污染物排放标准体系中，按照综合性排放标准与行业性排放标准不交叉执行的原则，该标准适用于现有污染源大气污染物排放管理以及建设项目的环境影响评价、设计、环境保护设施竣工验收及其投产后的大气污染物排放管理。

表 2-1　现有污染源大气污染物排放限值

序号	污染物	最高允许排放浓度(mg/m^3)	最高允许排放速率(kg/h)				无组织排放监控浓度限值
			排气筒高度(m)	一级	二级	三级	浓度(mg/m^3)
1	苯	17	15	禁排	0.60	0.90	0.50
			20		1.00	1.50	
			30		3.30	5.20	
			40		6.00	9.00	
2	甲苯	60	15	禁排	3.60	5.50	3
			20		6.10	9.30	
			30		21	31	
			40		36	54	
3	二甲苯	90	15	禁排	1.20	1.80	1.50
			20		2.00	3.10	
			30		6.90	10	
			40		12	18	
4	酚类	115	15	禁排	0.12	0.18	0.10
			20		0.20	0.31	
			30		0.68	1	
			40		1.20	1.80	
			50		1.80	2.70	
			60		2.60	3.90	
5	甲醛	30	15	禁排	0.30	0.46	0.25
			20		0.51	0.77	
			30		1.70	2.60	
			40		3	4.50	
			50		4.50	6.90	
			60		6.40	9.80	

续 表

序号	污染物	最高允许排放浓度(mg/m³)	最高允许排放速率(kg/h)				无组织排放监控浓度限值
			排气筒高度(m)	一级	二级	三级	浓度(mg/m³)
6	乙醛	150	15 20 30 40 50 60	禁排	0.06 0.10 0.34 0.59 0.91 1.30	0.09 0.15 0.52 0.90 1.40 2	0.05
7	丙烯腈	26	15 20 30 40 50 60	禁排	0.91 1.50 5.10 8.90 14 19	1.40 2.30 7.80 13 21 29	0.75
8	丙烯醛	20	15 20 30 40 50 60	禁排	0.61 1 3.40 5.90 9.10 13	0.92 1.50 5.20 9 14 20	0.50
9	甲醇	220	15 20 30 40 50 60	禁排	6.10 10 34 59 91 130	9.20 15 52 90 140 200	15
10	苯胺类	25	15 20 30 40 50 60	禁排	0.61 1 3.40 5.90 9.10 13	0.92 1.50 5.20 9 14 20	0.50
11	氯苯类	85	15 20 30 40 50 60 70 80 90 100	禁排	0.67 1 2.90 5 7.70 11 15 21 27 34	0.92 1.50 4.40 7.60 12 17 23 32 41 52	0.50

续 表

序号	污染物	最高允许排放浓度(mg/m³)	最高允许排放速率(kg/h)				无组织排放监控浓度限值
			排气筒高度(m)	一级	二级	三级	浓度(mg/m³)
12	硝基苯类	20	15	禁排	0.06	0.09	0.05
			20		0.10	0.15	
			30		0.34	0.52	
			40		0.59	0.90	
			50		0.91	1.40	
			60		1.30	2	
13	氯乙烯	65	15	禁排	0.91	1.40	0.75
			20		1.50	2.30	
			30		5	7.80	
			40		8.90	13	
			50		14	21	
			60		19	29	
14	苯并(a)芘	0.50×10^{-1}(沥青、碳素制品生产和加工)	15	禁排	0.06×10^{-3}	0.09×10^{-3}	0.01 μg/m³
			20		0.10×10^{-3}	90.15×10^{-3}	
			30		0.34×10^{-3}	0.51×10^{-3}	
			40		0.59×10^{-3}	0.89×10^{-3}	
			50		0.90×10^{-3}	1.40×10^{-3}	
			60		1.30×10^{-3}	2×10^{-3}	
15	非甲烷总烃	150(使用溶剂汽油或其他混合烃类物质)	15	6.3	12	18	5
			20	10	20	30	
			30	35	63	100	
			40	61	120	170	

2.《挥发性有机物无组织排放控制标准》(GB 37822—2019)

为贯彻《中华人民共和国环境保护法》《中华人民共和国大气污染防治法》,防治环境污染,改善环境质量,加强对VOCs无组织排放的控制和管理,制定了该标准。该标准规定了VOCs物料储存无组织排放控制要求、VOCs物料转移和输送无组织排放控制要求、工艺过程VOCs无组织排放控制要求、设备与管线组件VOCs泄漏控制要求、敞开液面VOCs无组织排放控制要求,以及VOCs无组织排放废气收集处理系统要求、企业厂区内及周边污染监控要求。

对厂区内VOCs无组织排放进行监控时,在厂房门窗或通风口、其他开口(孔)等排放口外1 m,距离地面1.5 m以上的位置进行监测。若厂房不完整(如有顶无围墙),则在操作工位下风向1 m,距离地面1.5 m以上的位置进行监测。

厂区内非甲烷总烃任何 1 h 平均浓度的监测采用 HJ 604、HJ 1012 规定的方法，以连续 1 h 采样获取平均值，或在 1 h 内以等时间间隔采集 3～4 个样品计平均值。厂区内非甲烷总烃任意一次浓度值的监测，按便携式监测仪器相关规定执行。

企业厂区内 VOCs 无组织排放监控点浓度应符合表 2－2 规定的限值。

表 2－2　厂区内 VOCs 无组织排放浓度限值　（单位：mg/m^3）

污染物项目	排放限值	特别排放限值	限　值　含　义	无组织排放监控位置
非甲烷总烃	10	6	监控点处 1 h 平均浓度值	在厂房外设置监控点
	30	20	监控点处任意一次浓度值	

此外，《挥发性有机物无组织排放控制标准》也规定了设备与管线组件密封点的 VOCs 泄漏认定标准，见表 2－3。

表 2－3　设备与管线组件密封点的 VOCs 泄漏认定浓度

适　用　对　象		泄漏认定浓度（μmol/mol）	重点地区泄漏认定浓度（μmol/mol）
气态 VOCs 物料		5 000	2 000
液态 VOCs 物料	挥发性有机液体	5 000	2 000
	其他	2 000	500

3. 各重点行业相关排放标准

继原有的《大气污染物综合排放标准》（GB 16297—1996）之后，我国又颁布了《炼焦化学工业污染物排放标准》（GB 16171—2012）、《纺织品 2－萘酚残留量的测定》（GB/T 18413—2001）及《合成革与人造革工业污染物排放标准》（GB 21902—2008）等多部标准，增加了对苯并芘、合成革与人造革工业 VOCs 等排放的限制。

为了进一步满足新的环境保护形势要求，“十二五”期间环境主管部门已着手制定相关行业的 VOCs 排放标准以及配套的监测方法、技术政策、工程技术规范等，为“十三五”全面铺开 VOCs 污染控制工作打下基础。“十四五”时期，我国为加强推进 VOCs 污染控制工作，不断完善相关政策与标准规范。表 2－4 为 2000 年以后已经发布的与 VOCs 排放相关的国家标准。

表 2－4　2000 年以后发布的与 VOCs 排放相关的国家标准

标准编号	标准名称
GB 18483—2001	《饮食业油烟排放标准》
GB 21902—2008	《合成革与人造革工业污染物排放标准》
GB 25465—2010	《铝工业污染物排放标准》
GB/T 27630—2011	《乘用车内空气质量评价指南》
GB 27632—2011	《橡胶制品工业污染物排放标准》
GB 16171—2012	《炼焦化学工业污染物排放标准》
GB 28665—2012	《轧钢工业大气污染物排放标准》
GB 30484—2013	《电池工业污染物排放标准》
GB 31570—2015	《石油炼制工业污染物排放标准》
GB 31571—2015	《石油化学工业污染物排放标准》
GB 31572—2015	《合成树脂工业污染物排放标准》
GB 15581—2016	《烧碱、聚氯乙烯工业污染物排放标准》
GB 37822—2019	《挥发性有机物无组织排放控制标准》
GB 37823—2019	《制药工业大气污染物排放标准》
GB 37824—2019	《涂料、油墨及胶粘剂工业大气污染物排放标准》
GB 30981—2020	《工业防护涂料中有害物质限量》
GB 41616—2022	《印刷工业大气污染物排放标准》
GB 26453—2022	《玻璃工业大气污染物排放标准》
GB 41617—2022	《矿物棉工业大气污染物排放标准》
GB/T 18883—2022	《室内空气质量标准》

2.2.3　地方标准

遵循重点突破、创新引领、稳中求进、市场导向的原则，全方位全过程推行绿色规划、绿色设计、绿色投资、绿色建设、绿色生产、绿色流通、绿色生活、绿色消费，坚决遏制“两高”项目盲目发展，使发展建立在高效利用资源、严格保护生态环境、有效控制温室气体排放的基础上，为全方位推进高质量发展超越、建设美丽中国示范省份提供有力支撑。全国各省市政府正积极健全和更新安全环保法律法规和相关标准体系，并且逐步加重对企业的违法违规行为的处罚力度。

本节以北京市、上海市、广东省、福建省为例，介绍地方标准中对各重点行业 VOCs 排放的标准限值，以及部分针对污染物排放的监测标准。表 2－5 为一些已经发布的与 VOCs 排放相关的地方标准。

表 2-5 部分地方排放标准

地区	标准编号	标准名称
北京	DB11/ 1631—2019	《电子工业大气污染物排放标准》
北京	DB11/ 1226—2015	《工业涂装工序大气污染物排放标准》
北京	DB11/ 447—2015	《炼油与石油化学工业大气污染物排放标准》
北京	DB11/ 1202—2015	《木制家具制造业大气污染物排放标准》
北京	DB11/ 1227—2023	《汽车制造业大气污染物排放标准》
北京	DB11/ 1201—2023	《印刷工业大气污染物排放标准》
北京	DB11/ 501—2017	《大气污染物综合排放标准》
上海	DB31/ 881—2015	《涂料、油墨及其类似产品制造工业大气污染物排放标准》
上海	DB31/ 872—2015	《印刷业大气污染物排放标准》
上海	DB31/ 859—2014	《汽车制造业(涂装)大气污染物排放标准》
上海	DB31/ 1288—2021	《汽车维修行业大气污染物排放标准》
上海	DB31/ 1059—2017	《家具制造业大气污染物排放标准》
广东	DB44/ 814—2010	《家具制造行业挥发性有机化合物排放标准》
广东	DB44/ 815—2010	《印刷行业挥发性有机化合物排放标准》
广东	DB44/ 816—2010	《表面涂装(汽车制造业)挥发性有机化合物排放标准》
广东	DB44/ 817—2010	《制鞋行业挥发性有机化合物排放标准》
广东	DB44/ 1837—2016	《集装箱制造业挥发性有机物排放标准》
广东	DB44/ 2367—2022	《固定污染源挥发性有机物综合排放标准》
福建	DB35/ 156—1996	《制鞋工业大气污染物排放标准》
福建	DB35/ 323—2018	《厦门市大气污染物排放标准》
福建	DB35/ 1783—2018	《工业涂装工序挥发性有机物排放标准》
福建	DB35/ 1784—2018	《印刷行业挥发性有机物排放标准》
福建	DB35/ 1782—2018	《工业企业挥发性有机物排放标准》

2.2.3.1 北京市

1. 排放标准

对于不同行业所产生的 VOCs 的排放限值，北京市颁布了《电子工业大气污染物排放标准》(DB11/ 1631—2019)、《工业涂装工序大气污染物排放标准》(DB11/ 1226—2015)、《炼油与石油化学工业大气污染物排放标准》(DB11/ 447—2015)、《木制家具制造业大气污染物排放标准》(DB11/ 1202—2015)、《汽车制造业大气污染物排放标准》(DB11/ 1227—2023)、《印刷工业大气污染物排放标准》(DB11/ 1201—2023)等多部地方标准，其中各行业的相关污染物有组织排放限值见表 2-6。

表 2－6　北京市重点行业 VOCs 有组织排放限值

行业名称	污染物项目	最高允许排放浓度(mg/m^3)
电子工业	苯	0.5
	甲醛	5.0
	苯系物	8
	非甲烷总烃	10
工业涂装	苯	0.5
	苯系物	20
	非甲烷总烃	10
炼油和石油化工	苯	4
	甲苯	15
	二甲苯	20
	非甲烷总烃	20
木制家具制造业	苯	0.5
	苯系物	2
	非甲烷总烃	10
汽车制造业	苯	0.5
	苯系物	10
	非甲烷总烃	25
印刷工业	苯	0.5
	苯系物	10
	非甲烷总烃	30

另外，北京市于 2017 年发布《大气污染物综合排放标准》(DB11/ 501—2017)，其中重点行业 VOCs 有组织排放限值见表 2－7。

2. 监测标准

(1) 应按照 HJ 819、HJ 978、HJ 1083 等规定，建立监测制度，制定监测方案，对大气污染物排放状况及其对周边环境质量的影响开展监测，保存原始监测记录，并定期公布监测结果。

表 2-7　北京市大气污染物综合排放标准中 VOCs 有组织排放限值

污染物项目	最高允许排放浓度(mg/m^3)	最高允许排放速率(kg/h)				
		15 m	20 m	30 m	40 m	50 m
苯	1.0	0.36	0.60	2.0	2.0	5.5
甲苯	10	0.72	1.2	4.1	7.1	11
二甲苯	10	0.72	1.2	4.1	7.1	11
非甲烷总烃	50	3.6	6.0	20	36	55

(2) 应按照 DB11/ 195 的规定设置废气采样口和采样平台,并满足 GB/T 16157、HJ/T 397 和 DB11/T 1484 规定的采样条件。

(3) 排气筒中大气污染物的采样监测按照 GB/T 16157、HJ/T 373、HJ/T 397、HJ 732、HJ 905、DB11/T 1484 的规定执行。

(4) 厂界大气污染物的采样监测按照 HJ/T 55、HJ 194、HJ 905 的规定执行。

2.2.3.2　上海市

1. 排放标准

对于不同行业所产生的 VOCs 的排放限值,上海市颁布了《涂料、油墨及其类似产品制造工业大气污染物排放标准》(DB31/ 881—2015)、《印刷业大气污染物排放标准》(DB31/ 872—2015)、《汽车制造业(涂装)大气污染物排放标准》(DB31/ 859—2014)、《汽车维修行业大气污染物排放标准》(DB31/ 1288—2021)、《家具制造业大气污染物排放标准》(DB31/ 1059—2017)等多部地方标准,其中各行业的相关污染物有组织排放限值见表 2-8。

表 2-8　上海市重点行业 VOCs 有组织排放限值

行业名称	污染物项目	最高允许排放浓度(mg/m^3)	最高允许排放速率(kg/h)
涂料油墨等产品制造工业	苯	1.0	0.05
	甲苯	10	0.2
	二甲苯	20	0.8
	苯系物	40	1.6
	非甲烷总烃	50	2.0
	苯酚	20	0.10
	苯乙烯	20	1.0

续　表

行业名称	污染物项目	最高允许排放浓度（mg/m^3）	最高允许排放速率(kg/h)
涂料油墨等产品制造工业	甲醛	5	0.10
	环己酮	50	0.52
	醛、酮类	60	1.5
	乙酸脂类	80	1.6
	丙烯酸酯类	50	1.2
	异氰酸酯类	0.1	0.025
	苯胺类	20	0.30
印刷业	苯	1	0.03
	甲苯	3	0.1
	二甲苯	12	0.4
	非甲烷总烃	50	1.5
汽车制造涂装业	苯	1	0.6
	甲苯	3	1.2
	二甲苯	12	4.5
	苯系物	21	8.0
	非甲烷总烃	30	32
汽车维修业	苯	0.5	—
	苯系物	10	—
	非甲烷总烃	20	—
家具制造业	苯	0.5	0.05
	甲苯	2	0.1
	二甲苯	5	0.5
	苯系物	8	1.0
	非甲烷总烃	15	2.0a
	甲醛	5	0.1
	甲苯二异氰酸酯(TDI)	1	0.1

2. 监测标准

1）排气筒中颗粒物或气态污染物的监测采样应满足 GB/T 16157、HJ/T 397、HJ/T 373、HT 691、HJ/T 75、HJ 732 的规定。

2）气筒中大气污染物浓度限值指任何 1 小时浓度平均值不能超过的值，可以任何连续 1 小时采样获得平均值，或者在任何 1 小时内以等时间间隔采样 3 个以上样品，计算平均值；对于间歇式排放且排放时间小于 1 小时的，则应在排放阶段实现连续监测，或者以等时间间隔采集 3 个以上样品并计算平均值。

3）厂界大气污染物监控点监测按 HJ/T 55、HJ/T 194 的规定执行。

4）厂区内大气污染物监控点设置在车间门窗、装置区、储罐区下风向下 1 米，高度不低于 1.5 米处，监控点的数量不少于 3 个，并选取浓度最大值。

5）厂区内和厂界监控点污染物浓度的监测，一般采用连续 1 小时采样计平均值。若浓度偏低，可适当延长采样时间；若分析方法灵敏度高，仅需用短时间采集样品时，应在 1 小时内以等时间间隔采集 4 个样品，计平均值。

6）污染源应根据安装污染物排放自动监控设备的要求，按有关法律和《污染源自动监控管理办法》、HJ/T 75 中相关要求及其他国家和上海市的相关法律和规定执行。

7）筒中非甲烷总烃排放速率≥2.0 kg/h 或初始非甲烷总烃排放量≥10 kg/h 时，应安装连续自动监测设备，并满足国家或地方固定源非甲烷总烃在线监测系统技术规范。在线监测设备的管理和使用，按照环境保护和计量监督的有关法规执行。如果环境保护主管部门出台最新的在线监测政策要求，则按最新政策的有关规定执行。

2.2.3.3 广东省

1. 排放标准

自 2010 年起，广东省发布《家具制造行业挥发性有机化合物排放标准》(DB44/ 814—2010)、《印刷行业挥发性有机化合物排放标准》(DB44/ 815—2010)、《表面涂装(汽车制造业)挥发性有机化合物排放标准》(DB44/ 816—2010)、《制鞋行业挥发性有机化合物排放标准》(DB44/ 817—2010)、《集装箱制造业挥发性有机物排放标准》(DB44/ 1837—2016)等多部关于地方重点行业的 VOCs 排放标准，其中各行业的 VOCs 有组织排放限值见表 2-9。

表 2-9　广东省重点行业 VOCs 有组织排放限值

行　业	最高允许排放浓度(mg/m³)			最高允许排放速率(kg/h)		
	苯	甲苯与二甲苯合计	总 VOCs	苯	甲苯与二甲苯合计	总 VOCs
家具制造业	1	40	60	0.4	1.2	3.6
	1	20	30	0.4	1.0	2.9

续　表

行　业	最高允许排放浓度(mg/m^3)			最高允许排放速率(kg/h)		
	苯	甲苯与二甲苯合计	总 VOCs	苯	甲苯与二甲苯合计	总 VOCs
印刷行业	1	30	120	0.4	1.8	5.4
	1	15	80	0.4	1.6	5.1
	1	30	180	0.4	1.8	5.4
	1	15	120	0.4	1.6	5.1
表面涂装(汽车制造业)	1	30	150	—	—	—
	1	18	90			
制鞋行业	1	30	80	0.4	1.9	3.4
	1	15	40	0.4	1.5	2.6
集装箱制造业	1	40	150	—	—	—
	1	20	90			

另外，广东省于 2022 年发布《固定污染源挥发性有机物综合排放标准》(DB44/2367—2022)，其中固定源 VOCs 的有组织排放限值见表 2-10。

表 2-10　广东省固定源 VOCs 有组织排放限值　(单位：mg/m^3)

序号	污染物项目	最高允许浓度限值
1	苯	2
2	苯系物[注1]	40
3	NMHC	80
4	TVOC[注2,注3]	100

注 1：苯系物包括苯、甲苯、二甲苯、三甲苯、乙苯和苯乙烯。
注 2：根据企业使用的原料、生产工艺过程和有关环境管理要求等，筛选确定计入 TVOC 的物质。
注 3：待国家污染物监测方法标准发布后实施。

2. 监测标准

1) 排气筒中大气污染物的监测采样按 GB/T 16157、HJ 732、HJ/T 373、HJ/T 397 和国家有关规定执行。

2) 对于挥发性有机液体储罐、挥发性有机液体装载设施以及废气收集处理系统的 VOCs 排放，监测采样和测定方法按 GB/T 16157、HJ/T 397、HJ 732 和 HJ 38 的规定执行。对于储罐呼吸排气等排放强度周期性波动的污染源，污染物排放监测时段应当涵盖其排放强度大的时段。

3）对于设备与管线组件泄漏、敞开液面逸散的 VOCs 排放，监测采样和测定方法按 HJ 733 的规定执行，采用氢火焰离子化检测仪（以甲烷或丙烷为校准气体）。

4）对厂区内 VOCs 无组织排放进行监测时，在厂房门窗或通风口、其他开口（孔）等排放口外 1 m，距离地面 1.5 m 以上位置处进行监测。若厂房不完整（如有顶无围墙），则在操作工位下风向 1 m，距离地面 1.5 m 以上位置处进行监测。

5）厂区内 NMHC 任何 1 小时平均浓度的监测采用 HJ 604 规定的方法，以连续 1 小时采样获取平均值，或者在 1 小时内以等时间间隔采集 3～4 个样品计平均值。厂区内 NMHC 任意一次浓度值的监测，按便携式监测仪器相关规定执行。

6）企业边界挥发性有机物监测按 HJ/T 55、HJ 194 的规定执行。

2.2.3.4 福建省

1. 排放标准

为有效防控臭氧污染、改进大气污染情况，福建省发布并全面实施了《制鞋工业大气污染物排放标准》（DB35/ 156—1996）、《厦门市大气污染物排放标准》（DB35/ 323—2018）、《工业涂装工序挥发性有机物排放标准》（DB35/ 17838—2018）、《工业企业挥发性有机物排放标准》（DB35/ 1782—2018）、《印刷行业挥发性有机物排放标准》（DB35/ 1784—2018）等。使生态环境保护水平同全面建成小康社会目标相适应，让人民群众有更多获得感。福建省颁布的《工业企业大气挥发性有机物排放标准》（DB35/ 1782—2018）中，重点行业 VOCs 的有组织排放限值见表 2-11。

表 2-11 福建省重点行业 VOCs 有组织排放限值

行业名称	工艺设施	污染物项目	最高允许排放浓度（mg/m^3）	最高允许排放速率（kg/h）			
				15 m	20 m	30 m	40 m
合成革与人造革制造	配料、涂布、烘干等	苯	1	0.3	0.7	1.8	3.2
		甲苯	15	0.6	1.2	3.2	5.8
		二甲苯	20	0.6	1.2	3.2	5.8
		氯乙烯	5	0.55	0.92	3.1	5.3
		非甲烷总烃	100	1.8	3.6	9.6	17.4
木材加工	制胶、施胶、干燥等	苯	1	0.3	0.7	1.8	3.2
		甲苯	10	0.6	1.2	3.2	5.8
		二甲苯	20	0.6	1.2	3.2	5.8

续　表

行业名称	工艺设施	污染物项目	最高允许排放浓度（mg/m^3）	最高允许排放速率（kg/h）			
				15 m	20 m	30 m	40 m
木材加工	制胶、施胶、干燥等	甲醛	5	0.18	0.3	1.0	1.8
		非甲烷总烃	60	1.8	3.6	9.6	17.4
医药制造	溶剂回收、制剂加工等	甲醛	5	0.18	0.3	1.0	1.8
		非甲烷总烃	80	1.8	3.6	9.6	17.4
电子产品制造	清洗、蚀刻、涂胶等	苯	1	0.3	0.7	1.8	.3.2
		甲苯	10	0.6	1.2	3.2	5.8
		二甲苯	20	0.6	1.2	3.2	5.8
		非甲烷总烃	80	1.8	3.6	9.6	17.4
其他行业	—	苯	3	0.3	0.7	1.8	3.2
		甲苯	15	0.6	1.2	3.2	5.8
		二甲苯	20	0.6	1.2	3.2	5.8
		甲醛	5	0.18	0.3	1.0	1.8
		非甲烷总烃	100	1.8	3.6	9.6	17.4

注：当非甲烷总烃的去除率≥90%时，等同于满足最高允许排放速率限值要求。
原辅材料中涉及甲醛的行业执行限值要求。

2. 监测标准

1）企业应按照环境监测管理规定和技术规范的要求，设计、建设、维护永久性采样口、采样测试平台和排污口标志，采样口和采样平台的设置应符合《固定污染源排气中颗粒物测定与气态污染物采样方法》（GB/T 16157—1996）、《固定源废气监测技术规范》（HJ/T 397—2007）等有关标准的要求。

2）挥发性有机物净化装置的进、出口均应设置采样孔。若净化装置的进口或出口采用多根排风管集合，应在合并前的各分排风管上设置采样孔。

3）生产设施应采用合理的通风措施，不应稀释排放。在国家未规定单位产品基准排气量之前，暂以实测浓度作为判定是否达标的依据。

4）采样时应核查并记录工况。对于储罐类排放采样，应在其加注、输送操作时段内采样；在测试挥发性有机物处理效率时，应避免在装置或设备启动等不稳定工况条件下采样。

5）对无组织排放的采样，应优先使用内壁经惰性化处理的采样罐，采样罐的清洗和采样、真空度检查、流量控制器安装与气密性检查应按照《环境空气挥发性有机物的测定罐采样/气相色谱-质谱法》（HJ 759—2015）中的规定执行。

2.3　涉及 VOCs 排放行业的工艺设计相关标准与规范

虽然影响治理项目建设规模的因素很多，如净化系统的处理能力、执行的排放标准、净化工艺、相关设备、资金能力、工程条件等，但在治理项目建设中均应考虑以下几个方面。

（1）充分掌握污染源状况，合理确定净化系统处理能力的原则

污染源污染强度、数量、分布、排放形式等决定了净化系统处理能力的大小，影响着建设的规模。因此，应充分掌握污染源的客观状况和真实可靠的原始数据，在此基础上，按各污染源同时产生污染的最大排气量来确定净化系统的处理能力和工程设计。

（2）明确设计内容和范围

设计内容和范围直接关系到项目投资和建设规模的大小。因此，在治理工程方案设计及初步设计阶段，应明确设计内容和范围，不得漏项。

（3）合理确定工程等级

工程等级取决于设计所执行的技术标准以及技术指标、设计使用年限、净化系统的要求、采用的设备和材料、自动化水平、安全防护和施工质量要求等，不同的工程等级所造成的投资规模和建设规模也是不同的。

（4）净化工艺成熟，技术先进

应采用先进的、成熟可靠的净化工艺和设备，确保生产工艺不受影响。

（5）合理选择国内外技术和设备

应优先采用国内成熟、可靠、先进的净化工艺和技术，以降低工程投资；对于国内尚未成熟的技术、设备或材料等可从国外引进或部分引进。在引进大型设备时，应考虑同时引进其技术。

（6）方案论证与综合比选

对于大中型治理项目，要求进行多方案的比选，从技术、经济、实施条件、运行管理等方面充分论证，综合比选，选择最佳方案。

（7）总体规划、分步实施

大气污染治理项目所涉及的污染物净化内容繁多。因此，对于治理项目，前期策划时应从长计议，总体规划，根据国家的环保规划和要求，结合技术能力和资金能力有重点、有步骤地实施。

2.3.1　重点行业工艺设计相关标准与规范

2.3.1.1　玻璃行业

1. 吸附装置工艺设计

1）吸附工艺应满足《环境保护产品技术要求 工业废气吸附净化装置》(HJ/T 386—2007)和《吸附法工业有机废气治理工程技术规范》(HJ 2026—2013)的要求。

2）设施的处理能力应根据废气的处理量确定，设计风量宜按照最大废气排放量的120％进行设计，处理效率应达到 90％以上。

3）进入吸附装置的颗粒物含量应低于 1 mg/m^3。

4）连续稳定产生的涂装废气可采用固定床(包括颗粒活性炭、蜂窝活性炭和活性炭纤维)和移动床(主要为转轮)吸附装置，非连续产生或浓度不稳定的废气宜采用固定床吸附装置。当使用固定床吸附装置时，宜采用吸附剂原位再生工艺。

5）固定床吸附装置吸附床层的气流速度应根据吸附剂形态、废气浓度及治理要求确定。采用颗粒活性炭时气流速度宜低于 0.6 m/s，采用活性炭纤维时气流速度宜低于 0.15 m/s，采用蜂窝活性炭时气体流速宜低于 1.2 m/s。

6）转轮吸附装置各扇区气体设计流速宜为 1～4 m/s，设计转速宜为 2～6 r/h，转轮系统应确保吸附区、脱附区和冷却区间的密封隔离设施的漏风率不大于 1％。

7）吸附床层的吸附剂用量应考虑废气处理量、污染物浓度、吸附剂的动态吸附量等因素。应定期对吸附剂的动态吸附量进行检测，当动态吸附量降低至设计值的 80％时宜更换吸附剂。

8）吸附剂再生过程工艺设计要求如下：

a. 采用热空气再生时，固定床吸附装置热空气脱附温度宜低于 120 ℃，转轮吸附装置热空气脱附温度宜低于 200 ℃；

b. 采用水蒸气再生时，蒸汽脱附温度宜控制在 100～140 ℃，脱附蒸汽压力宜高于 0.2 MPa；

c. 采用热氮气再生时，热气脱附温度宜控制在 120～200 ℃，脱附氮气压力宜为 0.05～0.1 MPa，要求恒压设计；

d. 固定床吸附装置单床脱附再生周期确定时应考虑废气成分、脱附风量等因素，应大于 4 h；

e. 脱附后气流中有机物浓度应控制在其爆炸极限下限的 25％以下。

9）吸附装置采用活性炭纤维吸附剂时，设计压降宜低于 4 kPa，采用其他吸附剂时，设计压降宜低于 2.5 kPa。

2. 燃烧装置工艺设计

1）可采用的燃烧工艺及装置包括 CO(Catalytic Oxidizer)、RCO(Regenerati Catalytic Oxidation)、RTO(Regenerative Thermal Oxidizer)或玻璃熔窑，其中 CO、RCO

应符合《环境保护产品技术要求 工业有机废气催化净化装置》(HJ/T 389—2007)和《催化燃烧法工业有机废气治理工程技术规范》(HJ 2027—2013)的规定，RTO应符合《蓄热燃烧法工业有机废气治理工程技术规范》(HJ 1093—2020)的规定。

2) 燃烧装置的处理能力应根据废气的处理量确定，其中RTO的设计风量应按照最大废气排放量的105%以上进行设计，处理效率不宜低于95%；CO、RCO的设计风量宜按照最大废气排放量的120%进行设计，处理效率不宜低于97%。

3) RTO燃烧室的运行温度和有机废气在燃烧室内的停留时间，应根据废气成分及所需净化效率而定。运行温度一般应高于760 ℃，停留时间一般应大于0.75 s。根据运行温度、停留时间，以及待处理废气通过燃烧室的有效体积流量等因素，计算确定燃烧室的结构和尺寸。

4) RTO、RCO的热回收效率应考虑废气成分及浓度、余热回用需求，一般不低于90%。根据热回收效率要求、蓄热体结构性能、系统压降等因素，计算确定蓄热室的结构和尺寸。蓄热室截面风速宜小于2 m/s，应通过优化蓄热体结构、堆填方式等实现蓄热室气流均匀分布。

5) 固定式RTO换向阀的换向时间宜为60～180 s，旋转式RTO气体分配器的换向时间宜为30～120 s。RTO进出口气体温差宜小于60 ℃。

6) CO、RCO的运行温度、设计空速的确定应考虑废气成分、催化剂种类等因素。运行温度宜为250～500 ℃，设计空速宜为10 000～40 000/h。

7) 系统压力损失受气流速度、蓄热体/催化剂结构形式等因素影响，CO的设计压降宜低于2 kPa，RTO和RCO的设计压降宜低于3 kPa。

2.3.1.2 橡胶行业

按照《挥发性有机物排放控制标准》(DB61/T 1061—2017)、《挥发性有机物无组织排放控制标准》(GB 37822—2019)、《橡胶制品工业污染物排放标准》(GB 27632—2011)、《排污许可证申请与核发技术规范 橡胶和塑料制品工业》(HJ 1122—2020)、《橡胶工厂环境保护设计规范》(GB 50469—2016)等相关标准规范，结合《重点行业挥发性有机物综合治理方案》《重污染天气重点行业应急减排措施制定技术指南(2020年修订版)》等相关政策要求，提出以下治理要求。

(1) 保存

VOCs原料等应存储于密闭的容器、包装袋、储罐、储库、料仓中；盛装VOCs原料的容器或包装袋应存放于室内；盛装VOCs物料的容器或包装袋在非取用状态时应加盖、封口，保持密闭；含VOCs的混炼胶等中间产品应封闭贮存及时转运；储存过程应满足《挥发性有机物无组织排放控制标准》(GB 37822—2019)、《挥发性有机物排放控制标准》(DB61/T 1061—2017)等标准要求。

(2) 配料

生产车间内配料应采取自动称料系统或半自动称料系统，根据生产工序集中配料，减少转运次数，降低废气无组织排放。粉料的解包、输送、称量、投料过程自动化、封闭化，减少粉尘对环境的污染。粉尘类废气应根据安全防爆要求采用布袋除尘、静电除尘或以布袋除尘为核心的组合工艺处理。

(3) 混炼

禁止采用开放式混炼，应选用捏炼机等封闭式工艺设备。鼓励采用包含上辅机、下辅机、密炼机一体化的密炼中心混炼；密炼机橡胶投料口采用集气罩收集，废气排至废气收集处理系统；下辅机（挤出、压延）全部封闭，采用集气罩收集，废气排至废气收集处理系统，宜采用喷淋、吸附、生物法等两级及以上组合工艺处理，或者采用燃烧工艺（热力燃烧、催化燃烧、蓄热燃烧处理或引至锅炉燃烧）。

(4) 废气收集

当采取车间整体密闭换气时，车间换风次数原则上不少于 8 次/小时或满足职业卫生要求；当采取局部集气罩收集废气时，设计必须满足《排风罩的分类及技术条件》(GB/T 16758—2008)要求，同时距集气罩开口面最远处的 VOCs 无组织排放位置，控制风速应不低于 0.3 m/s，可根据生产设备及场所，选用上吸、侧吸等不同排风罩类型，鼓励选择活动式设计，保证生产操作过程尽量靠近污染物排放点；设备自带除尘设施的，应注意维护操作，保证收集效率；新建企业应选用自动阀门、变频风机等设备，保持生产设施与收集设施联动，提高废气收集效率，降低能源消耗。

(5) 吸附剂

当有机废气采用吸附工艺处理时，采用颗粒活性炭作为吸附剂时，其碘值不宜低于 800 mg/g；采用蜂窝活性炭作为吸附剂时，其碘值不宜低于 650 mg/g；选用吸附效率相当的其他吸附剂时，吸附剂应按照设计要求足量添加、及时更换。应与有活性炭收集、转运、处置资质且有处置容量的单位签订处置合同。

1. 胶浆制备工艺设计

(1) 挥发性有机物料准备

宜采用自动称量系统、密闭管道输送；可采用人工称量投加，但应采用密闭的容器进行物料转移。同时应采取措施减少有机挥发性气体产生。

(2) 胶料准备

胶浆制备车间混炼胶和有机溶剂应设置单独封闭配料间，根据生产工序集中配料，减少转运次数，降低无组织排放。其他同混炼炼胶工艺要求。

(3) 搅拌

搅拌过程应采用密闭设备或在密闭空间内操作，废气全部收集后，排至废气收集处理系统。局部收集的中高浓度有机废气应先采用冷凝（深冷）回收技术、变压吸附回收技术等对废气中的有机化合物回收利用，然后采用辅助燃烧工艺（热力燃烧、催化燃烧、蓄热燃烧）处理，或者引至锅炉燃烧。

2. 涂胶工艺设计

(1) 输送

液体胶料应采用密闭管道或密闭容器转移至涂胶设备或工位。

(2) 涂胶

涂胶过程应采用密闭设备或在密闭空间内操作，确因操作条件无法密闭的，应采用有效局部封闭收集措施。局部收集的中高浓度有机废气应先采用冷凝(深冷)回收技术等对废气中的有机化合物回收利用，然后采用辅助燃烧工艺(热力燃烧、催化燃烧、蓄热燃烧)处理，或者引至锅炉燃烧。

(3) 处理

对采用吸收、吸附、冷凝等 A 类回收组合技术以及蓄热式燃烧、蓄热式催化燃烧、催化燃烧、锅炉焚烧、低温等离子等 B 类破坏技术等两级以上组合技术处理挥发性有机物的，可采取 A+A、A+B 等组合方式。

(4) 退料

载有挥发性有机物物料的设备及其管道在开停工(车)、检修和清洗时，应在退料阶段将残存物料退净，并用密闭容器盛装，退料过程废气应排至挥发性有机物废气收集处理系统；清洗及吹扫过程废气应排至挥发性有机物废气收集处理系统。

(5) 检修

载有气态 VOCs 物料、液态 VOCs 物料的设备与管线组件的密封点≥2 000 个的，应开展泄漏检测与修复工作，并建立企业密封点档案和泄漏检测与修复计划。泵、压缩机、搅拌器、阀门、开口阀或开口管线、泄压设备、取样连接系统每 6 个月检测一次；法兰及其他连接件、其他密封设备每 12 个月检测一次。除列入延迟修复的密封点外，泄漏点应在 15 天内完成修复。

(6) 废气收集系统

所有废气收集系统应采用技术经济合理、符合安全生产要求的密闭及收集方式，满足防爆、耐腐、气密性好的要求，管道布置应结合生产工艺，力求简单、紧凑、管线短、占地空间少，同时考虑具备阻燃和抗静电等。

(7) 管控

采用吸附、吸收、喷淋等工艺的，应保证在废气达标排放前提下，根据设计及运行情况及时更换吸附材料、吸收液，喷淋液等，对废吸附剂、废溶剂等废气治理过程产生的危险废物应封闭予以贮存，及时转运至有资质单位处置，并落实危险废物转移联单要求，厂内临时贮存设施应满足《危险废物贮存污染控制标准》(GB 18597—2023)的相关要求。

2.3.1.3 涂装行业

1. 物料储存

1) 盛装 VOCs 物料(油漆、涂料等)的容器在非取用状态时需加盖、封口、保持密闭。

2) 盛装过 VOCs 物料(油漆、涂料等)的废包装容器需加盖密闭。

3) 盛装 VOCs 物料(油漆、涂料等)的容器应存放于室内或存放于设置有雨棚、遮阳和防渗设施的专用场地。

4) 油漆、涂料等的储库围护结构应完整且与周围空间完全阻隔。

5）调配好的原辅材料采用管道密闭输送，或者采用密闭容器或罐车转运。

2. 工艺过程

1）应设立单独的调配间。

2）调配间应密闭。

3）调配过程应加盖密封或在密闭空间内操作。

4）应收集调配过程产生的有机废气。

5）调配间产生的有机废气应引入废气治理设施进行处理。

6）调配完成后容器在运输过程中需密封。

7）涂装房应密闭。

8）应对喷漆房产生的有机废气进行收集。

9）喷漆房产生的有机废气应引入废气治理设施进行处理。

10）涉及 VOCs 排放的工艺环节所在车间，不得存在通过安装大风量风扇或其他通风措施故意稀释排放的现象。

11）干燥、烘干车间应设置有效的密闭排气系统，变无组织逸散为有组织排放后集中处理。

12）待用或用完的原辅材料的容器应进行密封。

13）应设置喷枪等设备的单独清洗间。

14）应对清洗间产生的有机废气进行收集。

15）应将清洗间产生的有机废气引入废气治理设施进行处理。

3. 集气系统和废气处理设施

1）涂装生产线喷漆室需安装自动漆雾处理系统，烘干室需安装 VOCs 污染治理设施且其 VOCs 废气处理效率在 90%以上。

2）采用外部集气罩的，距集气罩开口面最远处的 VOCs 无组织排放位置的风速应≥0.3 m/s。

3）废气收集系统负压运行正常且密闭（无异味或现场监测非甲烷总烃等）。

4）废气收集系统的输送管道应密闭。

5）收集的废气中非甲烷总烃初始排放速率≥2 kg/h 时，需配置 VOCs 处理设施，且处理效率≥80%。

6）产生 VOCs 的生产工艺和装置需接入废气收集和处理设施。

7）废气收集和处理设施应按照设施设计方案规范的参数条件运行。

8）废气收集和处理设施应与生产工艺设备同步运转，不得停运或减运。

9）企业验收监测报告及自行监测报告中的各项指标（进出口 VOCs 浓度、废气量、温度、含氧量、厂区及厂界 VOCs 浓度等）应满足排放标准要求。

10）应建立 VOCs 废气处理设施的运行维护台账（包括采用吸收法吸附剂再生更换情况、光催化、等离子体处理效果等）。

11）排气筒高度应满足环境影响评价标准的要求。

12）废气处理设施应按要求开设永久性规范采样口。

2.3.1.4　石化行业

1. 一般规定

1）储存与装载设施的油气宜区域性地进行集中回收处理。

2）不同油气收集系统共用油气回收处理装置时应避免系统之间相互影响。

3）油气收集系统应根据油气性质、操作温度及操作压力等不同分别设置，并应符合下列规定：

a. 与储罐、油罐车和船舶应密闭连接；

b. 与储罐、装车鹤管和装船臂连接处应设防爆轰型阻火器；

c. 凝缩液应密闭收集，不得就地排放；

d. 油气收集系统应采取防止系统压力过高或过低的措施；

e. 上游的储罐、油罐车、船舶的设备内的压力应保持微正压。

4）油气收集系统应设置事故紧急排放管，事故紧急排放管可与油气回收处理装置的尾气排放管合并设置，并应符合下列规定：

a. 排放管管径宜小于主管道管径两个口径等级；

b. 排放管与油气回收处理装置内的工艺静设备、机泵、现场控制柜、仪表盘、配电箱等之间的防火距离不应小于 4 m；

c. 排放管上应设置方便操作的切断阀；

d. 排放管顶部应高出地面 4 m 以上，并应设置挡雨帽和防爆燃型阻火器；

e. 油气回收处理装置事故工况下应确保系统油气的安全排出。

5）储存与装载设施的油气收集系统应单独设置，并不应与污水提升及污水处理设施、工艺装置储罐及设备、酸性水罐等共用油气收集系统。

6）油气收集总管应采用地上敷设，并宜坡向油气回收处理装置，坡度不宜小于 2‰。

7）管道阻火器的选用应符合下列规定：

a. 根据介质的火焰传播速度、介质在实际工况下的最大实验安全间隙值（简称 MESG）和安装位置，确定管道阻火器的类型和技术安全等级；

b. 阻火器的选用应符合国家现行标准《石油气体管道阻火器》（GB/T 13347—2010）和《石油化工石油气管道阻火器选用、检验及验收标准》（SH/T 3413—2019）等的相关规定，阻火器产品并应经过有资质的第三方机构测试和鉴证；

c. 当用于易聚合、结晶等导致堵塞的场合时，宜在管道阻火器前后设置压力监测装置，阻火器宜选用可拆卸和可更换的阻火元件，并应采取防堵措施。

2. 储罐油气收集系统

1）常压内浮顶和拱顶储罐的油气收集宜采用单罐单控或直接连通方案。

2）对储存介质性质差别较大，直接连通后影响安全和产品质量的储罐，其油气收集系统不应采用直接连通方案。

3）储罐安全附件的设置应符合国家现行标准《石油化工储运系统罐区设计规范》（SH/T 3007—2014）的相关规定。

4）油气收集系统应根据储罐储存物料的性质、火灾危险性、储存温度、排气压力和罐型等因素合理设置。

5）下列储罐应独立设置油气收集系统，当其经过预处理后可与其他油气收集系统合并设置：

a．苯乙烯等易自聚介质储罐；

b．操作温度大于 90 ℃的高温物料储罐；

c．气相空间硫化物体积含量大于等于 5%的储罐；

d．遇其他气体易发生化学反应的物料储罐；

e．其他需要独立设置气相收集系统的储罐。

6）对于下列发生火灾风险较高的储罐，其罐顶的油气收集支管道上应设置具有远程隔断功能的阀门：

a．储存极毒和高度危害液体的储罐；

b．储罐气相含有较高硫化物（硫化亚铁自燃风险高），且容量大于或等于 1 000 m^3 的甲 B 和乙 A 类可燃液体储罐。

7）当多座储罐的气相直接连通共用一个压力阀时，其储存的介质应为同一品种或性质相近的物料，并应符合下列规定：

a．对性质差别较大、火灾危险性类别不同、影响安全和产品质量的，储存不同种类介质的储罐气相不应直接连通；

b．储存极度和高度危害液体的储罐不应与储存非同类物料的储罐直接连通；

c．不同罐组的储罐气相不宜直接连通；

d．不同罐型（拱顶罐、内浮顶、卧式等）的储罐气相不宜直接连通；

e．成品储罐与其他储存非同类物料的储罐不应直接连通。

8）每座储罐气相支管道上应设阻火设备，阻火设备应靠近罐顶结合管安装，并应设置与油气收集主管道隔离检修的切断设施。

9）储罐油气排放压力范围的确定应避免与呼吸阀和紧急泄放阀等设定的压力范围相重叠。

10）储罐顶部气相空间的操作压力不宜低于 0.2 kPa，油气排出压力不宜低于 0.8 kPa 且不应高于呼吸阀的呼出整定压力，并应设置压力就地及远传仪表。

11）油气收集系统能力应满足同一系统内同时运行的不同介质储罐的小时最大排气量的要求。

12）储罐的挥发气量应根据液体进料产生的“大呼吸”气量、气温升高产生的“小呼吸”气量、高温进料导致的蒸发气量、高压进料释放的溶解气量等确定，并应符合国家现行标准《石油库节能设计导则》(SH/T 3002—2000)的相关规定。

13）当储罐需要设置惰性气体保护系统时，每座储罐应设置单独的保护气阀组，且其接入口和引压口均应位于罐顶。

14）储罐的保护气体用量应考虑物料性质、储罐的输出量和气温变化引起储罐温升或温降等因素的影响。对于苯乙烯、醋酸甲酯等遇氧存在聚合、氧化结晶等介质的储罐，还应增设符合下列规定的安全措施：

a．储罐气相空间应设置压力过低报警，报警值不应低于储罐呼吸阀的设定负压值；

b．储罐气相空间应设置氧含量监测报警及联锁保护；

c．呼吸阀带阻火器应为耐烧型防爆燃阻火器。

15）常压储罐的油气收集管道不宜排入全厂性可燃性气体排放系统，当受条件限制需排至全厂低压可燃性气体排放管网时，应符合下列规定：

a．气体热值和氧含量应满足国家现行标准《石油化工可燃性气体排放系统设计规范》(SH 3009—2013)的相关要求；

b．油气收集管道上应设在线氧含量分析仪，并应设置氧浓度过高时的联锁切断设施；

c．油气收集管道上应采取措施防止火炬气倒流入储罐区油气收集管道。

16）储存设施的油气收集管道上应设置便于操作的紧急切断阀；当多个油气收集系统共用一套油气回收处理装置时，在进入油气回收处理装置前应分别设置紧急切断阀。

3．装车设施油气收集系统

1）甲 B、乙 A 类可燃液体装车应采用顶部浸没式或底部装载方式，顶部浸没式装载出油口距离罐车底部高度应小于 200 mm。

2）鹤管与油罐车的连接应严密，不应泄漏油气；密闭装车鹤管与罐车冒口的密封压力不应小于 5 kPa。

3）汽车槽车和铁路罐车内气相空间压力不应低于 2 kPa，且不应高于罐车上呼吸阀的呼出整定压力。

4）油气收集支管公称直径不宜小于鹤管管径。

5）在油气收集支管上和油气回收处理装置的入口处均应设置切断阀。

6）油气收集支管与鹤管的连接处及油气回收处理装置的入口处均应设置阻火器。

7）装车设施油气收集总管的管径应根据油罐车的承压能力、油气回收处理装置及油气收集管道的压力损失，经统一水力计算后确定。

8）装车设施的油气收集管道上应设置便于操作的紧急切断阀，该阀应设置在装车台外，与装车台边缘的距离不应小于 10 m。

4．装船设施油气收集系统

1）易挥发性石油化工液体物料装船设施应设置液相装船臂和气相返回臂，气相臂与油气收集系统应密闭连接。

2）船舱内气相空间压力不应低于 5 kPa，且不应高于船舶上呼吸阀的呼出整定压力。

3）装船设施应设置安全可靠的船岸安全装置，并应满足国家现行标准《码头油气回收船岸界面安全装置》（JT/T 1333—2020）和《码头油气回收处理设施建设技术规范》（JTS/T 196—12—2023）的相关规定。

4）油气收集系统设计应符合下列规定：

a．与气相臂连接处应设置阻火器和远程切断阀；

b．油气收集支管道上应设置压力与温度监测和烃浓度与氧浓度在线分析仪表。

c．当油气压力或温度超过设定值时，应联锁切断远程切断阀。

5）装船设施的油气收集系统应设置紧急切断阀；紧急切断阀宜设在栈桥根部陆域侧，距码头前沿的距离不应小于20 m。

5. 油气回收处理装置

1）油气回收处理装置应根据油气设计处理量、介质性质、油气浓度和尾气控制指标等要求，经技术经济比选综合确定工艺方案。

2）油气回收处理装置的设计规模宜为储存、装载设施同时排放油气最大量的1.0～1.1倍。

3）油气回收处理装置的设计应符合下列规定：

a．最大操作负荷不宜超过设计规模的110%；

b．操作弹性应满足油气排放量和油气浓度的变化范围；

c．距油气回收处理装置1 m处的噪声不应大于85 dB(A)；

d．撬装设备的基础高度宜为200～300 mm。

4）油气回收处理装置的油气设计浓度宜取实测的最热月平均油气浓度。储存系统油气设计浓度也可根据储存介质性质、操作条件、罐型、油气挥发量等折算确定；装载系统如无实测数据时，可按下列方法确定：

a．同类地区已建有油气回收处理装置时，新建油气回收处理装置的油气设计浓度可取同类地区已建装置最热月实测的平均油气浓度；

b．同类地区无已建油气回收处理装置时，新建油气回收处理装置的油气设计浓度可按建设地区的最热月平均气温确定。

5）吸收液的选用宜满足下列规定：

a．用于吸收汽油、石脑油、芳烃、航空煤油、溶剂油等单一品种的油气时，吸收液应选用本液或性质相近不宜挥发的液体；

b．用于吸收混合油气时，吸收液宜选用挥发性小的低标号柴油或专用吸收液；

c．吸收液可采用降低温度的方法来提高吸收效果。

6）分离膜的设计应满足下列规定：

a．分离膜组件的进口应设温度仪表，进出口应设压力仪表；

b．分离膜组件渗透侧应设置压力就地指示及远传，并应采取压力联锁保护措施；

c．各分离膜组件入口应设置切断阀；

d. 分离膜对正丁烷的透过选择性不应低于对氮气的 20 倍；

e. 单个膜组件的油气处理能力不宜小于 100 Nm^3/h；

f. 分离膜组件的数量应能满足设计规模，并联安装的膜组件应预留一个备用口。

g. 膜组件的设计压力不应低于 1.0 MPa；

h. 对于有机材料分离膜，膜组件的操作温度不应超过 50 ℃；

i. 分离膜组件正常设计使用寿命不应低于 8 年。

7）吸收塔的设计应满足下列规定：

a. 吸收塔宜为填料式；

b. 填料宜为低压降规整填料，压降不宜高于 1 000 Pa；

c. 填料层上段、下段宜分别设置压力仪表，塔底液体段应设置液位监测仪表就地指示及远传控制室，并应采取液位控制联锁措施；

d. 吸收塔的设计压力不应低于 0.35 MPa。

8）活性炭的性能应满足下列规定：

a. 活性炭的比表面积不应低于 1 000 m^2/g；

b. 活性炭的表观密度不应低于 40 g/100 ml；

c. 活性炭的含水量不应高于 5%；

d. 活性炭对丁烷的吸附容量不应小于 30 g/100 ml；

e. 活性炭宜为煤基活性炭。

9）活性炭纤维的性能应满足下列规定：

a. 活性炭纤维的比表面积不应低于 1 400 m^2/g；

b. 活性炭纤维宜采用组件形式；

c. 活性炭纤维的苯吸附值不应低于 40%(wt)。

10）吸附剂罐的设计应满足下列规定：

a. 吸附剂罐不应少于 2 个；

b. 吸附剂罐内吸附剂的总量应能满足设计规模、设计浓度下 20 min 的油气吸附容量，采用颗粒状吸附剂时填充高度不应超过总高的 2/3；

c. 吸附剂罐宜设温度仪表，采用组件式吸附剂的每个罐体宜设置 1 个温度仪表，采用颗粒状吸附剂的罐体上、中、下部均宜设温度仪表、就地指示及远传控制室，并宜采取温度控制联锁措施；

d. 吸附剂罐床层的操作温度不应高于 65 ℃；

e. 吸附剂罐的切换阀门的泄漏等级不应低于Ⅴ级；

f. 采用组件式吸附剂且使用低压蒸汽、热氮气再生的吸附剂罐的设计压力，不应低于 0.35 MPa，采用颗粒式吸附剂且使用负压或真空再生的吸附剂罐的设计压力，不应低于 1.0 MPa；

g. 吸附剂罐应采取失电保护措施。

11）换热器的设计应满足下列规定：

a．换热器宜选择压降低换热器，压降不宜高于 300 Pa；

b．换热器的进出口应设置压力和温度仪表；

c．换热器的总传热系数不应低于 50 $W/m^2 \cdot h \cdot ℃$。

12）制冷系统的设计应符合下列规定：

a．应设置自动除霜，冷凝后的油水混合物应设置油水分离装置，水冷凝器的制冷装置应采取防冻措施；

b．应采取保冷措施；

c．冷凝风机宜选用防爆轴流风机。

13）进入催化燃烧和蓄热燃烧装置处理的油气中的有机物浓度应符合下列规定：

a．油气中有机物浓度应低于其爆炸下限的 25%；

b．当油气中有机物浓度高于或等于爆炸下限的 25%时，应采取预处理措施使其浓度降低至爆炸下限的 25%以下，方可进入催化燃烧反应器处理；

c．对于含有混合有机物的油气，其控制浓度应低于最易爆组分或混合气体爆炸下限的 25%。

14）催化燃烧装置的设计应符合下列规定：

a．催化燃烧装置的净化效率不应低于 97%；

b．油气中不得含有引起催化剂中毒的介质或组分；

c．催化剂的设计使用寿命不应小于 1 年；

d．催化剂的工作温度应低于 700 ℃；

e．催化燃烧装置应进行整体保温，装置主体外表面温度不应高于 60 ℃；

f．反应器催化剂中间床层应采取温度检测报警及过热保护措施；

g．反应器应设置防爆泄压装置，且设计压力不应小于 1.0 MPa；

h．装置进气管道上应设置双向防爆轰阻火器，排气管道上应设置管端防爆燃阻火器；

i．催化反应器、电加热器等材质宜选用耐温不锈钢材料；

j．反应器进口管道上应设置烃浓度检测仪，并应设置快速切断阀和失电自动关闭功能。

15）蓄热燃烧装置的设计应符合下列规定：

a．遇氧易发生反应、易聚合的有机物油气不应采用蓄热燃烧法进行处理；

b．进入蓄热燃烧装置的油气流量、温度、压力和油气浓度不宜出现较大波动；

c．两室蓄热燃烧装置的净化效率不宜低于 95%，多室或旋转式蓄热燃烧装置的净化效率不应低于 98%；

d．蓄热燃烧装置的热回收效率不应低于 90%；

e．进入蓄热燃烧装置的油气中颗粒物浓度应低于 5 mg/m^3，并应严格控制焦油、漆雾等黏性物质；

f．燃烧室内衬耐火绝热材料宜选用陶瓷纤维；

g．蓄热体宜选用蜂窝陶瓷或组合式陶瓷等规整材料，蓄热体支架应采用高强度、防腐耐温材料；

h．蓄热体比热容不应低于 750 J/kg・K，可承受 1 200 ℃的高温冲击，使用寿命不应低于 40 000 h；蓄热室进出口温差不宜大于 60 ℃；

i．辅助燃料应选用天然气、液化气等清洁燃料；

j．燃烧器应具备温度自动调节的功能；

k．蓄热燃烧装置应进行整体内保温，外表面温度不应高于 60 ℃；

l．环境温度较低及湿度较大时应采取保温、伴热等防凝结措施；

m. 当处理含氮有机物造成烟气氮氧化物排放超标时，应采用选择性催化还原法(Selective Catalytic Reduction，SCR)等脱硝工艺进行后处理；

n．当处理含硫或含卤素有机物产生二氧化硫、卤化氢时，应采用吸收等工艺进行后处理；

o．燃料供给系统应设置高低压保护和泄漏报警装置，压缩空气系统应设置低压保护和报警装置。

p．蓄热燃烧装置应具有过热保护功能。

q．换向阀宜采用提升阀、旋转阀、蝶阀等类型，其材质应具有耐磨、耐高温、耐腐蚀等性能，泄漏率应低于 0.2%。

16）机泵的选用应符合下列规定：

a．增压用压缩机宜选用液环式压缩机，制冷用压缩机宜选用往复式或螺杆式压缩机，制冷剂宜选用无氯环保型制冷剂；

b．真空泵宜选用螺杆式或液环式；

c．液体输送用泵宜选用离心泵；

d．当操作负荷变化较大时，机泵应采用变频调速装置；

e．真空泵、压缩机、输送泵的进出口应设压力仪表，压缩机和真空泵的出口应设温度仪表。

6．自动控制

1）油气回收处理装置的自动控制系统宜与储存、装载设施的自动控制系统统一设计。

2）油气回收处理装置应独立设置安全联锁系统。

3）油气回收处理装置应独立设置可燃气体及有毒气体检测系统。

4）油气回收处理设施的启停应与装置入口的油气压力联锁。

5）油气回收处理设施内的温度、压力、流量、液位等参数，应远传至上层控制系统。

6）油气回收处理设施内的机泵运行状态、控制阀门的开关状态，应在自动控制系统内显示。

7）现场电动仪表宜选用隔爆型仪表。

7. 公用工程

(1) 给排水

a. 油气回收处理装置界区内宜设置地面冲洗水设施，冲洗用水可采用生产给水或中水。

b. 油气回收处理装置产生的含可燃液体污水、被污染雨水应排入生产污水系统，且排水出口处应设置水封，水封高度不得小于 250 mm。

c. 油气回收处理设施应与储罐、装车或装船设施及其他相邻设施统一设置事故污水收集储存设施。

d. 可燃气体的凝结液不得排入生产污水系统。

(2) 电气

a. 油气回收处理设施的动力负荷等级宜与储存和装载设施统一考虑。

b. 油气回收处理设施的电力装置设计应符合现行国家标准《爆炸危险环境电力装置设计规范》(GB 50058—2014)的相关规定。

c. 油气回收处理设施的防雷设计应符合现行国家标准《建筑物防雷设计规范》(GB 50057—2010)中的“第二类防雷建筑物”的有关规定及现行国家标准《石油与石油设施雷电安全规范》(GB 15599—2009)的相关规定。

d. 油气回收处理设施的防静电接地设计应符合国家现行标准《石油化工静电接地设计规范》(SH 3097—2017)的相关规定。

e. 石油库油气回收处理设施的爆炸危险区域划分应执行现行国家标准《石油库设计规范》(GB 50074—2014)的相关规定。

2.3.1.5　印刷行业

1. 总体要求

1）生产企业在印刷生产过程中应优先考虑采用绿色印刷手段，以达到节能、环保、减少污染物排放的目的。

2）生产企业在印刷工艺选择宜优先考虑胶印、水性柔印、水性凹印、水性覆膜、预涂膜覆膜等技术，逐步淘汰溶剂型凹印、溶剂型柔印、溶剂型覆膜等污染较大的工艺。

3）生产企业在印刷生产过程中，使用的原辅材料优先选用 UV 油墨、水性油墨、水性胶黏剂等低 VOCs 含量的物料。

4）生产企业在原辅材料的调配、转移、使用过程应做好 VOCs 废气的收集并根据生产特点选择合适的处理工艺，控制逸散排放。

5）污染控制设施设计应遵循综合治理、循环利用、达标排放、总量控制的原则。污染治理工艺设计应该本着成熟可靠、技术先进、经济适用的原则，并考虑节能、安全和操作简便。

6）污染控制设施应与生产工艺水平、废气来源和风量、挥发性有机物浓度水平相适应。在选择工艺路线之前，应根据废气中挥发性有机物的回收价值和处理费用进行经济核算，优先选用回收工艺。

7）生产企业应把污染控制设施作为生产系统的一部分进行管理，污染物控制设施应该与产生废气的相应生产设备同步运转。

8）治理后的污染物排放应符合相关标准的要求。污染控制设施在建设、运行过程中产生的废气、废水、固体废物及其他污染物的治理与排放，应执行国家或地方环境保护法规和标准的相关规定，防止二次污染。

9）污染控制设施应该按照国家相关法律法规、标准和地方环境保护部门的要求设置在线连续监测或运行监控设备，并满足 HJ 477 和地方环境保护管理部门相关规定的要求。

10）污染控制设施的选址与总图布置参照 GBZ 1 和 GB 50187 规定执行，同时应该遵从降低环境影响、方便施工及运行维护等原则，并满足消防安全距离的要求。

11）污染控制设施的布置应考虑主导风向的影响。

2. 凹版印刷

1）生产工艺选择

a. 企业在新、改、扩建印刷生产时，宜优先选用柔印代替凹印；

b. 企业在现有凹印工艺技改时宜采用单一溶剂凹印代替混合溶剂凹印或采用水性凹印。

2）原辅材料选择

a. 选用溶剂型凹印油墨时，即用状态油墨 VOCs 含量应不大于 80%（wt）；

b. 选用水性凹印油墨时，即用状态油墨 VOCs 含量应不大于 30%（wt）；

c. 选用清洗剂时，应选择水性清洗剂或低 VOCs 含量的清洗剂。

3）过程控制

a. 油墨调配应在专用的调配间内进行，调墨作业不得敞开在车间内进行；

b. 油墨调配宜选用自动油墨调配设备；

c. 油墨调配后在运输、转移过程中应加盖密闭，容器的盖子或覆盖物应该具有防爆、防静电性能；

d. 印刷生产过程中应优化工序安排，减少停机和频繁换印、试印；

e. 油墨上机印刷过程中油墨桶应加盖；

f. 印刷过程中宜在油墨槽上方加盖，减少 VOCs 逸散；

g. 印刷烘干排风宜采用迭代套用，控制 VOCs 排风浓度不大于溶剂爆炸下限的 25%；

h. 墨槽、印版、墨桶等清洗作业在专用清洗间进行，不得敞开在车间内进行，清洗后废液宜做净化回用，不得造成二次污染。

4）VOCs 捕集

a. 所有 VOCs 捕集排风设计应满足 GBZ 1、GBZ 2.1 及 GB 50019 的设计规范；

b. 专用的调墨间和清洗间必须设置局部排风或整体排风系统；
c. 印刷机宜采用整体密闭排风设计，以提高 VOCs 捕集效率；
d. 在不具备整体密闭排风的情况下，应对烘干和印刷墨槽分别进行局部排风收集。

5）VOCs 末端治理

a. 采用水性凹印油墨的凹印工艺，废气经捕集后宜采用浓缩＋热氧化方式处理；
b. 采用混合溶剂型凹印油墨的凹印工艺，废气经捕集后宜采用浓缩＋热氧化方式或直接采用热氧化方式进行处理；
c. 采用单一溶剂凹印油墨的凹印工艺，废气经捕集后宜采用浓缩＋溶剂回收方式进行处理。

3. 平版印刷(胶印)

1）生产工艺选择

a. 企业在新、改、扩建平版印刷工艺时，宜采用免酒精胶印工艺；
b. 企业在现有平版印刷工艺技改时宜采用压力固化、调温固化、反应固化等平版印刷方式代替加热固化的平版印刷方式。

2）原辅材料选择

a. 选用溶剂型平板印铁油墨时，即用状态油墨 VOCs 含量应不大于 70%(wt)；
b. 选用热固轮转油墨时，即用状态油墨 VOCs 含量应不大于 30%(wt)；
c. 选用平张及冷固油墨时，即用状态油墨 VOCs 含量应不大于 15%(wt)；
d. 选用洗车水时，应选择水性洗车水或低 VOCs 含量的洗车水；
e. 选用水斗液时，应选择低醇或无醇水斗液。

3）过程控制

a. 油墨调配应在专用的调配间内进行，调墨作业不得敞开在车间内进行；
b. 油墨供给宜选用中央集中供墨系统；
c. 油墨调配后在运输、转移过程中应采用管道输送或加盖密闭；
d. 印刷生产过程中应优化工序安排，减少停机和频繁换印、试印；
e. 印刷生产过程应采用水斗液循环膜过滤技术，提高水斗液利用效率，废水斗液采用加热蒸馏方法回收溶剂，减少 VOCs 逸散；
f. 印刷机清洗时应采用自动清洗、高压水洗或二级清洗等方式，清洗后废液不得造成二次污染。

4）VOCs 捕集

a. 所有 VOCs 捕集排风设计应满足 GBZ 1、GBZ 2.1 及 GB 50019 的设计规范；
b. 专用的调墨间和清洗间必须设置局部排风或整体排风系统；
c. 印刷机加热型固化烘干室宜采用整体密闭或局部排风设计，以提高 VOCs 捕集效率。

5）VOCs 末端治理

a. 采用植物油基油墨、UV 油墨的平版印刷工艺，废气经捕集后宜采用活性炭吸附现场再生方式处理；

b. 采用低沸点矿物油型油墨的平版印刷工艺，废气经捕集后宜采用浓缩＋热氧化方式或直接采用热氧化方式进行处理；

c. 轮转胶印宜在印刷设备末端增加二次燃烧工艺减少 VOCs 排放。

4. 凸版印刷（柔印）

1）生产工艺选择

企业在新、改、扩建柔版印刷工艺时，宜采用水性柔印工艺或 UV 柔印工艺。

2）原辅材料选择

a. 选用溶剂型柔印油墨时，即用状态油墨 VOCs 含量应不大于 50%（wt）；

b. 选用水性柔印油墨时，即用状态油墨 VOCs 含量应不大于 20%（wt）；

c. 选用洗车水时，应选择水性洗车水或低 VOCs 含量的洗车水。

3）过程控制

a. 油墨调配应在专用的调配间内进行，调墨作业不得敞开在车间内进行；

b. 油墨调配宜选用自动调墨系统；

c. 油墨调配后在运输、转移过程中应采用管道输送或加盖密闭；

d. 印刷生产过程中应优化工序安排，减少停机和频繁换印（换色）、试印；

e. 采用卫星式柔印机的，在印刷过程中应将印刷部分密闭；

f. 烘干排风宜采用迭代套用，控制 VOCs 排风浓度不大于溶剂爆炸下限的 25%；

g. 墨槽、印版、墨桶等清洗作业在专用清洗间进行，不得敞开在车间内进行。

4）VOCs 捕集

a. 所有 VOCs 捕集排风设计应满足 GBZ 1、GBZ 2.1 及 GB 50019 的设计规范；

b. 专用的调墨间和清洗间必须设置局部排风或整体排风系统；

c. 卫星式柔印机宜对烘干和印刷部分分别采用整体密闭排风设计，以提高 VOCs 捕集效率。

5）VOCs 末端治理

a. 采用水性油墨的柔版印刷工艺，废气经捕集后宜采用水洗＋活性炭吸附现场再生方式处理；

b. 采用溶剂型油墨的柔版印刷工艺，废气经捕集后宜采用浓缩＋热氧化方式或直接采用热氧化方式进行处理；

5. 孔版印刷（丝网）

1）生产工艺选择

企业在新、改、扩建孔版印刷工艺时，宜采用水性孔版印刷工艺或 UV 孔版印刷工艺。

2）原辅材料选择

a．选用溶剂型丝网油墨时，即用状态油墨 VOCs 含量应不大于 40%（wt）；

b．选用清洗剂时，应选择水性清洗剂或低 VOCs 含量的清洗剂。

3）过程控制

a．油墨调配应在专用的调配间内进行，调墨作业不得敞开在车间内进行；

b．油墨调配宜选用自动调墨系统；

c．油墨调配后在运输、转移过程中应采用管道输送或加盖密闭；

d．印刷生产过程中应优化工序安排，减少停机和频繁换印、试印；

e．印版、墨桶等清洗作业在专用清洗间进行，不得敞开在车间内进行。

4）VOCs 捕集

a．所有 VOCs 捕集排风设计应满足 GBZ 1、GBZ 2.1 及 GB 50019 的设计规范；

b．专用的调墨间和清洗间必须设置局部排风或整体排风系统；

c．印刷机宜采用整体密闭排风设计，以提高 VOCs 捕集效率；

d．在不具备整体密闭排风的情况下，应对烘干和印刷分别进行局部排风收集。

5）VOCs 末端治理

a．采用水性油墨的孔版印刷工艺，废气经捕集后宜采用水洗＋活性炭吸附现场再生方式处理；

b．采用溶剂型油墨的孔版印刷工艺，废气经捕集后宜采用浓缩＋热氧化方式或直接采用热氧化方式进行处理。

6．复合（覆膜）、涂布

1）生产工艺选择

企业在新、改、扩建复合工艺时，宜采用水性复合工艺、UV 复合工艺和预涂膜复合工艺。

2）原辅材料选择

a．选用溶剂型复合胶黏剂时，宜选择单一溶剂型胶黏剂；

b．选用清洗剂时，应选择水性清洗剂或低 VOCs 含量的清洗剂。

3）过程控制

a．胶黏剂调配应在专用的调配间内进行，调配作业不得敞开在车间内进行；

b．胶黏剂调配后在运输、转移过程中应采用管道输送或加盖密闭；

c．复合烘干排风应采用迭代套用，控制 VOCs 排风浓度不大于溶剂爆炸下限的 25%；

d．上胶头、胶桶等清洗作业在专用清洗间进行，不得敞开在车间内进行。

4）VOCs 捕集

a．所有 VOCs 捕集排风设计应满足 GBZ 1、GBZ 2.1 及 GB 50019 的设计规范；

b．专用的调墨间和清洗间必须设置局部排风或整体排风系统；

c．复合机宜采用整体密闭排风，以提高 VOCs 捕集效率；

d．在不具备整体密闭排风的情况下，应对上胶头进行密闭排风收集，烘干排风单独收集。

5）VOCs 末端治理

采用溶剂型胶黏剂的复合工艺，废气经捕集后宜采用溶剂回收方式、浓缩＋热氧化方式或直接采用热氧化进行处理。

7. 监督与运行

1）运行管理基本要求

企业应根据实际生产工况和治理设施的设计标准，建立相关的各项规章制度及运行、维护和操作规程，明确耗材的更换周期和设施的检查周期，建立主要设备运行状况的台账制度，保证治理设施正常运行。

企业应建立治理设施运行状况、设施维护等的记录制度，主要维护记录内容包括：

a. 治理装置的启动、停止时间；

b. 吸附剂、吸收液、过滤材料、催化剂等的质量分析数据、采购量、使用量及更换时间；

c. 治理装置运行工艺控制参数，至少包括治理设备进口、出口的 VOCs 浓度和吸附装置内的温度；

d. 主要设备维修情况；

e. 运行事故及治理设施维修情况；

f. 定期检验、评价及评估情况；

g. 吸附回收工艺中的危险废物、污水及副产物处置情况；

h. 由于紧急事故或设备维修等原因造成治理设备停止运行时，立即报告当地环境保护行政主管部门的情况。

2）催化氧化和蓄热式催化氧化

催化氧化工艺和蓄热式催化氧化工艺应该满足 HJ 2027 的规范要求，装置的基本性能应该满足 HJ/T 389 的要求。蓄热式催化氧化装置还应满足如下要求：

a. 气体蓄热催化燃烧室温度应控制在 300～500 ℃，停留时间不小于 0.75 s；

b. 蓄热层的断面风速宜设定在 1.1～1.5 m/s；

c. 蓄热材料的高度宜控制在 0.8～1.6 m；

d. 气流切换阀门的漏风率应小于 1%；

e. 蓄热燃烧装置应设置超温强制排风措施，进入催化氧化装置的有机废气浓度必须控制在混合有机物的爆炸极限下限的 25%以下；对于混合有机物的爆炸极限，应该根据不同有机化合物的浓度比例和其爆炸下限进行计算与校核；

f. 蓄热燃烧装置应设置保温，并保证炉体外表面温度小于 60 ℃；

g. 蓄热材料的膨胀系数须小于 6×10^{-6} m/(m·℃)；

h. 蓄热燃烧装置应设置自动控制。应具有自动记录温度变化曲线的功能以备查。

3）蓄热燃烧装置

a. 宜采用三床及以上或旋转式的工艺布置方式；

b. 气体燃烧室温度应控制在 800 ℃以上，停留时间不宜小于 0.75 s；

c．蓄热燃烧装置应设置自动控制，应该具有自动记录温度变化的功能以备查；

d．如果根据安全需求，RTO 装置设置联锁应急排气筒，则该排气筒应该设置运行或排放监控措施，可以根据环保部门的要求安装在线检测装置，也可以采用手持式检测装置记录排放情况。

2.3.2　其他相关标准与规范

2.3.2.1　汽车污染物排放控制系统耐久性标准

1. 污染物控制装置耐久性标准

1）新型车（发动机）自第Ⅳ阶段开始，应保证汽车（发动机）正常寿命期内排放控制装置的正常运转，并在型式核准时给予确认。

2）在第Ⅲ阶段，如果发动机采用了催化转化器或（和）颗粒物捕集器等排放后处理技术，制造企业应保证其具有良好的耐久性，在汽车（发动机）的正常寿命期内有效工作，并在型式核准时给予确认。

3）排气后处理装置在整个耐久性运行试验过程中，不能出现影响耐久性运行试验进行的机械故障，如管路和壳体的裂开、断裂、烧蚀、变形、漏气、载体松动、破碎等。

4）制造企业提交的型式核准汽车或发动机（带后置处理装置）的排气污染物排放测量值与耐久性运行试验中所确定的劣化修正值之和，仍满足国家相应排放标准规定的型式核准限制要求才能准予型式核准。

5）用于生产一致性检查的汽车或发动机（带后置处理装置）的排气污染物排放测量值与耐久性运行试验中所确定的劣化修正值之和，仍满足国家相应排放标准规定的生产一致性检查限值要求，才能准予通过生产一致性检查。

2. 污染物排放控制耐久性标准

对除重型汽油车以外的重型汽车，即包括柴油车、天然气（NG）车和液化石油气（LPG）车在内的重型车，分别按不同汽车类型提出了国Ⅱ、国Ⅲ机动车排放阶段的要求，见表 2-12。

表 2-12　耐久性要求和试验规定

汽车分类		耐久性要求[1]		允许最短试验里程[2]（km）
		里程（km）	实际使用时间（年）	
汽油车 80		80 000	5	50 000
柴油车、NG 车、LPG 车	M1[3]	80 000	5	50 000
	M2	80 000	5	50 000
	M3［Ⅰ、Ⅱ、A、B（GVM≤7.5 t）］	100 000	5	60 000

续 表

汽车分类		耐久性要求(1)		允许最短试验里程(2)(km)
		里程(km)	实际使用时间(年)	
柴油车、NG车、LPG车	M3[Ⅲ、B(GVM>7.5 t)]	250 000	6	80 000
	N2	100 000	5	60 000
	N3	100 000	5	60 000
	N3	250 000	6	80 000

(1) 耐久性要求中的里程和实际使用时间两者以先到为准。
(2) 允许最短试验里程指采用道路试验方法时最短耐久性试验里程。
(3) 仅包括 GVM 大于 3 500 kg 的 M1 类汽车。

2.3.2.2 填料的标准与规范

塔内填充填料的主要目的是提供足够大的表面积,促使气液两相充分接触,气液流动又不致造成过大的阻力,它是填料塔的核心,填料塔操作性能的好坏与所选用的填料有直接关系。填料的基本要求有如下几个方面:

(1) 要有较大的比表面积

单位体积填料层所具有的表面积称为填料的比表面积,以 at 表示,单位为 m^2/m^3。填料的表面只有被流动的液相润湿才能构成有效的传质面积。因此,若希望有较高的传质速率,除须有大的比表面积之外,还要求填料有良好的润湿性能及有利于气液均匀分布的形状。

(2) 要有较高的空隙率

单位体积填料层所具有的空隙体积称为填料的空隙率,以 e 表示,单位为 m^3/m^3。当填料的空隙率较高时,气、液通过能力大且气流阻力小,操作弹性范围较宽。

(3) 要有较高的机械强度

制造填料的材料应保证有足够的机械强度,不易破碎,重量轻,耐腐蚀,价廉易得。目前实际所提供的填料很难全面满足以上要求,选择填料时应根据实际情况权衡利弊。

本章参考文献

[1] 孙也.挥发性有机物监测技术[M].北京:化学工业出版社,2018.
[2] 李守信.挥发性有机物污染控制工程[M].北京:化学工业出版社,2017.
[3] GB 37822—2019,挥发性有机物无组织排放控制标准[S].北京:生态环境部,国家市场监督管理总局,2019.
[4] 张自杰,王有志,郭春明.实用注册环保工程师手册[M].北京:化学工业出版社,2017.
[5] GB 20890—2007,重型汽车排气污染物排放控制系统耐久性要求及试验方法[S].北京:国家环保

总局，国家质量监督检验检疫总局，2007.
[6] GB/T 50759—2022，油气回收处理设施技术标准[S].北京：住房和城乡建设部，2022.
[7] 马广大.大气污染控制技术手册[M].北京：化学工业出版社，2010.
[8] T/CNAGI 002—2002，日用玻璃行业涂装工序挥发性有机物污染防治技术规范[S].北京：中国日用玻璃协会，2022.
[9] HJ 1122—2020，排污许可证申请与核发技术规范 橡胶和塑料制品工业[S].北京：中华人民共和国生态环境部，2020.
[10] GB 50469—2016，橡胶工厂环境保护设计规范[S].北京：中国计划出版，2016.
[11] DB11/ 2007—2022，城镇污水处理厂大气污染物排放标准[S].北京：北京市生态环境局，北京市市场监督管理局，2022.
[12] DB31/ 933—2015，大气污染物综合排放标准[S].上海：环境保护局，上海市质量技术监督局，2015.
[13] DB44/ 815—2010，印刷行业挥发性有机化合物排放标准[S].广州：广东省环境保护厅，广东省质量技术监督局，2010.
[14] DB44/ 816—2010，表面涂装（汽车制造业）挥发性有机化合物排放标准[S].广州：广东省环境保护厅，广东省质量技术监督局，2010.
[15] DB44/ 2367—2022，固定污染源挥发性有机物综合排放标准[S].广州：广东省环境保护厅，广东省质量技术监督局，2022.
[16] GB/T 50759—2022，油气回收处理设施技术标准[S].北京：住房和城乡建设部，国家市场监督管理总局，2022.

第 3 章
VOCs 污染源头控制技术

随着相关政策、法律法规和排放标准的发布与实施，挥发性有机物(VOCs)污染的防治已成为我国关注的重点。近年来，我国 VOCs 控制理论与技术不断发展，VOCs 控制正由从源头控制向末端治理的全工艺流程治理转变，以吸附技术、催化燃烧技术、生物技术、低温等离子体技术及组合技术为代表的 VOCs 控制技术得到了进一步发展。

控制污染的最佳途径就是不产生污染源。工业排放 VOCs 来源广泛，组成复杂，涉及工业生产和储运等各个环节。因此，应回溯污染物排放过程，以便采用控制装置或改变工艺的方法，限制 VOCs 排放。近年来，基于源头控制的泄漏检测与修复(leak detection and repair，LDAR)技术、密闭收集技术、原辅材料替代等在工业源 VOCs 治理方面得到了推广。石化行业已开始推广 LDAR 技术，并对生产设备进行高效、密闭收集改造；水基高、固分低的有机溶剂型环保涂料已在喷涂、印刷行业部分代替了有机溶剂型涂料，这些技术和工艺从源头上减少了 VOCs 的排放，降低了末端治理的负荷。本章着重从原辅材料替代(工业涂装和包装印刷业)、工艺技术改进和单元设备与装置升级等方面对 VOCs 污染源头控制技术进行介绍。

3.1　原辅材料替代

我国多省份已出台臭氧污染和挥发性有机物专项治理方案，减排目标各不相同，但治理路径大同小异：加快低 VOCs 含量原辅材料源头替代，推进先进工艺技术的应用，以及加强与氮氧化物的协同治理。其中，山东省生态环境厅于 2023 年 2 月 7 日发布《低挥发性原辅材料替代企业豁免挥发性有机物末端治理实施细则(试行)》，文件中表示符合条件的企业完成源头替代后，可以将废气治理设施停运，新建企业可以不再配套建设废气治理设施。豁免行业为工业涂装和包装印刷业，豁免条件包括完成低挥发性原辅材料替代、污染物稳定达标排放、现场管理符合环保规范要求共三项。该政策文件的实施不仅对山东省加强推进“十四五”时期工作任务具有重要意义，更为我国排污企业VOCs治理工作提供了新思路。

原辅材料是指生产过程中需要的原料和辅助用料的总称。原辅材料本身的性质(如挥发性、可降解性、毒性等)在一定程度上决定了产品及其生产过程对环境的危害程度和产生的废弃物的毒性。有机溶剂等高VOCs原辅材料的使用是VOCs的重要排放来源，为了减少VOCs的排放、减轻其对环境及人体健康的危害，可使用水性、粉末、高固体分、无溶剂、辐射固化等低VOCs含量的涂料，水性、辐射固化、植物基等低VOCs含量的油墨，水基、热熔、无溶剂、辐射固化、改性、生物降解等低VOCs含量的胶黏剂，以及低VOCs含量、低反应活性的清洗剂等，替代溶剂型涂料、油墨、胶黏剂、清洗剂等，从源头减少VOCs产生。

3.1.1 工业涂装行业

工业涂装过程中的VOCs主要来自含VOCs原辅材料的储存、调配、转移输送、含VOCs危险废物的贮存，以及调漆、喷漆、流平、烘干、清洗等涂装工序。溶剂型弹性涂料是以高分子合成树脂为主要成膜物质，用有机溶剂为稀释剂，再加入一定量的颜料、填料及助剂，经混合、搅拌溶解、研磨而配制成的一种挥发性涂料。其具有较好的硬度、光泽、耐水性、耐酸碱性和良好的耐候性、耐污染性等优点。但它在施工时有大量有机溶剂挥发，很容易造成环境的污染。此外，该涂料的漆膜的透气性也比较差，如果在潮湿基层上施工，就极易发生起皮、脱落等不良现象。因此，为了减少VOCs的排放，涂装行业在选择原料时，应大力推广使用低VOCs含量木器涂料、车辆涂料、机械设备涂料、集装箱涂料及建筑物和构筑物防护涂料等；在技术成熟的行业，推广使用低VOCs含量油墨和胶黏剂，鼓励加快低VOCs含量涂料、油墨、胶黏剂等的研发和生产。加强政策引导，鼓励企业采用符合国家有关低VOCs含量产品规定的涂料、油墨、胶黏剂等，排放浓度稳定达标且排放速率、排放绩效等满足国家相关规定的，相应生产工序可不要求建设末端治理设施。使用的原辅材料VOCs含量(质量比)低于10%的工序，可不要求采取无组织排放收集措施。

近年来，友好型涂料在环境保护工作要求和产业政策引导下得到了长足的发展。如：建筑用墙面涂料、集装箱涂料、汽车原厂涂料等涂料品种的水性化已经很成功，并得到了广泛运用——高固体分涂料的技术与运用越加成熟。这些都有力地推动了我国涂料行业向低VOCs含量涂料的绿色转型。

3.1.1.1 家具制造业

家具制造业VOCs主要产生自涂料、胶黏剂、固化剂、稀释剂、清洗剂等含VOCs的原辅材料的使用，涉及的VOCs排放环节主要是上述含VOCs原辅材料的贮存、调漆、喷漆、擦色、施胶、干燥、喷枪清洗等。对于家具制造业，可采取不同方式对实木家具、人造板家具、展示家具及金属家具等家具类别进行原辅材料替代。

实木家具制造可采用底漆为油性涂料，面漆为水性涂料(亦可简称为“底油面水”)的涂装生产方式，此生产方式使用油性底漆进行木材表面的封闭，有效地避免了水分与木材的直接接触，可减少水性涂料与木材接触后出现发霉泛白，避免饰面后产品表面发生鼓泡及渗色、渗油等问题。该方法减少了溶剂型面漆的使用，且在产品质量及生产效率等方面与原全溶剂型涂料使用几乎无差别。

人造板家具也可使用“底油面水”的涂装方式进行低 VOCs 原辅料替代。目前人造板家具中常见的低挥发性涂料主要有三种：一是单组分水性涂料，成本低，但漆膜丰满度、硬度较差；二是双组分水性涂料，成膜后效果好，但干燥慢，固化剂加入要求高；三是水性 UV 涂料，价格高，需设备施工，UV 固化前的去水过程要求高，综合生产效率高。此外，人造板家具可使用贴皮的方式代替喷漆生产，即根据目标颜色选择相应的贴皮纸，使用水基型白乳胶进行贴皮，产品效果和原需喷漆的效果几乎无差别，且几乎从源头上杜绝了含 VOCs 涂料的使用，不需要大幅度对现有生产设备进行升级改造，设备投资成本较低。也可使用免漆板，即板材供应商根据客户需求提供相应的板材成品，家具制造企业直接购买使用，不需进行涂装加工。目前免漆板在人造板家具制造中普遍应用，技术成熟。

展示家具又指陈列柜展柜家具，主要应用于产品展示，以木质为主，尤其是与人体接触的部位，追求接触面与人体体感较为接近。展示家具水性原辅料约有四种替代方式：一是与一般木质家具类似，采用“底油面水”的涂装方式；二是与人造板生产类似，采用人造板贴皮工艺替代木质喷漆工艺，减少涂装使用；三是进行产品结构的变更，如原全木质展示家具，除与人体接触面外，其余部位采用人造石、玻璃等免漆材质，减少涂装面积，目前该工艺在展示家具制造中具有普遍性；四是选择性涂装，即在人体接触不到的地方的底面漆均使用水性涂料，如展示柜背面、靠墙面等，该生产工艺也具有一定的普遍性。

金属家具低 VOCs 原辅料首选粉体涂料，其次为水性涂料和紫外光固化涂料，三种低 VOCs 原辅料的适用性均非常成熟，行业应用前景广阔。除了粉体涂料外，可采用成型后直接打磨的生产工艺，该工艺适用于只需显示金属原本颜色的家具，如不锈钢、铜及合金金属等，可完全杜绝涂料(含粉体涂料)的使用。金属办公家具不需要进行喷漆，一般采用成型后直接打磨的生产工艺，如金属座椅，可完全杜绝涂料(含粉体涂料)的使用，在金属家具中应用广泛，技术成熟。

家具制造业各项产品、生产工艺、低 VOCs 原辅材料替代方向及路径、替代成本、低 VOCs 产品替代现状见表 3-1。

3.1.1.2 电子元件制造业

电子元件制造业的 VOCs 主要产生自油墨、胶黏剂、固化剂开油水、洗网水、清洗剂等含 VOCs 的原辅材料的使用，涉及的 VOCs 排放环节主要是上述含 VOCs 原辅材料的贮存、线路印刷、防焊印刷、文字印刷、丝印、烤版、洗网等。

表 3－1　家具制造业产品及生产工艺低 VOCs 原辅料替代成熟程度

产品名称		生产工艺	含 VOCs 原辅料类型	替代方向及路径		替代成本及改造	低 VOCs 产品替代现状	
大类产品	细分产品			低 VOCs 原辅材料	先进生产工艺		工艺成熟程度	市场接受程度
其他家具	木制家具	黏合	胶黏剂	本体型胶黏剂、水基型胶黏剂	—	本体型胶黏剂和水基型胶黏剂应用非常成熟，几乎不需改造	非常成熟	高
	海绵软体			水基型胶黏剂			非常成熟	高
木制家具	实木家具	底漆	涂料	水性涂料（“油底水面”）、辐射固化涂料	辊涂工艺、淋涂工艺	水性涂料需对晾干房温湿度控制系统进行改造	成熟	低
		面漆					非常成熟	高
	板式家具（刨花板、脲醛树脂板）	底漆	涂料	水性涂料（“油底水面”）、辐射固化涂料	免漆板、免漆贴皮工序、辊涂工艺、淋涂工艺	免漆板不需要添置或更改任何生产设备；贴皮、辐射固化需购置相应生产设备（成本低）；水性涂料需对晾干房温湿度控制系统进行改造（成本低）	非常成熟	中
		面漆					非常成熟	高
	板式家具（酚醛树脂板）	底漆	涂料	粉末涂料、水性涂料（“油底水面”）、辐射固化涂料	免漆板、免漆贴皮工序、高效往复式喷涂箱、机械手、静电喷涂工艺、辊涂工艺、淋涂工艺	免漆板不需要添置或更改任何生产设备；贴皮、辐射固化需要购置相应生产设备（成本低）；水性涂料需对晾干房温湿度控制系统进行改造（成本低）	成熟	中
		面漆					成熟	高
	展示家具	底漆	涂料	水性涂料（“油底水面”）、辐射固化涂料	免漆即用板、免漆贴皮工序、产品结构的变更、辊涂工艺、淋涂工艺	免漆板不需添置或更改任何生产设备；贴皮、辐射固化需要购置相应生产设备（成本低）；水性涂料需对晾干房温湿度控制系统进行改造（成本低）；产品结构变更和选择性涂装不需变更生产设备，大幅度节省成本	成熟	中
		面漆					成熟	高
金属家具	金属办公家具	底漆	涂料	粉末涂料、水性涂料	免漆打磨抛光、高效往复式喷涂箱、机械手、静电喷涂工艺	免漆打磨抛光需购置相应生产设备（成本低）；水性和粉体涂料生产非常成熟，改造成本低	非常成熟	高
		面漆						

在洗网工序中，用环保锡膏清洗溶剂替代有机锡膏清洗剂可减少 VOCs 的产生，同时可提高清洗效率，减少清洗剂用量，大大减少污染、降低成本。

1. 技术原理

锡膏印刷过程中，在钢网等特定媒介的表面会有锡膏和助焊剂的残留混合物。由于助焊剂的主要成分为有机物，根据相似相溶原理，部分企业使用异丙醇（IPA）作为清洗剂。IPA 的挥发性较强且消耗量大，在使用过程中会产生较多的 VOCs，对员工及周边环境有较大的影响。为减少 VOCs 的产生，同时提高清洗效率、减少清洗剂用量，可使用半水基清洗剂替代 IPA 有机清洗剂对钢网进行清洗。半水基清洗剂是通过向有机溶剂中加入少量水和表面活性剂形成的，其清洗机理结合了水基清洗剂与溶剂清洗剂的清洗机理，既保持了溶剂型清洗剂对油污清洗力强的特点，又提高了对水性污垢的去除能力。

2. 应用案例

某集成电路和其他电子元件制造企业，主要生产新型电子元器件及相关产品，包括各种精密电源组件、表面波滤波器、射频二极管开关、隔离器、调谐器、传感器、混合集成电路等。

(1) 实施情况

该企业有多条混合集成电路生产线，锡膏印刷工序中使用的钢网会根据使用时间及产品批次定期进行清洗。方案实施前，该企业使用 IPA 有机清洗剂，采用人工手动洗网的方式对钢网进行清洗，效率较低，IPA 有机清洗剂消耗量大，同时会产生大量的 VOCs。为了减少 VOCs 的产生及提高清洗效率，该企业对洗网工序进行升级改造，用全封闭的自动洗网机替代人工手动洗网，用半水基清洗剂替代 IPA 有机清洗剂。半水基清洗剂主要成分为二丙二醇甲醚和去离子水等，VOCs 含量为 20%，且可通过蒸馏等方式回用。

(2) 环境效益

方案实施前，IPA 有机清洗剂的使用量为 2.715 t/a，VOCs 含量为 100%，则 VOCs 产生量为：

$$2.715 \times 100\% = 2.715 \text{ t/a}$$

方案实施后，在清洗同等数量的钢网条件下，半水基清洗剂的使用量为 2.355 t/a，VOCs 含量为 20%，则 VOCs 产生量为：

$$2.355 \times 20\% = 0.471 \text{ t/a}$$

由上可知，半水基清洗剂替代 IPA 有机清洗剂后，可减少的 VOCs 产生量为 2.244 t/a。

(3) 经济效益

购置自动洗网机费用：19.952 万元。节省人工费用：一台自动洗网机可代替 2 名员工进行清洗，每人的成本按照 7.2 万元/年计算，则可节约人工成本 14.4 万元/年。结合自动洗网机的维护等费用，购置自动洗网机后两年内即可抵消人工成本，实现经济效益。

清洗剂购置费用：半水基清洗剂比 IPA 有机清洗剂略贵。

综上，半水基清洗剂替代 IPA 有机清洗剂后，可从源头减少 VOCs 的产生，降低对操作人员和周边环境的影响，是具有一定的经济优势。

3.1.1.3　纺织业

纺织印染业 VOCs 主要产生自溶剂、助剂、整理剂、涂层剂、感光胶等含 VOCs 的原辅材料的使用，涉及的 VOCs 排放环节主要是上述含 VOCs 原辅材料的贮存、配料、印花、定型、涂层整理等。

在纺织过程的涂层整理工序中，常常会产生大量 VOCs，但用水基型整理剂替代溶剂型整理剂，不仅可以有效减少 VOCs 的生成，还可降低经济成本。

1. 技术原理

涂层整理是在织物表面单面或双面均匀地涂布一层或多层高分子化合物等涂层剂，使织物正反面能具有不同功能的一种表面整理技术。涂层整理不仅能改善织物的外观和风格，而且能增加织物的功能，使织物具有防水、耐水压、通气透湿、阻燃防污及遮光反射等特殊功能。涂层整理剂按化学结构可分为聚丙烯酸酯类（PA）、聚氨酯类（PU）、聚氯乙烯类（PVC）、有机硅类、合成橡胶类等。

其中，聚丙烯酸酯类（PA）和聚氨酯类（PU）使用最为广泛。PA 涂层整理剂可分为溶剂型、水基型两类。溶剂型 PA 涂层整理剂具有良好的黏着性和耐水性，但是其中含有甲苯、醋酸乙酯等有机溶剂，在使用过程中会产生较多的 VOCs；水基型 PA 涂层整理剂由丙烯酸酯、丙烯酸、自交联单体和其他不饱和单体共聚组成，涂层整理后的织物能具有较好的机械性能和良好的防水效果。PU 涂层整理剂可分为溶剂型和水基型两类。溶剂型 PU 涂层整理剂为混合物，可分为含 N，N－二甲基甲酰胺（DMF）和不含 DMF 两类。含 DMF 的整理剂一般为 DMF、丁酮、甲苯的混合物，不含 DMF 的整理剂常为甲苯、异丙醇和乙二醇甲醚（或乙二醇乙醚）的混合物，在使用过程中会产生较多的 VOCs。水基型 PU 涂层整理剂是由含二异氰酸酯基的化合物与多元醇或其他含活泼氢的化合物进行加聚而成，具有良好的成膜性，并有较好的防水性。

该技术适用于各类织物的透气性拒水涂层整理。

2. 应用案例

某从事织物面料织染、印花及后整理加工的企业，主要生产工艺包括：退浆、染色、印花、上胶、定型、压光、卷布等。

（1）实施情况

方案实施前，该公司在涂层整理工序中所使用的是溶剂型 PA 涂层整理剂，其含有甲苯、醋酸乙酯等有机溶剂，在生产过程中会产生大量的 VOCs，对周边环境及员工身体健康产生一定影响。为了从源头减少 VOCs 的产生，该公司选择水基型 PA 涂层整理剂替代溶剂型 PA 涂层整理剂，替代后对产品无明显影响。

(2) 环境效益

根据涂层整理剂的化学品安全说明书(MSDS)和该公司的物料进出统计数据,涂层整理剂替代前后的年使用情况见表 3-2。

表 3-2　涂层整理剂替代前后使用情况统计

替代前					替代后				
物料名称	用量(t/a)	成分	成分占比(%)	用量(t/a)	物料名称	用量(t/a)	成分	成分占比(%)	用量(t/a)
甲苯	25	甲苯	100	25	S-683	60	丙烯酸聚合物	38	22.8
醋酸乙酯	18	醋酸乙酯	100	18			阴非离子表面活性剂	2	1.2
RA-560PG2	32	N,N-二甲基甲酰胺	45	14.4	PA-3	14	丙烯酸聚合物	38	5.32
		甲基苯	25	8			阴离子表面活性剂	2	0.28
合计	75	/	/	**65.4**	合计	74	/	/	**29.6**

由表 3-2 中的替代前后成分可知,替代前使用溶剂型 PA 涂层整理剂的 VOCs 产生量:

$$25 + 18 + 14.4 + 8 = 65.4\ \text{t/a}$$

替代后使用水基型 PA 涂层整理剂,其主要成分为丙烯酸聚合物及阴非离子表面活性剂,为低(无)VOCs 材料,每年可减少约 65.4 t VOCs 的产生。

(3) 经济效益

根据该公司的物料进出统计数据,涂层整理剂替代前后经济效益情况见表 3-3。

表 3-3　涂层整理剂替代前后经济效益情况

替代前				替代后			
物料名称	单价(元/千克)	用量(t/a)	总价(万元/年)	物料名称	单价(元/千克)	用量(t/a)	总价(万元/年)
甲苯	11.3	25	28.25	S-683	7.7	60	46.2
醋酸乙酯	12.5	18	22.5				

续　表

替　代　前				替　代　后			
物料名称	单价（元/千克）	用量（t/a）	总价（万元/年）	物料名称	单价（元/千克）	用量（t/a）	总价（万元/年）
RA-560PG2	16.3	32	52.16	PA-3	10	14	14
合　计			**102.91**	合　计			**60.2**

由表 3-3 可知，替代后每年可节省原辅料购置费用：102.91－60.2＝42.71 万元/年。

3.1.1.4　通用喷涂工序

油漆中 VOCs 含量往往较高，在喷涂油性漆等物质时可用水性漆替代油性漆，从源头减少 VOCs 的产生，不仅可降低对操作人员和周边环境的影响，还可以进一步节约废气处置成本。

1. 技术原理

漆是一种可流动的液体涂料，能牢固覆盖在物体表面，经缩合反应、聚合反应或与空气反应，液态组分挥发后形成一层黏附牢固、具有一定强度、连续的固态薄膜，该薄膜具有良好的保护功能（防腐、防水、耐化学品、耐温等）、装饰功能（颜色、光泽、图案等）和特殊性能（绝缘、标记、防污等），广泛应用于制造业。漆一般由成膜物质、颜料、溶剂、助剂等组成，按照溶剂介质分类，可分为油性漆和水性漆。

油性漆的主要原料为硝基漆、聚酯漆，成膜物质主要为油性树脂。油性漆在使用过程中需要加入大量的有机溶剂（如甲苯、二甲苯和乙醇等），这些有机溶剂不但有剧毒、易燃，且挥发性和污染性也较大。

水性漆的主要成分是扩散性聚合物，主要成膜物质为水性树脂，溶剂为水。水性漆中挥发性物质含量较低，对生产和环境的负面影响较小。

从油性漆和水性漆的原料成分上分析，油性漆较水性漆挥发性有机物含量高，属于高 VOCs 含量原料。不同类别漆中的 VOCs 含量不同，以木器漆为例，油性漆每升的 VOCs≤420 g，水性漆每升的 VOCs≤270 g。

在保证产品质量和性能的前提下，企业可根据产品特点和客户需求，使用低 VOCs 含量的水性漆替代高 VOCs 含量的油性漆，从源头减少 VOCs 的产生，降低对操作人员和周边环境的影响。由于喷涂基材不同，水性漆的组分也各不相同，企业可根据实际情况进行选择。

2. 应用案例

广东省某大型汽车零部件制造企业主要生产保险杠、座椅、车用模具、内饰件等，年产量可达 20 万套。主要生产工序为冲压、焊装、涂装、总装等。由于企业产品类型和产量随客户需求进行不断调整，油漆类型及用量也随之浮动，企业统计数据不具有明显代表性，故在环境效益和经济效益核算时，假设替代前后喷涂的面积相同，中涂漆和面漆的年均使用量相同。

（1）实施情况

企业生产过程需要使用中涂漆、面漆和色漆对工件表面进行处理。由于企业规模较大，喷涂及固化过程中产生的有机废气总量较大。为响应《广东省环境保护厅关于重点行业挥发性有机化合物综合整治的实施方案（2014—2017年）》的要求，从源头减少VOCs的产生，企业对涂装车间进行水性化改造，将中涂漆和面漆更换为水性漆。

方案实施前，企业使用中涂漆和面漆均采用固含量＞60％的高温固化溶剂型漆，挥发性有机物含量较高，使用过程会产生较大量的VOCs；方案实施后，企业中涂漆和面漆均采用水性漆，水性漆在总漆使用量中的占比从47.5％上调至81.8％，从源头上降低了原料中VOCs的含量，减少了VOCs的产生。

该企业方案实施前后所使用的水性漆与油性漆对比详见表3-4。

表3-4　水性漆与油性漆对比一览表

项目＼油漆种类		水性漆	油性漆
中涂漆	主要成分	1-甲氧基-2-丙醇 2.5％～3％ C5-C20 1％～2％ 聚氨基甲酸酯树脂 5％～7％	二甲苯 10％～20％ 丙二醇甲醚乙酸酯＜1％ 甲醇＜5％
	VOCs含量	5％	26％
面漆	主要成分	正丁醇 1％～2％ 2-乙基己醇 1％～2％ 2-(二甲氨基)乙醇 0.5％～1％ 2-丁氧基乙醇 10％～12.5％ 2,4,7,9-四甲基-5-癸炔-4,7-二醇 0.5％～1％ 一缩二丙二醇一甲醚 2.5％～3％ 聚丙烯甘油 1％～2％	乙酸丁酯 10％～15％ 甲基异丁基酮 5％～10％ 二价酸酯 1％～5％ 异丁醇 2％～5％ 丙烯酸树脂 25％～35％ 聚酯树脂 5％～10％ 氨基树脂 6％～15％ 铝粉 0～10％ 颜料 0～25％ 紫外线吸收液 0～2％
	VOCs含量	22.5％	35％
稀释剂	名称	水	天那水
	主要成分	水	乙酸正丁酯 乙酸乙酯 丙酮 正丁醇
	VOCs含量	0	100％

续 表

项目 \ 油漆种类	水 性 漆	油 性 漆
环保性	VOCs 含量低	VOCs 含量高
贮 存	不易燃，没有特殊贮存要求	极易燃，必须按照消防要求单独贮存

注：表中的主要成分数据来自原辅材料的 MSDS，根据现场调研情况，水性漆替代油性后，其产品质量可满足客户需求。

(2) 环境效益

方案实施前，企业使用中涂漆 82 890 kg/a、面漆使用量 85 650 kg/a、稀释剂 25 000 kg/a，则 VOCs 产生量为：

$$82\,890 \times 26\% + 85\,650 \times 35\% + 250\,00 \times 100\% = 76.53 \text{ t/a}$$

方案实施后，中涂漆和面漆用量不变，使用水作为稀释剂，则 VOCs 产生量为：

$$82\,890 \times 5\% + 85\,650 \times 22.5\% = 23.42 \text{ t/a}$$

综上，水性漆替代油性漆后，该企业 VOCs 产生量减少了 53.11 t/a。

(3) 经济效益

鉴于企业成本信息保密原则，未获得原料采购单价，综合行业特点，水性漆替代油性漆后成本将略有增加，但可从源头减少 VOCs 的产生，进一步节约了废气处置成本，降低了对操作人员和周边环境的影响。

3.1.2 包装印刷业

包装印刷业 VOCs 主要产生自油墨、胶黏剂、润版液、光油、清洗剂等含 VOCs 的原辅材料的使用，涉及的 VOCs 排放环节主要是上述含 VOCs 原辅材料的贮存、调色、印刷、烘干、覆膜、清洗等。

本册印刷的平版印刷工艺中目前大多采用平版胶印油墨，主要用于热固轮转、冷固轮转、单张纸及能量固化等，多数以大豆油墨为主，其 VOCs 含量（质量比）为 1%～10%。润版液仍是使用含醇润版液，清洗剂和光油也是以溶剂型清洗剂为主。可采用低 VOCs 含量的润版液和水性光油，VOCs 含量（质量比）分别约为 4%和 5%，单价成本与现有含醇润版液和油性光油价格相当，产品质量上无差别，适合所有机型的润版液，可快速达到水墨平衡，节省水和油墨的用量。

在瓦楞纸印刷中，水基型的油墨应用非常广泛，使用的水性墨 VOCs 含量（质量比）为 1%～5%，有些水性墨几乎不含 VOCs，仅为颜料和水的混合物。

塑料薄膜印刷过程使用的溶剂型油墨组分主要为芳香烃类、酯类、酮类、醚类等有机溶剂，这些溶剂大都具有毒性和挥发性。溶剂型油墨普遍含 50%～60%的挥发性组分，加上调整油墨黏度所需的稀释剂，在印制品干燥时，溶剂型油墨散发的挥发性组分总含量占了70%～80%，是塑料印刷过程VOCs排放的主要来源，具有较大的减排提升空间。塑料薄膜复合目前仍以油性原辅料为主，如油性胶黏剂、油性光油及稀释剂等。塑料薄膜印刷水性墨应用范围不广，成熟度一般，主要由于塑料薄膜为非吸收性承印物，而水性墨以水作为溶剂，蒸发较慢，根据调研情况，正常情况下，油性墨应用速率可达200 m/min，而水性墨应用速率较低，一般约为90 m/min，对生产效率影响比较严重，且印后的图案附着力不强，易出现散影现象，鲜艳度较低，对产品质量影响比较大。

塑料薄膜印刷在局部领域具有较为成熟的应用技术，如：以可生物降解的BOPLA薄膜为材质及部分PE、PET等材质且对颜色数量要求不太高（两种颜色以内）的购物袋、快递袋及包装袋的印刷中使用的水性油墨技术已较为成熟，产品质量、性能等可以做到与溶剂油墨性能几乎一致的水平。塑料薄膜印刷能量固化油墨（UV油墨）的应用也较为成熟，虽然UV油墨存在一定的图案附着力不强的问题，但可通过对塑料薄膜进行电晕放电处理，提高薄膜表面张力，增加薄膜对UV油墨/光油的润湿性和黏附性，以提高印迹的牢固程度。

目前塑料薄膜复合工艺低VOCs生产工艺材料包括：无溶剂复合胶黏剂、预涂膜及水基型胶黏剂（白乳胶、热熔胶等）、水性替膜胶等。

印刷业各项产品、生产工艺、低挥发性原辅材料替代方向及路径、替代成本、低VOCs产品替代现状见表3-5。

3.1.2.1 涂布工序

1. *技术原理*

压敏胶（Pressure Sensitive Adhesive, PSA），一种柔软的高分子材料，在室温下具有持久的黏着性。压敏胶按其主体材料可分为橡胶和树脂两大类，还可进一步细分为橡胶型压敏胶、热塑性弹性体类压敏胶、丙烯酸酯类压敏胶、有机硅类压敏胶及聚氨酯类压敏胶等。

压敏胶与基材之间的黏结力主要是通过胶的高分子与基材之间的分子间作用力（即范德华力）来实现的，并不发生任何化学反应。

丙烯酸酯类压敏胶具有耐光性好、耐老化性佳、黏性好等优点，是目前应用最广泛的压敏胶之一。丙烯酸酯类压敏胶可分为乳液型和溶剂型等，其中乳液型压敏胶使用安全、成本低、VOCs含量较低，产量高且应用广，溶剂型压敏胶主要由软/硬单体、功能性单体和溶剂构成，VOCs含量较高。

通过低VOCs含量原料替代高VOCs含量原料，可从源头减少VOCs的产生，降低对操作人员和周边环境的影响。本方案实施后的压敏胶仍可满足产品质量需求。

2. *应用案例*

某包装制品企业主要生产不干胶系列、纸票系列、磁卡系列及塑料薄膜系列产品等，其主要生产工艺有镀膜、涂胶、印刷等。

表 3 - 5　印刷业产品及生产工艺低挥发性有机物原辅料替代成熟程度

产品名称	生产工艺	含 VOCs 原辅料类型	替代方向及路径		替代成本	低 VOCs 产品替代现状	
			低 VOCs 原辅材料	先进生产工艺		工艺成熟程度	市场接受程度
本册印刷	平版印刷	油墨	单张胶印油墨、冷固转轮油墨、热固转轮油墨、能量光固化油墨(胶印油墨)	采用自动供墨系统、自动橡皮布清洗技术、封闭刮刀或有盖板的印刷机	低 VOCs 原辅材料替代无需改造成本，生产工艺提升需要一定的改造成本，环保投入下降，综合成本降低	非常成熟	高
		润版液	低醇润版液				
		清洗剂	水基清洗剂、低 VOCs 含量半水基清洗剂				
		光油	水性光油、能量光固化光油				
	复合	胶黏剂	水基型胶黏剂、本体型胶黏剂	采用自动过胶机			中
瓦楞纸印刷	凸版印刷	油墨	水性油墨	—	不需要进行设备改造，无需改造成本	非常成熟	高
		稀释剂、清洗剂	水				
	复合	胶黏剂	水基型脱黏剂、本体型胶黏剂		改造成本极低		
玻璃、塑料瓶	丝网印刷(柔版印刷)	油墨	水性柔印油墨、能量固化油墨(柔印油墨)	配备封闭刮刀或有盖板的印刷机、自动丝印机、传带式印刷机	不需要进行设备改造，无需改造成本	成熟	高

续 表

产品名称	生产工艺	含 VOCs 原辅料类型	替代方向及路径		替代成本	低 VOCs 产品替代现状	
			低 VOCs 原辅材料	先进生产工艺		工艺成熟程度	市场接受程度
塑料薄膜印刷	凹版印刷	油墨	水性凹印油墨、能量光固化油墨(凹印油墨)	采用自动供墨系统、自动橡皮布清洗技术	水性油墨需要对烘箱、辊筒等进行改造,单色改造成本约 15 万元	成熟	低
		清洗剂	水基清洗剂、低 VOCs 含量半水基清洗剂		不需要进行设备改造,无需改造成本		
		稀释剂	乙醇、水	采用烘干回收装置	单套投入成本约 80 万元/套,环保投入下降,综合成本降低		
	复合	胶黏剂	无溶剂复合、预涂膜及水基型/本体型胶黏剂	采用封闭刮刀或有盖板的复合机	生产工艺提升需要一定的改造成本,环保投入降,综合成本降低	成熟	低
			水性替膜胶		——	一般	
印铁制罐	平版印刷	油墨	胶印油墨、能量光固化油墨	采用自动供墨系统、自动橡皮布清洗技术	生产设备需要一定改造,环保投入下降,综合成本降低	非常成熟	低
		清洗剂	水基清洗剂、低 VOCs 含量半水基清洗剂		不需要进行设备改造,无需改造成本	成熟	
		光油	水性光油、能量光固化光油		——	一般	

(1) 实施情况

根据客户需求，该企业需要在合成纸表面涂覆一层压敏胶水，用于黏附镀铝PVC、PET或PVC膜。

该企业在涂覆过程中使用的A品牌油性不干胶的主要成分为丙烯酸酯共聚物、乙酸乙酯、甲苯、乙酸甲酯、增粘树脂和乙酸乙烯酯，其VOCs含量为55%，生产过程中产生的VOCs对周边环境影响较大。经企业多方测试，在保证产品质量的前提下，企业使用B品牌水性黏合剂(VOCs含量为0.1%)替代A品牌油性不干胶，从源头有效地减少了VOCs的产生。

部分产品因客户要求，无法使用B品牌水性黏合剂进行替代，故该企业80%的高VOCs压敏胶已被低VOCs压敏胶替代。

(2) 环境效益

方案实施前，A品牌油性不干胶使用75 t/a，VOCs含量为55%，则VOCs产生量为：

$$75 \times 55\% = 41.25\ \text{t/a}$$

方案实施后，B品牌水性黏合剂消耗量为60 t/a，VOCs含量为0.1%；A品牌油性不干胶消耗量为15 t/a，则VOCs产生量为：

$$60 \times 0.1\% + 15 \times 55\% = 8.31\ \text{t/a}$$

综上，方案实施后，企业可减少的VOCs产生量为32.94 t/a。

(3) 经济效益

方案实施前，A品牌油性不干胶的采购单价7 000元/吨，则A品牌油性不干胶的年采购费用为：

$$75 \times 7\,000 = 52.5\ \text{万元/年}$$

方案实施后，B品牌水性黏合剂购买单价10 000元/吨，则B品牌水性黏合剂的采购费用加上其余使用A品牌不干胶的采购费用总计为：

$$60 \times 10\,000 + 15 \times 7\,000 = 70.5\ \text{万元/年}$$

综上，方案实施后企业采购成本增加18万元/年，但通过替代高VOCs含量不干胶，可从源头减少VOCs的产生和排放，降低对操作人员和周边环境的影响。

3.1.2.2　印刷工序

1. 技术原理

油墨是由着色剂、连结料、辅助剂等组成的分散体系，是在印刷过程中被转移到承印物上的着色的物质。

按照油墨的分散介质，可将其分为油性油墨、水性油墨和UV油墨等。油性油墨以有机溶剂作为分散介质，VOCs含量较高，使用过程中产生大量的有机废气；水性油墨以水作为分散介质，VOCs 含量较低；UV 油墨以光固化树脂为分散介质，利用不同波长的紫外光能量使墨膜迅速干燥固化，VOCs 含量较低。

企业根据产品特点和客户需求，在保证产品质量的前提下，可使用水性油墨或 UV 油墨替代油性油墨，从源头减少 VOCs 的产生，降低对操作人员和周边环境的影响。

2. 应用案例

某包装制品企业，主要生产不干胶系列、纸票系列、磁卡系列及塑料薄膜系列产品等。

该企业采用的印刷工艺分为凹版印刷、凸版印刷和柔版印刷。其中：凹版印刷用于塑料软包装的塑胶薄膜印刷，需要在 PVC 或 PET 膜基材上印出有凹感图文，使用凹版油性油墨；凸版印刷用于商标标签的不干胶印刷，使用 UV 油墨；柔版印刷用于门票、登机牌、快递贴标等 PP 合成纸印刷，使用凹版油性油墨。

（1）实施情况

该企业使用的凹版油性油墨为凹版丙烯酸型 PVC 热收缩薄膜油墨，其主要成分为丙烯酸树脂、醋酸丁酸纤维素树脂、醋酸正丙酯、异丙醇、乙酸乙酯、乙酸正丁酯、丁酮、炭黑、钛白粉等，VOCs 含量较高，生产过程中产生的有机废气对周边环境影响较大。在保证产品质量的前提下，企业使用水性柔版油墨替代凹版油性油墨，水性柔版油墨主要成分为水性丙烯酸树脂、聚乙烯蜡、去离子净水、颜料和消泡剂等。

替代前，凹版油性油墨的 VOCs 含量为 60%，稀释剂 VOCs 含量为 100%；替代后，水性柔版油墨 VOCs 含量仅为 4%。

（2）环境效益

方案实施前，凹版油性油墨用量为 6.5 t/a，稀释剂用量为 10.5 t/a，则 VOCs 产生量为：

$$6.5 \times 60\% + 10.5 \times 100\% = 14.4\ \text{t/a}$$

方案实施后，在生产等量产品的条件下，水性柔版油墨使用量为 3 t/a，则 VOCs 产生量为：

$$3 \times 4\% = 0.12\ \text{t/a}$$

综上，方案实施前后，企业减少的 VOCs 产生量为 14.28 t/a。

（3）经济效益

方案实施前，凹版油性油墨采购单价 1 000 元/吨，稀释剂采购单价 8 000 元/吨，则采购费用为：

$$6.5 \times 1\,000 + 10.6 \times 8\,000 = 9.05\ \text{万元 / 年}$$

方案实施后，水性柔版油墨采购单价 30 000 元/吨，则购买费用为：

$$3 \times 30\,000 = 9\ \text{万元 / 年}$$

综上，方案实施后企业采购成本略微降低，本方案通过替代高 VOCs 含量的油性油墨，可从源头减少 VOCs 的产生，降低对操作人员和周边环境的影响。

3.1.2.3　过油工序

1. 技术原理

包装印刷的主要工艺流程为制版、印刷、过油等。过油也叫上光或过面油，过油的目的一是为了提升印刷品的光泽度，在日光的照射下，油墨不易退化；二是提高印刷品的耐摩擦性和防水性，从而起到保护印刷品的作用。

过油工序使用的各种油类大多由高级树脂、溶剂、辅料等合成。根据溶剂种类，可分为油性油和水性油。油性油需要有机溶剂作为稀释剂，VOCs 含量较高，使用过程中产生大量的有机废气；水性油溶剂为水，VOCs 含量较低。

企业可根据产品特点和客户需求，在保证产品质量的前提下，使用水性油替代油性油，可从源头减少 VOCs 的产生，降低对操作人员和周边环境的影响。

2. 应用案例

某企业主要生产各类出口彩盒、儿童图画、说明书、宣传品、拼图和贺卡等，主要生产工艺为镀锌版、制版、印刷、过油、丝印、磨光、过胶、注塑、粘盒。

（1）实施情况

根据客户要求，部分印刷品需要进行过油处理，过油工序使用的是吸塑油。该企业原使用的油性吸塑油 VOCs 含量较高，为了满足现行环保相关要求及客户对产品的环保性要求，在保证产品质量的前提下，经多方测试，企业用水性吸塑油替代油性吸塑油。企业所使用的水性吸塑油与油性吸塑油的主要成分对比见表 3－6。

表 3－6　水性吸塑油与油性吸塑油主要成分对比

项　　目		水性吸塑油	油性吸塑油
吸塑油	名　　称	WV989 水性吸塑油	AM－802A
	主要成分	PU 乳液　60%～80% 异丙醇　2%～3% 去离子水　20%～30% 乳化剂　1%～3%	粗甲苯　61% 石油树脂　10% 热塑性橡胶　19% 松香树脂　10%
	VOCs 含量	2%～3%	61%
稀释剂	名　　称	水	天那水
	主要成分	水	甲缩醛　30%～50% 甲苯　50%～70%
	VOCs 含量	0	100%

注：根据调研情况，水性吸塑油替代油性吸塑油后，对产品质量影响较小，可满足市场需求。

(2) 环境效益

根据企业提供的材料，方案实施前后吸塑油用量及 VOCs 产生量见表 3 - 7。

表 3 - 7　吸塑油用量及 VOCs 产生量

项　目		单　位	油性吸塑油过油工艺	水性吸塑油过油工艺
产品产量		kg/a	12 600	12 600
		千色令/年	0.99	0.99
吸塑油	用量	kg/a	30	72
	VOCs 含量	%	61	2～3(取平均值 2.5)
	VOCs 产生量	kg/a	18.3	1.8
稀释剂	用量	kg/a	30	0
	VOCs 含量	%	100	0
	VOCs 产生量	kg/a	30	0
VOCs 总产生量		kg/a	48.3	1.8
单位产品 VOCs 产生量		千克/千色令	48.79	1.82

注：根据上述表格，方案实施后，可减少 VOCs 产生量 46.5 kg/a。

(3) 经济效益

方案实施前，油性吸塑油单价为 30 元/千克，天那水单价为 20 元/千克，则采购成本为：

$$30 \times 30 + 30 \times 20 = 1\,500\ 元 / 年$$

方案实施后，水性吸塑油单价为 39 元/千克，则采购成本为：

$$72 \times 39 = 2\,800\ 元 / 年$$

综上，方案实施后企业采购成本略有上升，但通过替代高 VOCs 含量的油性吸塑油，可从源头减少 VOCs 的产生，降低对操作人员和周边环境的影响。

3.2　工艺技术改进

对污染物产生阶段的控制首先应从工艺方面考虑。主要技术措施有：尽可能采用清洁的原材料、燃料或能源，改进工艺（如燃烧、反应、加工）条件，以达到无污染或少污染的目的；采用湿法作业、密封循环和密闭运转；减少物料扰动，避免设备、管道泄漏。技术工艺水平决定了原辅材料消耗量、能耗、水耗、产品产量和质量、废弃物产生量和性质。先进、适用的技术工艺可以提高原辅材料和能源的利用效率，减少废弃物的产生，是实现清洁生产的一条重要途径。因技术工艺落后而导致产生废弃物的主要原因有：技术工艺落后，原辅材料利用率不高；反应及转化步骤过长；连续生产能力差；生产稳定性差；需使用有毒有害的原辅材料。

针对以上因素，已有实施案例将改进主要集中在优化技术工艺、减少原辅材料消耗、减少污染物的产生与排放等方面上。本节将对一些具有一定适用性及推广性，且环境效益及经济效益均较为明显的技术方案进行介绍。

3.2.1　工业涂装行业

3.2.1.1　喷涂工序

1. 技术原理

涂装是指对金属和非金属表面覆盖保护层或装饰层，是现代的产品制造工艺中的一个重要环节，广泛应用于家电、机械、家具、建筑等行业。涂装过程中会使用涂料、稀释剂等原辅料，涂料涂覆在物件表面后，涂料中的成膜物质会形成黏附牢固，具有一定强度、连续的固态薄膜，其余具有挥发性的物质则会挥发至周围环境。为满足产品要求，通常需要进行多层涂装，涂层总厚度及涂料用量也随之增加，产生的挥发性有机物也会增加。因此，在满足产品要求的情况下，企业可以适当减少涂层数量，从而减少VOCs的产生。

2. 应用案例

某涂镀板（卷）企业的主要产品包括：酸洗板、冷轧钢板（全硬）、热浸锌板、彩涂板。主要生产工序包含：开卷、酸洗、除油、冷轧、退火、热浸锌、钝化、碱洗、涂装、固化等。

（1）实施情况

方案实施前，该企业家电彩涂钢板产品采用双层涂布工艺，涂料和稀释剂的消耗量较大，VOCs产生量大。此外，双层涂布生产成本较高，造成出售单价高，客户订购成本高。因此，该企业对家电彩涂钢板彩涂生产工艺进行技术升级研究与开发，将双层涂布生产工艺升级改造为单层涂布，拆除并更新了涂布辊。同时为了应对调整后钢板涂层厚度和性能的变化，采购了质量更好的涂料。

（2）环境效益

根据该企业涂料的使用量、涂料VOCs含量占比、VOCs收集率、处理效率可知，该企业所采用的方案可减少VOCs产生量15.65 t/a，减少VOCs排放量1.92 t/a。

（3）经济效益

本方案的改造投资为45.97万元，用于相关生产设备的升级更换及生产工艺研发试验。根据试验结果，单层涂布产品只适用于部分彩涂生产线，共计 21 种低端家电钢板产品可实现单层涂布，约占总产量的 20%。

根据试验结果：双层涂布家电钢板的涂料消耗量约 23 kg/t，单层涂布家电钢板的涂料消耗量约 14 kg/t，单层涂布产品月均产量为 1 000 t，则每年可减少涂料消耗量为：

$$1\ 000\text{ 吨 / 月} \times (23\text{ kg/t} - 14\text{ kg/t}) \times 12 = 108\text{ t}$$

按照涂料单价 32 元/千克计算，则可实现经济效益 345.6 万元，投资回收期为：

$$45.97\text{ 万元} \div 345.6\text{ 万元 / 年} = 0.133\text{ 年}$$

3.2.1.2　涂布工序

1. 技术原理

辊涂是一种涂料涂覆工艺，即通过一组胶辊或钢辊之间的组合，采取不同的转移方式使涂料得到流平和排列，并最终均匀地转移到运动中的带钢上再进行固化，从而在带钢表面形成一层固体保护膜。由于其具有生产过程稳定、效率高、涂层质量好等一系列优点，被广泛应用于涂层带钢的生产。根据带钢与涂覆滚轮运动方向的不同，可将其分为同向辊涂与逆向辊涂，即顺涂与逆涂。一般情况下，顺涂的漆膜厚度较小，涂装速度慢，逆涂反之。

涂料一般有四种基本成分：成膜物质（树脂、乳液）、颜料（包括体质颜料）、溶剂和添加剂（助剂）。其中，稀释剂作为溶剂的一种，其主要作用是降低胶黏剂黏度。在使用涂料时，企业一般会根据工艺要求，使用稀释剂去调整涂料黏度。

2. 应用案例

某涂镀板（卷）企业的主要产品包括：酸洗板、冷轧钢板（全硬）、热浸锌板、彩涂板。主要生产工序包含：开卷、酸洗、除油、冷轧、退火、热浸锌、钝化、碱洗、涂装、固化等。

(1) 实施情况

方案实施前，该企业涂布工序为逆涂方式，为保障涂层质量，需要配比大量稀释剂降低涂料黏度。为减少稀释剂用量，将涂布工序改为顺涂方式，可使涂料黏度得到明显改善。

方案实施前，稀释剂用量平均为 3.23 kg/t，方案实施后可降低至 2.91 kg/t。

(2) 环境效益

根据该公司 2019 年彩涂钢板产量为 65 978 t 计算，则每年可减少稀释剂用量：

$$65\ 978\text{ t} \times (3.23\text{ kg/t} - 2.91\text{ kg/t})/1\ 000 = 21.11\text{ t}$$

稀释剂按全部挥发计，即可减少 VOCs 产生量 21.11 t，以 2019 年废气收集和处理效率分析，可减少 VOCs 排放量 0.8 t/a。

（3）经济效益

该方案投资 6.6 万元，主要用于对生产设备进行改造及更换。

方案实施后，每年可节省稀释剂用量 21.11 t，稀释剂价格按 2.327 万元/吨计，每年可减少生产成本约 49.12 万元。

3.2.2　包装印刷行业

3.2.2.1　干式复合技术

1. 原理

干式复合是胶黏剂在干的状态下进行复合的一种方法，是先在一种基材上涂好黏合剂，经过烘道干燥，将胶黏剂中的溶剂全部烘干，在加热状态下将胶黏剂融化，再将另一种基材与之贴合，经过冷却及熟化处理后生产出具有优良性能的复合材料的过程。

2. 特点

一是适用于多种复合膜基材如塑料、纸及金属铝等，应用范围广；

二是抗化学介质侵蚀性能优异，如食品中的碱、酸、辣、油脂等成分，化妆品中的香精、乳化剂等成分，化学品的溶剂、农药等成分，其广泛用于内容物条件较苛刻的包装，具有其他复合工艺难以做到的综合多功能包装要求；

三是复合强度高、稳定性好、产品透明性好，既可生产高、中、低档复合膜，又能生产冷冻、保温或高温灭菌复合膜；

四是使用方便灵活，操作简单，适用于多品种、小批量的生产。

干式复合自身也存在安全卫生条件差、环境污染、成本较高等缺陷，随着醇溶性、水溶性胶黏剂的发展，在一定程度上弥补了干式复合工艺的一些缺陷。因此，塑料包装印刷企业宜采用共挤出复合技术、无溶剂复合技术代替干式复合技术。

3.2.2.2　共挤出复合技术

1. 原理

共挤出复合技术是一种将两种或两种以上的不同塑料利用两台或两台以上的挤出机通过一个多流道的复合模头汇合生产多层结构的复合薄膜，并通过急冷辊冷却成型的技术。多层共挤流延膜挤出技术也是传统的薄膜挤出生产工艺。

2. 特点

共挤出复合技术可生产各种不同材料的薄膜，且具有很高的加工精度，尤其是在加工半结晶热塑性塑料时，这种加工方法能够充分地发挥被加工材料的性能，同时又能保持最佳的尺寸精度。

由多层共挤流延膜挤出技术制得的薄膜，能够使多种具有不同特性的物料在挤出过程中彼此复合在一起，因而使得制品兼有不同材料的优良特性，在特性上能进行互补，从而使制品获得特殊要求的性能和外观，如抗氧化、防潮防水、透明性、保香性、保温性、防紫外线、抗污染性、耐高温性、低温热封性，并具有良好的强度、刚度、硬度等机械性能。

3.2.2.3 无溶剂复合技术

1. 原理

无溶剂复合是相对干式溶剂型复合而言的，是应用于软包装工业中的另一种复合工艺。无溶剂复合是采用无溶剂类胶黏剂及专用复合设备使薄膜状基材（塑料薄膜或纸张、铝等）相互贴合，然后经过胶黏剂的化学熟化反应熟化处理后，使各层基材黏接一起的复合方式。

2. 特点

1）降低生产成本，无溶剂复合设备无需干燥烘道，因而结构紧凑，占用空间少，设备造价低，可明显降低复合薄膜生产的成本。

2）上胶料少，胶料耗用成本低，无溶剂复合单位面积胶黏剂涂布量约为干法复合的40%，尽管无溶剂复合胶黏剂相对成本较高，但其综合成本反而降低了30%，单位面积复合制品生产成本低。

3）设备消耗能源低，无溶剂设备没有干燥烘道，不需要经过烘道排除胶黏剂中的溶剂，减少了能源消耗。同时，去掉了挥发胶黏剂中溶剂所用的较长的干燥烘箱，从而消除了材料卷曲问题。材料在设备上走程短，减少了废料生成。

4）生产线速度快，无溶剂复合的最高线速度可达500 m/min左右，复合速度快，设备生产效率高。

5）产品质量得到保证，效率得到提高，无溶剂复合所用胶黏剂不含溶剂，因而对包装物没有污染，更适用于食品包装。同时，由于复合后基材不会变形，使复合膜结构尺寸稳定性良好。

6）降低人工以及安全防护成本，设备结构紧凑，操作人员少，降低了人工费用。无溶剂复合过程中没有溶剂挥发，几乎没有三废物质产生，避免污染环境，有利于清洁化生产。

7）无溶剂复合安全性好，可将火灾和爆炸隐患降至最低，工厂厂区及生产车间不需要采取特殊的防火、防爆措施。

综上所述，无溶剂复合的加工成本较之干法复合优势明显，同时生产效率得到提高，对食品包装无污染，这对于提高企业的市场竞争力十分有利。

3.2.2.4 制版工序

1. 技术原理

冲版又称显影，是指用还原剂把软片或印版上经过曝光形成的潜影显现出来的过程。

传统的冲版工艺使用热敏版材，生产过程中需要使用显影液和清洗剂，产生显影废液和清洗废水；采用免冲洗版（材）替代传统的热敏版（材），无须显影，经过曝光后的版材可直接上机印刷，减少了废弃物的产生。

免冲洗版材的显影机理分为两类：一是曝光过程中，通过光化学反应直接成像，不需要进行冲洗（显影）；二是借助印刷机的润版液，对印版进行浸润冲洗。结合案例，以润版液冲洗为例：免冲洗版材经曝光工序后，激光能量使聚合成像涂层变色并形成图像，成像后的版材在印刷机上进行装版，利用润版液充分浸润版材中的亲水表面涂层，然后在滚筒合压作用下利用过版纸带走软化后的表面涂层。

2. 应用案例

某纸制品企业主要生产各类出口彩盒、儿童图画、说明书、宣传品、拼图和贺卡等，主要生产工艺为制版、印刷、过油、丝印、磨光、过胶、注塑、粘盒。

（1）实施情况

制版工序是通过制版机对网版进行曝光、显影，再使用水清洗掉网版上多余的显影液，此过程会产生一定量的洗版废水、废显影液和有机废气。在不影响产品质量的前提下，企业使用免冲洗版材替代传统的热敏版材料，免冲洗版材使用过程中不需要使用显影液和清洗剂等，减少了废弃物的产生。

（2）实施效益

方案实施前，该企业需要使用显影液 2.1 t/a、清洗剂 0.41 t/a、水 3 t/a，产生的废显影液 1.8 t/a、清洗废水 3 t/a；方案实施后，该企业使用免冲洗版材，不需要进行显影清洗，润版液更换频次与实施前保持一致。

综上，方案实施后，该企业减少了原辅材料的使用，避免了废显影液和清洗废水的产生，同时降低了 VOCs 的产生量。

3.2.3　其他改进技术

3.2.3.1　石化行业中的泄漏检测与修复技术

泄漏检测与修复（LDAR）是对工业生产活动中工艺装置的设备管件泄漏现象进行发现和维修的系统工程，通过固定或移动式检测仪器，定量检测或检查生产装置中阀门等易产生 VOCs 泄漏的密封点，并在一定期限内采取有效措施修复泄漏点，从而避免物料泄漏损失，减少对环境造成的污染。

针对我国对 VOCs 物料无组织排放控制的要求，通过建立智能的 LDAR 管理系统，应用高效的检测仪器和科学的管理理念，能够有效防治环境污染，改善环境质量，加强对 VOCs 无组织排放的控制和管理。

1. 检测对象确定

开展 LDAR 检测前首先审核企业的生产工艺物料平衡表、工艺流程图（PFD 图）、管道流程图（PFD 图）、操作规程、装置平面布置图等内容，并分析装置涉及的原料、中间产品、最终产品和各类助剂的组分和含量，确定需要实施泄漏检测与修复的装置。

石化、化工企业 VOCs 的主要排放源为：原料中间体存放区、生产车间、输送管道、生产装置、中间罐、灌装线、危险废物暂存库废气处理设施、投料口、采样口及任何易产生挥发性气体泄漏的场所和所有挥发性气体排放源；阀门、法兰及其他管道连接设备、泵、压缩机及压缩机密封系统放气管、卸压装置、阀门、密封口等易产生 VOCs 泄漏的设备泄漏排放。

2. 数据采集、设备编号

现场采集基础数据并用唯一标识号(ID)标识每一个需检测设备，编制组建 ID 编码表。基础数据采集表一般包括标签号、扩展号、设备描述、工艺编号、设备类型、组件描述、密封点描述、密封点类型、尺寸、物料、介质状态、压力、温度、检测结果、是否合格、复测结果、备案编号等内容。

3. LDAR 的五个基本步骤

标识——为每个 LDAR 实施范围内的设备/组件指定唯一的识别号，并记录在档案里。

定义——为泄漏定义一个浓度值(泄漏浓度值)。

检测——对设备/组件的进行泄漏检测。

修复——对泄漏的设备/组件进行修复。

记录——将上述步骤中所有的数据和材料记录在档案中，并加以妥善保存。

开展 LDAR 的企业或第三方机构，应配备 VOCs 定量检测仪器，主要包括催化氧化检测器、火焰离子检测器、光离子检测器等。

4. LDAR 的主要对象

(1) 检测环境条件

现场检测应在仪器使用说明书规定能正常工作的环境条件下实施。雨雪或大风天气(地面风速超过 10 m/s)应禁止作业。

(2) 环境本底值检测

每套装置或单元至少每天进行一次环境本底值检测。以装置环境本底值作为该密封点或群组的环境本底值。

(3) 检测与读数

将仪器采样探头在密封点表面移动，采样探头与密封点边线保持垂直，采样探头移动速度不超过 10 cm/s。如果发现指示值上升或仪器报警，放慢采样探头移动速度直至测得最大读数，并将采样探头保持在出现最大读数的位置，在该位置的检测时间不少于 2 倍仪器响应时间。

(4) 泄漏确认与标识

满足如下条件之一，即为设备泄漏：

a. 感官检查，发现设备表面存在可见泄漏，即“跑冒滴漏”“异常声音”和“异味”等现象；

b. 净泄漏浓度检测值大于泄漏浓度控制限值；

c. 快速泄漏检测法中采用光学成像仪获得泄漏信息/影像，并用常规泄漏检测仪器确定泄漏浓度。

5. 泄漏修复技术相关措施

1）法兰连接：在使用压缩石棉纤维垫片的地方使用缠绕垫片，可减少泄漏的量和次数，不能使用丝扣连接；

2）安装使用遥控紧急切断阀；

3）当水压高于油压时，注入水，使漏出的是水而不是油；

4）降低装置的压力，以减少泄漏量；

5）使用专用的工艺，将密封物注入泄漏法兰的阀腔内；

6）通过淋水和蒸汽帘控制泄漏物的扩散；

7）用泡沫覆盖液体表面，控制蒸发量；

8）向溢出物中加入挥发性低的液体，以减少挥发量；

9）运用阻燃防爆技术；

10）按照要求安装、使用可燃气体检测报警装置。

3.2.3.2 石化行业中的密闭采样技术

石油化工生产过程中经常需要在特殊管道中采样易燃易爆及有毒有害介质进行化验、分析，为及时采集样品，同时防止样品中易挥发物质向大气中泄漏，许多采样要求密闭进行，许多产品甚至需要降温、减压后才可进行采样。密闭采样是一种符合化验分析也符合安全规范的采样技术，因为它保证了挥发性物质不直接排放到大气中。

1. 原理

取样的时候样品从管线中被取出，利用气压装入有瓶盖和垫片的玻璃瓶里。取样时把玻璃瓶伸进护罩里，瓶盖上面的垫片会被针刺破，样品进到瓶内，瓶子里的气体会从排气针排出。当取出要求量的样品后，操作员停止样品流入瓶内的操作，然后将玻璃瓶从护罩内取出，此时瓶盖的垫片会自动封住，达到密闭采样的效果。

2. 特点

1）对于有毒、有害介质，可采用完全吹扫的密闭采样系统，最大限度地杜绝残液、残气的排放，有效地防止对操作者造成伤害。

2）采样过程完全密闭，采样后残留样品排回管线，不会污染环境，避免了采样过程中易燃、易爆介质可能引起的危险事故。

3）工艺气体（含气液混合相）时使用钢瓶采样，钢瓶与采样管线之间设有快速接头，布局合理，操作简单方便，快速接头的自密封设计杜绝了“跑冒滴漏”。

4）液体采样时可选用玻璃瓶（普通敞口瓶/密闭式耐压瓶）或不锈钢采样钢瓶。密闭式耐压瓶与配型的双针连接，瓶口有密封弹性垫密封，确保证液体样品的纯净。

3.2.3.3 电子元件制造业中的清洗剂低挥发技术

1. 采用水基清洗剂

电子行业的清洗工艺多采用传统的溶剂型清洗剂，尽管该类清洗剂已经非常成熟，且大多具有良好的清洗效果，但其存在毒性高、产生温室效应、破坏臭氧层、有机污染严重等缺点，正逐步被水基清洗剂等环保型清洗剂替代。水基清洗剂是一种以表面活性剂为主要成分，以水为溶剂，与多种助剂复配而成的环保清洗剂，其中表面活性剂含量为10%～40%，通常用非离子表面活性剂与阴离子表面活性剂的复配物，由于无有机溶剂成分，水基清洗剂的应用在一定程度上减少了电子行业VOCs的产生。水基清洗剂配方的自由度大，可针对不同性质的污染物调整配方，再配合加热、刷洗、喷淋喷射、超声波清洗等物理清洗手段，能取得更好的清洗效果。

2. 研制免洗型产品

助焊剂是电子行业表面贴装技术工艺过程中关键的连接材料。传统的电子焊接广泛使用松香基型活性助焊剂，焊接后一般需要清洗残留焊剂。通过研制和开发免清洗的助焊剂，既可避免后续清洗工序中使用有机清洗剂，也可从源头上控制VOCs的排放。

3.2.3.4 电子元件制造业中的低挥发涂料技术

1. 使用低挥发涂料

(1) 使用粉末涂料

粉末涂料是不含溶剂的、100%由固体组成的粉末状涂料。粉末涂料由特制树脂、颜料、填料、固化剂及其他助剂，以一定的比例混合后，经热挤塑和粉碎过筛等工艺制备而成。

粉末涂料不含有机溶剂，成套装置的综合投资小于传统的溶剂型涂料，粉末涂装生产效率高，可一次性获得较厚的涂膜，容易实现自动化，且过喷的涂料还可回收，再利用率高，这些都极大地增强了粉末涂装的经济性和环保性。

(2) 使用水性涂料

水性涂料以水为溶剂，使成膜物质均匀地分散或溶解在水中，也称为水基涂料，制备水性涂料的关键是在高分子化合物的分子上引入亲水性基团，获得水溶性树脂。水性涂料一般由水性树脂、颜料、填料和其他助剂组成。

水性涂料以水作为溶剂和稀释剂，使用过程中可基本消除存在的有机溶剂，更符合环保要求。采用水性涂料涂装，可有效地消除VOCs对大气环境的污染，减少对人体健康的危害。

(3) 使用UV涂料

紫外光固化(UV)涂料利用紫外光的能量引发涂料中的低分子预聚体与作为活性稀释剂的单体分子之间的聚合及交联反应，最终得到硬化漆膜，其实质是通过形成化学键实现化学干燥。

UV涂料的组分为活性稀释剂、低聚物、光引发剂、助剂。从组成特征上看，UV涂料是一种无溶剂或基本无溶剂型的涂料，且使用非有机溶剂的活性稀释剂，在成膜过程中无VOCs挥发，不需要加热干燥，与常规的热干燥涂料相比，可节省能源75%～90%。通过对UV涂料稀释剂的改进，可在很大程度上改变传统油性涂料挥发性稀释剂大量产生VOCs的状况。

（4）使用高固体分涂料

普通涂料中一般含有约40%的可挥发有机成分，涂装后其几乎全部挥发到大气中，不仅造成涂层缺陷，而且也污染了环境。因此，提高涂料的固含量，降低其可挥发成分，也是“绿色涂料”的发展方向。高固体分涂料一般要求固体分含量在60%～80%甚至更高，有机溶剂的使用量远低于传统溶剂型涂料，显著降低涂装过程中VOCs的产生量，降低对大气环境的污染。

2. 采用低VOCs的涂装工艺

（1）静电喷涂

目前使用的传统液体喷涂、人工手喷的作业方式，涂料浪费量大且环境污染严重。静电喷涂是利用高压静电电场使带负电的涂料微粒沿着电场相反的方向定向运动，并将其吸附在工件表面的一种喷涂方法。

静电喷涂可将涂料的利用率提高至80%～90%，与手工喷涂相比，静电喷涂可节约涂料约60%，减少了有机溶剂逸散和污染，还改善了生产作业中的劳动卫生条件。

（2）电泳涂装

电泳涂装是利用外加电场使悬浮于电泳液中的颜料和树脂等微粒定向迁移并沉积到其中一个电极的基底表面的涂装方法。

电泳涂装涉及电泳、电沉积、电渗、电解等电化学反应过程。电泳涂装采用水溶性涂料，可避免有机溶剂的使用，且涂装的利用率高达90%～95%，与传统有机溶剂喷涂法相比，既节省了原材料，又大幅降低了VOCs的排放。

3. 采用低VOCs的涂装装备

（1）喷漆室的封闭化设计

喷漆室按供排风方式可分为敞开式和封闭式（供风型）两种类型。敞开式仅装备有排风系统，而无独立的供风装置，直接从车间内抽风，但由于喷漆室不封闭，因而容易导致漆雾和溶剂气体逸散到车间甚至大气中。封闭式喷漆室有独立的供排风系统，它可以从厂房外吸入新鲜空气，不会出现废气逸散，可确保废气被充分收集至末端处理系统中，可较好地控制VOCs在生产车间的无组织排放。

（2）改进喷枪

传统喷枪油漆的利用率仅约为30%，会浪费大量涂料并污染环境。使用高流量低压力喷枪替代传统喷枪，油漆的利用率可达60%以上，大幅提高了喷涂传递效率并节约了油漆用量，从而可有效减少喷涂工序产生含VOCs的废气。

（3）实现设备自动化

通过设备更新，实现涂装生产线的自动化，可改变由于人工喷涂的不精确性而造成的涂料浪费，可实现涂料的精准使用并大大节省原材料。涂装采用自动化流水线，便于将废气集中、充分收集后直接送往末端设施处理，改变了人工喷涂造成大量有机溶剂逸散至整个车间的状况。

3.3 单元设备与装置升级

设备作为技术工艺的具体体现，在生产过程中发挥着重要作用，设备的适用性、自动化水平、电能消耗情况、维护保养情况等均会对产品质量、废弃物的产生与排放情况产生影响。因设备而导致产生废弃物的主要原因有：

1）设备老旧，存在“跑冒滴漏”情况；

2）设备自动化控制水平低；

3）相关设备之间配置不合理；

4）设备缺乏有效的维护和保养；

5）设备的功能不能满足技术工艺的要求。

基于以上原因，并结合实际情况，本节将介绍一些具有一定适用性和推广性，且环境效益和经济效益都较为明显的技术方案。

3.3.1 密闭采样器

传统的人工采样为敞开式取样，采样过程中样品与外界接触，无法保证样品的纯净性；敞开式采样对操作人员也有很大危险，采样时操作人员基本处于没有任何防护措施保护的状态，易挥发的有毒有害物质、高温或极冷物质极易对操作人员造成伤害。而密闭采样器完美地解决了这两项难题，且密闭采样器维护更加简便。

1. 工作原理及结构组成

采样装置所采用的结构形式能准确无误地保证采样方法和采样位置符合相关要求及规定。采样器装置是将三根（上、中、下）采样管固定在支撑管上，一根采上部油样，一根采中部油样，一根采下部油样，支撑杆上端连浮标，下端固定在罐底固定支座上。当液面升降时，浮标随之浮动，采样管亦随之升降，这样三根采样管的开口高度始终保持在规定的取样位置。它是一种用以采集大气环境及车间现场气体的常用仪器。它广泛用于大气环境监测、卫生防疫、劳动保护、科研等方面，也可与有关仪器配套使用。通过分析采样气体，了解环境被有害气体污染的程度，向有关主管部门提供污染的实际情况，以便采取相应的对策。

密闭式采样器主要由箱体、采样瓶、缓冲罐、快换手轮、压力表、阀门、密封件及法兰组成。

2. 特点

1）气态介质或易挥发液态介质采用无缝钢瓶密闭收集，无缝钢瓶进出口两端用安全可靠的针形阀控制开闭，配备了不锈钢快速接头，使安装与拆卸采样钢瓶安全、方便、快捷。

2）不易挥发液态介质采用密闭式耐压瓶/普通敞口瓶收集，其密闭性能优越，不锈钢保护套保证了操作人员的安全。

3）工艺气体（含气液混合相）使用钢瓶采样，钢瓶与采样管线之间设有快速接头，布局合理，操作简单方便，快速接头的自密封设计杜绝了“跑冒滴漏”现象。

4）液体采样时可选用玻璃瓶（普通敞口瓶/密闭式耐压瓶）或不锈钢采样钢瓶。密闭式耐压瓶与配型的双针连接，瓶口有密封弹性垫密封，保证液体样品纯净。

5）用户可以根据介质不同的物化性质，选择增添各种功能，如外加冷却系统、冷凝系统、液位计、增压动力系统等，以确保取样过程的准确、便捷和安全。

6）配备的采样钢瓶为一次旋压成形，无焊接缺陷，内壁光滑，防腐蚀性能力好。

7）高温（低温）介质采样时需要将其冷却（加热）到20 ℃左右，可以配备冷却（加热）系统。

3.3.2 无泄漏泵

在石油和化工生产过程中，常常要输送有毒、有害、易燃、易爆介质，传统的机械密封泵往往难以杜绝“跑冒滴漏”现象，不仅造成经济上的损失，而且对周围环境和员工的身体健康都有很大的危害。相关资料表明，过去几十年，石化行业因“跑冒滴漏”引起的安全和环境事故占事故总数的近一半。经过多年技术攻关，我国科研人员已研发出了具有自主知识产权的无泄漏泵产品。

无泄漏泵包括屏蔽泵、磁力泵、容积式隔膜泵、电磁泵等。根据工程习惯，无泄漏泵系指屏蔽泵和磁力泵，也就是通常所说的无轴封泵。

在无泄漏泵中，屏蔽泵使用较广。屏蔽泵主要由泵体、叶轮、定子、转子、前后轴承及推力盘等组成，电机与泵合为一体，定子、转子之间用由非磁性薄壁材料所制的屏蔽套隔开，转子由前后轴承支承浸在输送介质中。定子绕组通电后，电磁能透过屏蔽套带动转子转动，进而带动叶轮输送介质。

1. 工作原理及结构组成

无泄漏泵是通过分别装在泵轴和电机轴上的内、外磁转子所产生的磁力，将电机转矩传递给泵轴，进而带动叶轮输送介质。当电机旋转时，外磁转子通过隔离套与内磁转子相互吸引，带动泵轴与叶轮转动。内、外磁转子磁钢块数量相同，形成一一对应的磁极关系，两者同步转动。由于隔离套将泵轴完全封闭，从而实现无轴封、无泄漏。

2. 特点

1）泵轴由动密封变成封闭式静密封，避免了介质泄漏。

2）无需独立润滑和冷却水，降低了能耗。

3）由联轴器传动变成同步拖动，无接触和摩擦。功耗小、效率高，且具有阻尼减振作用，减少了电动机振动对泵的影响和泵发生气蚀振动时对电动机的影响。

4）过载时，内、外磁转子相对滑脱，对电机、泵有保护作用。

3.3.3 无溶剂复合机

干式复合机使用的是溶剂型胶黏剂，在生产复合软包装材料的过程中，涂胶以后两基材复合之前，需要把胶黏剂中的溶剂烘干。在使用过程中，使用环境对复合机产生较大影响，会直接影响其使用寿命和设备损耗。复合机所在的室内要通风良好，防止高温或潮湿；使用温度控制在−5 ℃～40 ℃；应避免阳光直接照射；还应避免接触易燃易爆、酸性腐蚀的气体和液体；安装时应确保地面平整，安装固定应稳固，防止因振动造成移位；应避免受到电磁干扰。

与干式复合机相比，无溶剂复合机使用的是无溶剂胶黏剂，只含有胶，不添加任何溶剂，涂胶以后两基材不必经过烘干的处理即可将两基材复合。因而在生产进程中，除停机时需要用少数溶剂对涂胶部分进行清洗以外无任何溶剂排放，没有三废物质生发，不会影响工人的身体健康，也不会对周边环境造成污染，有利于保护环境。显然，无溶剂复合机相对干式复合机优势明显。

1. 工作原理及结构组成

无溶剂复合机采用无溶剂型胶黏剂将两种或多种基材复合在一起。无溶剂复合技术已经发展到第四代，其工作原理如图 3-1 所示。

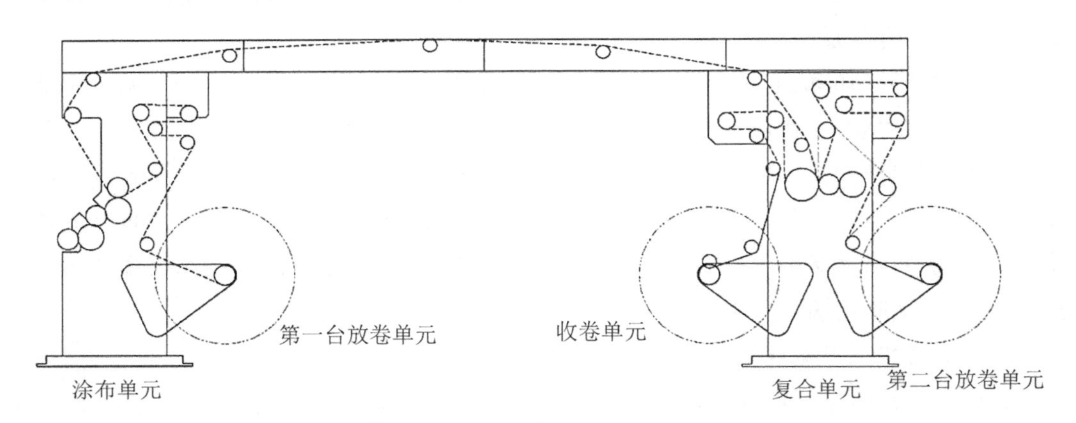

图 3-1 无溶剂复合机工作原理

无溶剂复合机多为两层复合，单工位收放卷结构。其主要组成结构有：第一放卷单元、涂布单元、第二放卷单元、复合单元、收卷单元。

2. 特点

1）胶黏剂 100%无溶剂残留，减少了对包装内容的污染，特别是对食品、药品等污染；

2）具有较高的运行速度；

3）胶黏剂消耗少，有数据表明，采用进口无溶剂双组分胶黏剂，与国产溶剂相比，无溶剂胶黏剂的消耗成本可降低 29%；

4）可降低设备能耗；

5）具有更好的回报率，无溶剂复合机的投资效率高于溶剂型复合机的投资效率；

6）可降低有机溶剂运输和储存的风险。

3.3.4　螺旋输送机

传统胶带输送机的结构简单，操作方便，容易维护，工作可靠平稳，各主要部件摩擦阻力小，工作时噪声小，但输送带成本较高且易磨损，需用大量的滚动轴承，中途卸料时必须增加卸料小车，输送粉料时易使粉尘飞扬。在 VOCs 源头治理中，常用螺旋输送机替代胶带输送机以减少 VOCs 的泄漏。

1. 工作原理及结构组成

螺旋输送机的输送过程主要是依靠驱动装置提供动力，借由联轴器连接螺旋轴承进行运动，螺旋叶片跟随轴承进行旋转，物料依靠摩擦力沿着螺旋输送机的底部进行前移。而随着物料的不断进入，后进来的物料产生一定的推力，大大降低了螺旋输送机在运行过程中的功率消耗。

螺旋输送机主要分为三大部分，螺旋输送机的机体、进出装置、驱动装置。螺旋输送机的机体主要由头节、中间节、尾节、螺旋轴、螺旋叶片组成；进出装置根据客户的需求设置在机头和机尾；驱动装置由电机、减速机、联轴器等组成。

2. 特点

1）结构简单、工作可靠、维修成本低；

2）料槽封闭，对环境污染小，便于输送易飞扬的、炽热的（可达 2 000 ℃）及气味强的物料，对环境污染较小；

3）输送物料可以实现在线路任意一点装载，也可以实现多点卸载；

4）输送方式是可逆的，一台螺旋输送机可以同时向两个方向输送物料，并且在物料输送工程中还可以完成混合、冷却与搅拌等处理；

5）料槽的刚度良好，能很好地承受一定的弯矩作用。

3.3.5　喷漆自动化改造

1. 技术原理

自动喷漆系统是代替人工手持喷漆枪将涂料分散成雾状喷涂于被涂物表面的一种自动化涂装设备，主要由机架、结构、设备、电气及控制系统组成。采用可编程逻辑控制器（PLC）集中控制，根据空间三轴定位控制喷枪作业方向，实现精准喷涂，减少喷漆过程中漆料浪费，提高漆料利用率，改善喷漆工艺工作环境。

2. 应用案例

某企业主要生产铜、锌合金、塑料等纽扣产品。其中，铜合金纽扣生产工序包括：冲压、喷漆、组装、包装；锌合金纽扣生产工序包括：压铸、磨光、喷漆、组装、包装；塑料纽扣生产工序包括：注塑、喷漆、包装。

（1）实施情况

该企业现有 2 台手动喷漆水帘柜，漆料利用率较低，上漆率只有 55%左右。为提高漆料利用率，该企业将其中 1 台改为自动喷漆设备，用于常规纽扣的喷涂。该改造方案主要是在现有喷漆柜基础上进行的，增加了自动喷漆装置，废气收集处理装置仍然依托原有的水帘柜。

（2）环境效益

方案实施后，大大提高了漆料利用率，减少了漆料及天那水的用量，减少了生产过程中 VOCs 的产生，环境效益明显。

（3）经济效益

方案总投入约 5.5 万元，包括设计、施工等费用。

方案实施后，节约天那水约 400 L/a，节约漆料约 420 L/a；天那水价格 10 元/升，漆料价格 20 元/升，则节约物料采购成本 1.24 万元/年。

3.3.6 橡皮布自动清洗装置替代人工清洗印刷设备

1. 技术原理

印刷过程中，由于一些油墨及纸毛会堆积在橡皮滚筒上，为保证印刷质量，需要定时清洗橡皮滚筒。人工清洗费时耗力，需要消耗大量的清洗剂，且清洗剂为有机溶剂，在清洗的过程中会产生一定量的 VOCs 及清洗废水，对人体及周边环境造成一定的影响。加装橡皮布自动清洗装置可节省人工，减少清洗剂的使用及清洗废水的产生，提高效率，改善车间工作环境。

橡皮布自动清洗装置基于印刷过程中油墨的覆盖率、承印物基本特性和印刷数量设置清洗程序、清洗时间、喷水量等参数，使装置中的清洗剂按照特定的频次对无纺布进行浸湿和清洗，浸湿后无纺布或毛刷辊充分地与橡皮滚筒表面接触并高速摩擦，从而达到清洗橡皮布的目的。

橡皮布清洗干净后可提高印刷产品的颜色、网点饱和、网点还原的稳定性，该方案的实施可提高印刷品的品质和企业的生产效率，延长橡皮布的使用寿命，减少废弃物的产生。

2. 应用案例

某企业，主要生产消费类电子产品、化妆品、食品、高档烟酒和奢侈品的纸质包装，生产工艺为制版、印刷、表面处理、裱纸、模切等。

（1）实施情况

方案实施前，该企业采用人工清洗橡皮布，4 个色组平均清洗时间 4 min，清洗效率较低，擦机布使用损耗量较大，人工清洗过程中清洗剂的使用量较大，产生较多的 VOCs 和废擦机布。

方案实施后，企业在印刷机内加装橡皮布自动清洗装置，橡皮布自动清洗装置按照设定程序工作，且在相对密闭的环境中运行，4 个色组可同时进行清洗，总耗时约 1.5 min，提高了清洗效率，减少 VOCs 的无组织排放，改善了车间环境。使用无纺布替代擦机布，擦拭橡皮布前无纺布会使用清洗剂进行提前浸湿，擦拭后会有单独的清洗装置对无纺布表面脏污进行清洗，清洗后的无纺布可循环使用。

(2) 环境效益

清洗剂节约量：方案实施前采用人工擦拭，清洗剂消耗量较大，存在浪费现象，使用量为 18 522 kg/a；方案实施后清洗剂的用量减少 30%，则可节约清洗剂用量：

$$18\,552 \times 30\% = 5\,565.6 \text{ kg/a}$$

VOCs 减少量：清洗剂中挥发性组分占比 74%，则可减少 VOCs 产生量为：

$$5\,565.6 \times 74\% = 4\,118.9 \text{ kg/a}$$

危废减少量：方案实施前，企业使用擦机布进行擦拭清洗，产生废擦机布（含油墨）3 559 kg/a；方案实施后，企业采用无纺布代替擦机布，可减少废擦机布约 90%，即：

$$3\,559 \times 90\% = 3\,203 \text{ kg/a}$$

(3) 经济效益

安装橡皮布自动清洗装置投资 48.6 万元。按照清洗剂采购单价 12 元/千克、废擦机布危废处理费用 7 元/千克计算，方案实施后可节约采购原料成本：

$$5\,565.6 \times 12 = 6.68 \text{ 万元 / 年}$$

可节约危废处置成本：

$$3\,203 \times 7 = 2.24 \text{ 万元 / 年}$$

该方案实施后可减少原辅材料的消耗、减少污染物的产生与排放，同时提升产品质量，提高生产效率。

本章参考文献

[1] R. A. 科比特.环境工程标准手册[M].郑正，韩永忠，王勇等译.北京：科学出版社，2003.
[2] GB/T 38597—2020，低挥发性有机化合物含量涂料产品技术要求[S].北京：国家市场监督管理总局，国家标准化管理委员会，2020.
[3] 深圳市生态环境局.深圳市重点行业清洁生产技术汇编(2022 年)[G].深圳：源清环境技术服务有限公司，2022.

第4章
VOCs污染过程控制技术

对于涉及VOCs排放的各行业，净化系统的完善在治理工程的设计中具有重要作用。合理有效地设计收集系统、管道系统等净化系统要素，能够显著提高对各行业生产工艺中VOCs污染过程的控制水平。本章对净化系统中的集气罩、管道系统、通风机及排气筒等重要部分进行介绍。

4.1　净化系统的组成及设计的基本内容

4.1.1　收集系统三大要素

本节所讲的VOCs废气净化系统包括风机、风管、风阀、风罩等，不包括末端治理设备。局部排气净化系统的基本组成如图4-1所示，其主要由集气罩、风管、净化设备、通风机、排气管等组成，各组成部分的主要作用见表4-1。

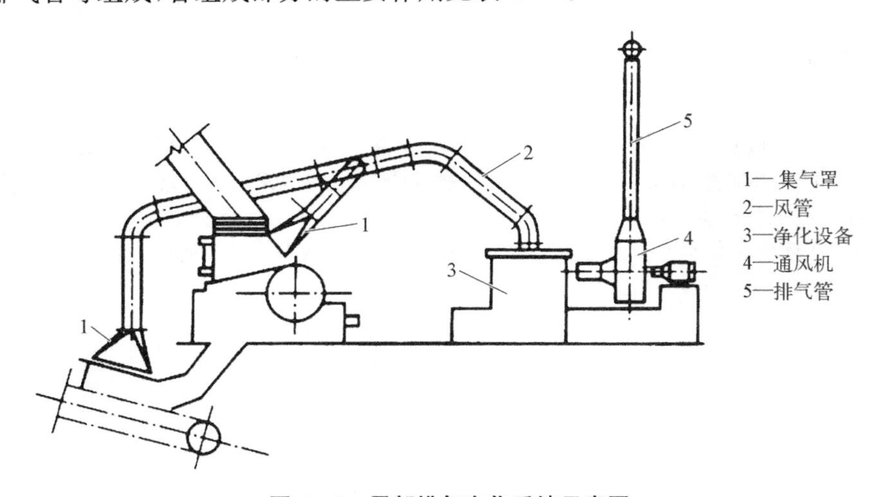

图4-1　局部排气净化系统示意图

表 4-1　局部排气净化系统各组成部分的作用

组　成	作　　　用
集气罩	集气罩是捕集污染气流的装置，其性能对净化系统的技术经济指标有着直接的影响。由于污染源设备结构和生产操作工艺的不同，集气罩的形式多种多样。
风管	风管是净化系统中输送气流的管道，通过风管使系统的设备和部件连成一个整体。
净化设备	当排气中污染物含量超过排放标准时，必须使用净化设备进行处理，达到排放标准后才能排入大气。
通风机	通风机是系统中使气体流动的动力设备。为了防止通风机的磨损和腐蚀，其通常设在净化设备后面。
排气管	排气管是净化系统的排气装置。净化气经排气管排放，在大气中扩散、稀释、悬浮或沉降到地面。为了保证污染物的地面浓度不超过环境空气质量标准，排气管必须具有一定高度。

1. 风机

常用的工业风机类型主要有离心式和轴流式两种。混流风机、斜流风机、排烟风机、风机箱等其他风机均为上述两种的派生。离心风机的进、出风气流方向呈 90°夹角(图 4-2)，轴流风机的进、出风气流方向相同(图 4-3)。VOCs 治理设施若带净化设备，则应选用离心风机，不能采用轴流风机，轴流风机仅适用于大流量和较低压头的场合。

风机的主要参数有风量(m^3/h)、风压(Pa)、转速(r/m)、功率(kW)、噪声[dB(A)]等。

两台同型号风机并联运行，其风量并非两台风机风量之和，至多达到两台风机风量之和的 80%；两台同型号风机串联运行，风量不增加，仅可增大风压；不同型号风机不宜串联使用；不同风量的风机不可串联使用。

图 4-2　离心风机

图 4-3　轴流风机

2. 风管

常用的风管按材质主要分为金属风管、玻璃钢风管、塑料风管和软管等，VOCs 收集系统以金属风管为主。金属风管常用的连接方式有焊接和法兰连接两种。金属风管采用法兰连接方式时，推荐使用角钢法兰、焊接法兰，不建议使用共板法兰。当腐蚀性物质和 VOCs 共有时，可采用玻璃钢风管和塑料风管；有移动要求时，可采用软管，且软管长度不宜过长，不能出现软管缠绕、弯折的情况，以避免局部阻力过大导致软管连接的外部排风罩排风量不足甚至无风。

VOCs 收集风管的断面风速推荐值如下：

1）不含尘风管，支管风速 5～6 m/s，主管风速 8～12 m/s；

2）粉尘和 VOCs 共有的风管，风速 14～23 m/s，如收集系统涉及有特殊要求的粉尘，则参照相关的行业及安全标准执行。

VOCs 废气收集系统的输送管道应密闭，其系统应在负压下运行，若处于正压状态，应对输送管道组件的密封点进行泄漏检测。

3. 风阀

VOCs 收集系统常用的风阀有插板阀、蝶阀、多叶阀和防火阀等类型。其中，粉尘和 VOCs 共有的收集系统应采用插板阀；通风等其他系统宜采用蝶阀；长边或直径大于 630 mm 的大截面风管应采用多叶阀；穿越防火分区及必要处时需安装防火阀。

对于应急排口，阀门泄漏率不应大于 0.5%，且应处于常闭状态，还应定期检查确保风阀开关动作的有效性。阀门宜采用电动或气动阀门并具有信号输入功能，远端控制中心输出电信号可使阀门动作；还应具有信号输出功能，可反馈阀门状态信号到控制中心，阀门关闭到位才输出阀门关闭的电信号。

为使局部排气净化系统正常运行，根据处理对象的不同(如含尘气体、有毒有害气体、高温烟气、易燃易爆气体等)，在净化系统中还应增设必要的设备和部件。例如，除尘系统的清灰孔；高温烟气的冷却装置、余热利用装置及满足钢材热胀冷缩变化的管道补偿器；输送易燃易爆气体时所设的防爆装置；用于调节系统风量和压力平衡的各种阀门；用于测量系统内各种参数的测量仪表、控制仪表和测孔；用于支撑和固定管道、设备的支架；用于降低通风机噪声的消声装置；等等。

4.1.2 局部排气净化系统设计的基本内容

局部排气净化系统设计的基本内容包括污染物的捕集装置、净化设备、管道系统及排气管设计四个部分。当然，为满足系统正常运行的需要，还应针对处理污染物的特性，完成上述系统增设设备及部件的设计。

1. 捕集装置的设计

污染物的捕集装置通常称为集气罩。其设计内容主要包括集气罩结构形式、安装位置及性能参数确定等。

2. 净化设备的选择或设计

净化设备的选择或设计一般按以下程序进行：第一步，工程调查。认真收集有关资料，全面考虑影响设备性能的各种因素。第二步，根据排放标准和生产要求，计算需要达到的净化效率。第三步，根据污染物性质和操作条件确定净化方法（吸收、吸附或除尘等）和净化方案（几级处理、是否预冷、调湿及吸收液或吸附剂选择等）。在此基础上，决定净化设备的选择范围。第四步，对设备的技术指标和经济指标进行全面比较，选定最适宜的净化装置。第五步，确定净化设备的型号规格及运行参数。总之，净化设备的选择或设计应满足国家或当地排放标准的要求。

3. 管道系统的设计

管道系统设计主要包括管道布置、管道内气体流速确定、管径选择、压力损失计算、通风机选择及各种管件确定等内容。

4. 排气管的设计

排气管设计的主要内容包括结构尺寸（排气管高度、出口直径等）及工艺参数（排气速度等）的设计。

4.2　集 气 罩

4.2.1　集气罩的基本形式

按照罩口气流流动方式可将集气罩分为吸气式集气罩和吹吸式集气罩两大类。利用吸气气流捕集污染空气的集气罩称为吸气式集气罩，利用吹吸气流来控制污染物扩散的装置称为吹吸式集气罩。按集气罩与污染源的相对位置及围挡情况，还可将吸气式集气罩分为密闭罩、排气柜、外部集气罩、接受式集气罩等。

1. 密闭罩

密闭罩是将污染源的局部或整体密闭起来的一种集气罩。其作用原理是将污染物的扩散限制在一个很小的密闭空间内，仅在罩上必须留出的开口缝隙处吸入若干室内空气，使罩内保持一定负压，从而达到防止污染物逸散的目的。与其他类型集气罩相比，密闭罩所需排风量最小，控制效果好，且不受室内横向气流的干扰。所以，在设计中应优先考虑选用密闭罩。一般来说，密闭罩多用于粉尘发生源，故其常被称为防尘密闭罩。按密闭罩的围挡范围和结构特点，可将其分为局部密闭罩（图 4－4）、整体密闭罩（图

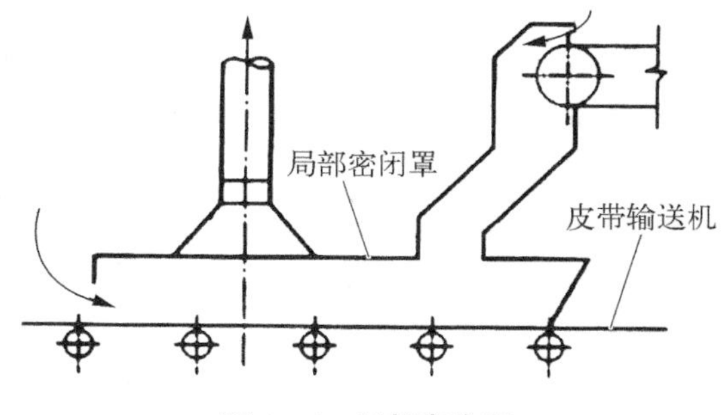

图 4－4　局部密集罩

4－5）和大容积密闭罩（图 4－6）三种。

局部密闭罩的特点是容积比较小，工艺设备大部分露在罩外，方便操作和设备检修。一般适用于污染气流速度较小，且连续散发的场合。整体密闭罩的特点是容积较大，能将污染源全部或大部分密闭起来，只把需要经常观察和维护的设备留在罩外，密闭罩本身为独立整体，密闭严密，其一般适用于有振动且气流速度较大的场合。大容积密闭罩可将污染设备或场合全部密闭起来，故也被称为密闭小室，其特点是罩内容积大，可以缓冲污染气流，减少局部正压，设备检修可在罩内进行，适用于多点、阵发性、污染气流速度大的设备或场合。

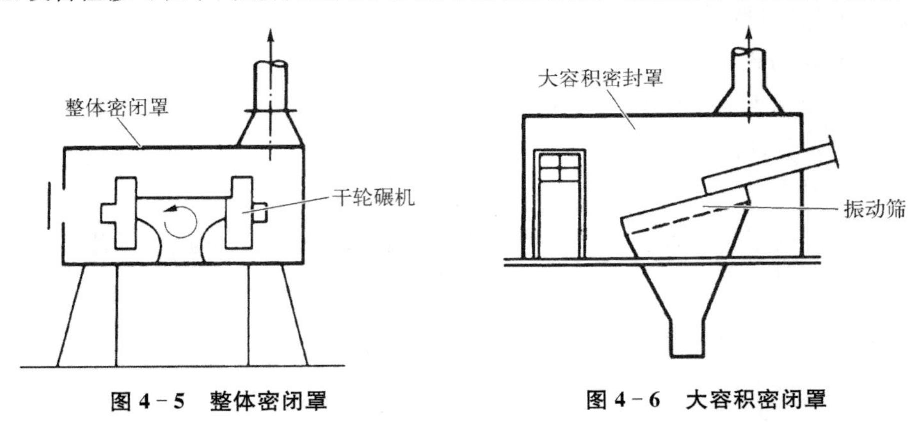

图 4－5　整体密闭罩　　图 4－6　大容积密闭罩

2. 排气柜

排气柜也称箱式集气罩。由于生产工艺操作的需要，其在罩体上开有较大的操作孔。操作时，通过孔口吸入的气流来控制污染物逸散。其捕集机理和密闭罩相类似，即将有害气体发生源围挡在柜状空间内，可视为开有较大孔口的密闭罩。化学实验室的通风柜和小零件喷漆箱就是排气柜的典型代表。其特点是控制效果好，排风量比密闭罩大，而体积小于其他形式的集气罩。排气柜排气点位置对排出有害气体的有效性有着重要影响。用于冷污染源或产生的有害气体密度较大的场合，排气点宜设在排气柜的下部［图 4－7(a)］；用于热污染源或产生的有害气体密度较小的场合，排气点宜设在排气柜的上

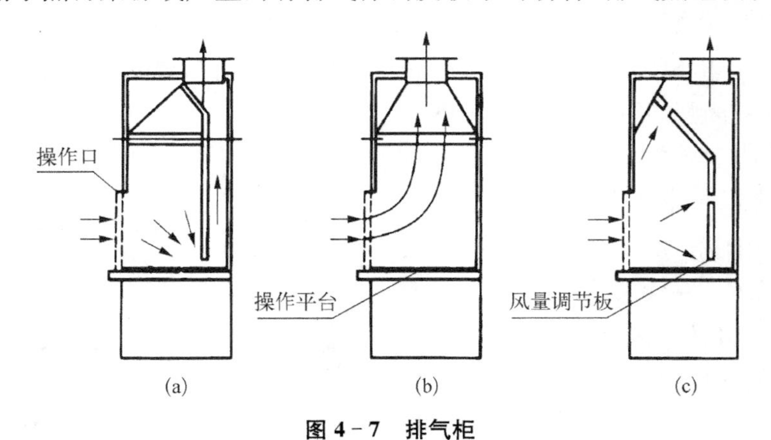

图 4－7　排气柜

部[图4－7(b)]；对于排气柜内产热不稳定的场合，为适应各种不同工艺和操作情况，应在柜内空间的上部和下部均设置排气点，并装设调节板，以便调节上部、下部排风量的比例[图 4－7(c)]。

3. 外部集气罩

由于工艺条件的限制，有时无法对污染源进行密闭，只能在其附近设置外部集气罩。外部集气罩通过罩口外吸入气流的运动来实现捕集污染物的目的。外部集气罩形式多样，按集气罩与污染源的相对位置可将其分为四类：上部集气罩、下部集气罩、侧吸罩和槽边集气罩，如图 4－8 所示。

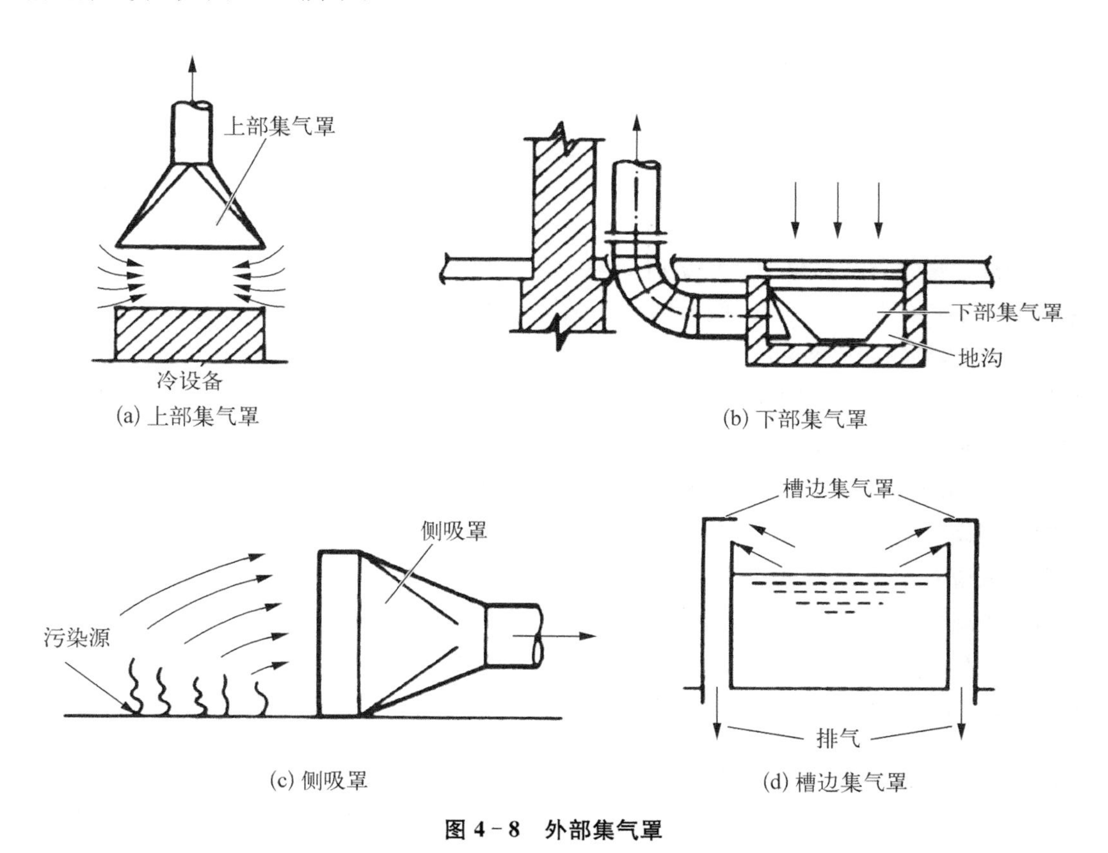

图 4－8　外部集气罩

由于外部集气罩吸气方向与污染气流运动方向往往不一致，一般需要较大风量才能控制污染气流的逸散，而且容易受室内横向气流的干扰，影响捕集效率。

4. 接受式集气罩

有些生产过程或设备本身会产生或诱导气流运动，并带动污染物一起运动，如由于加热或惯性作用形成的污染气流。接受式集气罩即沿污染气流运动方向设置集气罩口，污染气流便可借助自身的流动能量进入罩口。图 4－9(a)为热源上方的伞形接受罩。图 4－9(b)为捕集砂轮磨削时抛出的磨屑及粉尘的接受式集气罩。

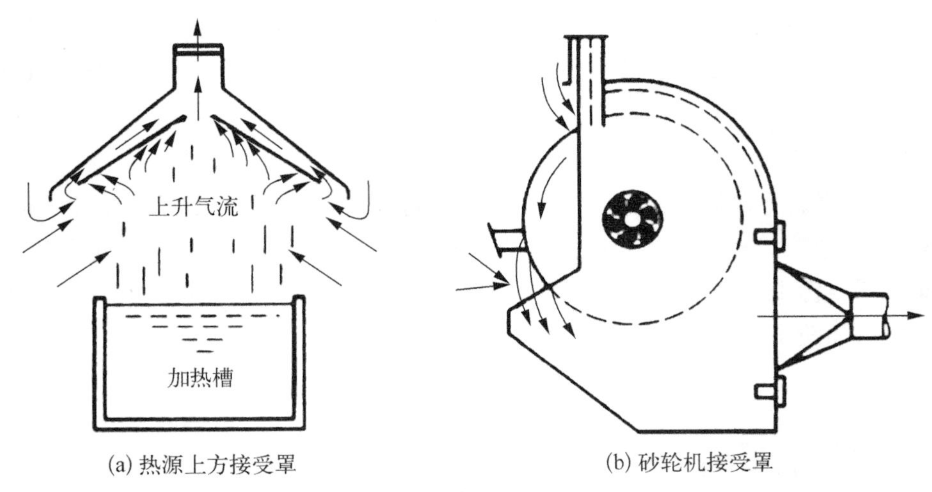

(a) 热源上方接受罩　　(b) 砂轮机接受罩

图 4-9　接受式集气罩

5. 吹吸式集气罩

当外部集气罩与污染源之间的距离较大，单纯依靠罩口的抽吸作用往往控制不了污染物的逸散时，则可以在外部集气罩的对面设置吹气口，将污染气流吹向外部集气罩的吸气口，以提高控制效果。一般将这类依靠吹吸气流的综合作用来控制污染气流扩散的集气罩称为吹吸式集气罩(图 4-10)。由于吹出气流的速度衰减得慢，以及气幕的作用，使室内空气混入量大为减少，所以达到同样的控制效果时，采用吹吸式集气罩要比单纯采用外部集气罩节约风量，且不易受室内横向气流的干扰。

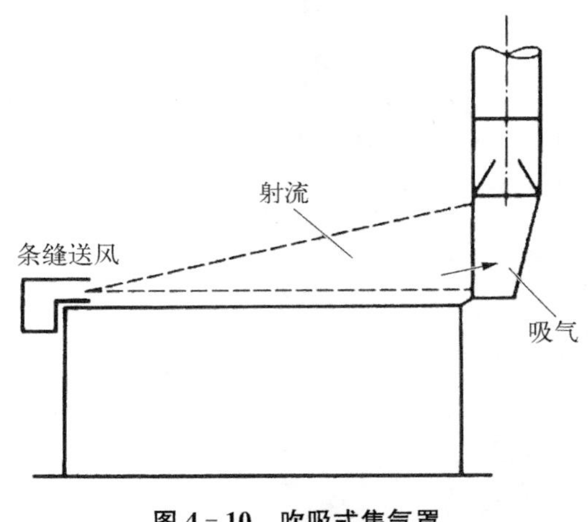

图 4-10　吹吸式集气罩

4.2.2　行业中常见的集气方式

1. 水封罐收集方式

炼油化工厂在生产运行中会出现各种工况的放空，比如停水、停电、开停工、火灾、安全阀紧急泄放等，放空产生的气体称为放空气。基于环保、安全、节能等的需要，放空气需要集中处理。放空气的处理通常采取两种措施，即回收和燃烧。正常生产时，放空气通常采用气柜回收；紧急工况放空时，一般采取火炬放空燃烧。

水封罐作为阻火设备及压力设定设备，是防止火炬发生回火爆炸时波及水封罐前端的放空气系统管道及其相关设备的重要措施和手段。该收集方式以水封罐的液位作为 VOCs 排气压力设置元件，当排气压力超过水封的静压头时，VOCs 突破水封排放到收集总管中。水封高度设置主要在于满足水封的功能需要。在实际设计及生产中，在计算最低要求的基础上，水封高度的设置还需要结合生产操作需要，如气柜回收所需的管网背压等，适当进行调整。

近年来某炼油化工厂新设装置增多，为缓解老火炬系统的压力，减少炼油火炬系统隐患，常依托现有火炬，新建一套低压火炬放空管道系统，并进行相关分液罐、水封罐及其他配套设施的改造。

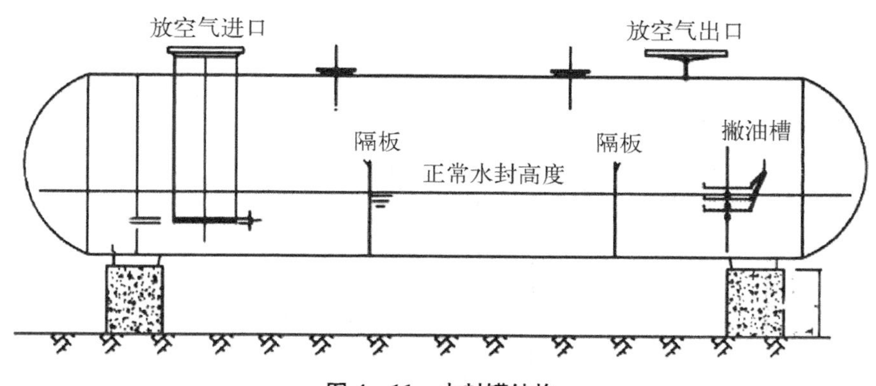

图 4-11　水封罐结构

2. 单呼(吸)阀收集方式

单呼(吸)阀不同于普通呼吸阀，呼吸阀有正负压两个阀盘，单呼阀只有正压阀盘，没有负压阀盘，只能向外呼气，不能向内吸气。当系统内压力升高时，系统内压力推开正压阀盘，气体便经过呼吸阀向外放空，从而保证系统的压力恒定。单吸阀则只有负压阀盘，只能向内吸气，不能向外呼气。当系统内压力降低时，气体便经过呼吸阀向内吸入，从而保证系统的压力恒定。

单呼(吸)阀收集方式通过物理配重和弹簧来设定 VOCs 的排放压力，其关闭定压低于呼吸阀起跳压力，开启压力高于氮封关闭压力。

3. 压控阀收集方式

在液压系统中，压力控制阀是用来控制压力的。它是依靠液体压力与弹簧力平衡的原理进行工作的。通常在储罐 VOCs 排放口上设置压控阀，通过储罐和连通管线上的压力控制阀门的启闭来实现 VOCs 的有组织排放(图 4-12)。

上述各收集方式对比见表 4-2。

表 4-2　VOCs 收集方式对比

收集方式	优　　点	缺　　点	造价
单罐水封(水封罐收集方式)	基本安全；储罐 VOCs 不互相影响	控制精度低；产生二次危废；不易管理；维护检修成本高；管网阻力降增大	高

续　表

收集方式	优　点	缺　点	造价
罐组收集总管水封（水封罐收集方式）	氮气消耗降低	控制精度低；产生二次危废；不易管理；维护检修成本高；管网阻力降增大；罐组内靠阻火器保证安全	中
单呼阀收集方式	操作方便；单罐隔离；储罐VOCs不互相影响；管理方便	控制精度低；单呼阀设备选型困难；增加VOCs排放；维护成本高；频繁动作；定压波动	中
单罐单控（压控阀收集方式）	单罐隔离；储罐VOCs不互相影响；控制精度高	阀门会频繁动作；增加VOCs排放；不易管理，维护检修成本高	高
罐组收集总管压控（压控阀收集方式）	减少VOCs排放；减少氮封气体消耗；控制精度高；管理方便，维护成本低	罐组内靠阻火器保证安全；连通规模较小时阀门频繁动作	低

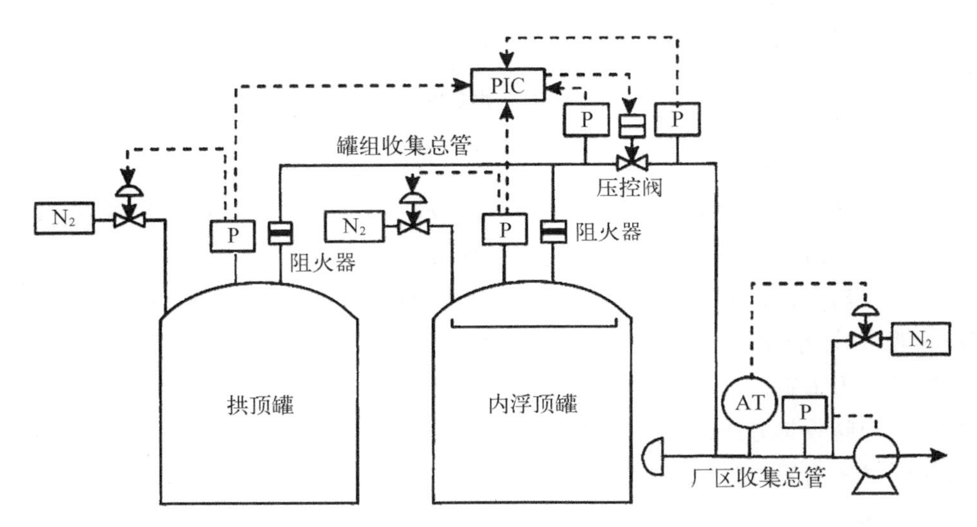

图4-12　压控阀储罐VOCs收集方式

4.2.3　集气罩性能参数及计算

表示集气罩性能的主要技术经济指标为排风量和压力损失，现对其确定方法作简要介绍。

4.2.3.1　排风量的确定

1. 排风量的测定方法

集气罩排风量 q_v（m^3/s）可以通过实测罩口上的平均吸气速度 v_0（m/s）和罩口面积 A_0（m^2）确定：

$$q_v = A_0 v_0 \tag{4-1}$$

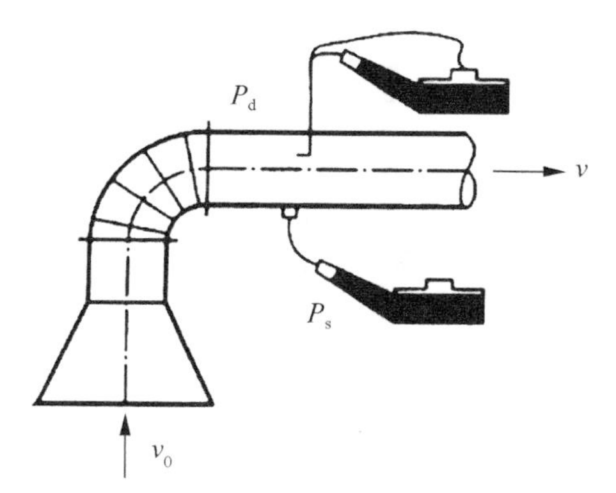

图 4－13　排风量的测定示意图

如图 4－13 所示，也可以通过实测连接集气罩直管中的平均速度 v(m/s)，气流动压 P_d(Pa)或气体静压 P_s(Pa)，管道面积 A(m^2)按下式确定：

$$q_v = Av = A\sqrt{(2/\rho)P_d} \tag{4-2}$$

或：

$$q_v = \varphi A\sqrt{(2/\rho)p_s} \tag{4-3}$$

式中：ρ——气体密度，kg/m^3；

φ——集气罩的流量系数。

在实际中，测定平均速度 v 或气流动压 P_d 比较麻烦，则可以测定连接直管中的气流静压并按式(4－3)确定排风量，一般将该方法称为静压法，将按式(4－2)确定排风量的方法称为动压法，这是工程中常用的两种测定方法。

2. 排风量的计算方法

在工程设计中，常用控制速度法来计算集气罩的排风量。

控制速度是指在罩口前污染物逸散方向的任意点上均能使污染物随吸入气流流入罩内并将其捕集所必需的最小吸气速度。吸气气流有效作用范围内的最远点称为控制点，控制点距罩口的距离称为控制距离，见图 4－14。

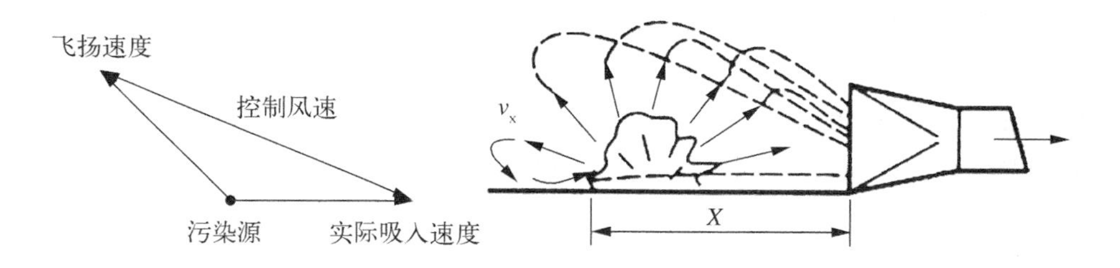

图 4－14　控制速度法示意图

计算集气罩排风量时，首先应根据工艺设备及操作要求，确定集气罩形状及尺寸，由此可确定罩口面积 A_0；然后根据控制要求安排罩口与污染源的相对位置，确定罩口几何中心与控制点的距离 X。

当确定控制速度 v_x 后即可根据不同形式集气罩罩口的气流衰减规律求得罩口上的气流速度 $v_{x'}$，在已知罩口面积 A_0 时，即可按式(4－2)求得集气罩的排风量。采用控制速度法计算集气罩的排风量时，关键在于确定控制速度 v_x 和集气罩结构、安设位置及周围气流运动情况，一般通过现场实测确定。如果缺乏现场实测数据，设计时可参考表 4－3、表 4－4 确定。在工程设计中，针对不同类型的集气罩，可参考相关设计手册，采用经验公式计算集气罩排风量。

表 4-3　污染源的控制速度 v_x

污染的产生状况	举　　例	控制速度（m/s）
以轻微的速度放散到相当平静的空气中	蒸气的蒸发，气体或烟气从敞口容器中逸散	0.25～0.50
以轻微的速度放散到尚属平静的空气中	喷漆室内喷漆；间断地倾倒有尘屑的干物料到容器中；焊接	0.5～1.0
以相当大的速度放散出来，或是放散到空气运动迅速的区域	翻砂、脱模、高速（大于 1 m/s）皮带运输机的转运点、混合、装袋或装箱	1.0～2.5
以高速放散出来，或是放散到空气运动迅速的区域	磨床；重破碎；在岩石表面作业	2.5～10.0

表 4-4　考虑周围气流情况及污染物危害性选择控制速度 v_x

周围气流运动情况	控制速度（m/s）（危害性小时）	控制速度（m/s）
无气流或容易安装挡板的地方	0.20～0.25	0.25～0.30
中等强度气流的地方	0.25～0.30	0.30～0.35
较强气流或不安挡板的地方	0.35～0.40	0.38～0.50
强气流的地方	0.5	1.0
气流非常强的地方	1.0	2.5

4.2.3.2　压力损失的确定

集气罩的压力损失 ΔP 一般表示为压力损失系数 ε 与连接直管中动压 P_d 之乘积的形式，即：

$$\Delta P = \varepsilon P_d = \varepsilon \rho v^2 / 2 \tag{4-4}$$

由于集气罩罩口处于大气中，所以该处的全压等于零。因此集气罩的压力损失也可写为：

$$\Delta P = 0 - P = -(P_d + P_s) \tag{4-5}$$

式中：P、P_d、P_s——集气罩连接直管中测试断面的气体全压、动压、静压，Pa；

v——连接直管中的气流速度，m/s。

只要测出连接直管中测试断面的动压 P_d 和静压 P_s，便可求得集气罩的流量系数值：

$$\varphi = \sqrt{P_d P_s} \tag{4-6}$$

可得流量系数 φ 和压力损失系数 ε 的关系：

$$\varphi = 1/\sqrt{1+\varepsilon} \tag{4-7}$$

4.2.4　集气设备相关技术标准与规范

1. 密闭罩的标准与规范

1）密闭罩形式的选择，应根据工艺设备的结构、生产操作条件及散发污染物的原因、程度和污染物特性等确定。

2）尽可能将污染源密闭起来，以隔断污染气流与二次气流的联系，防止污染物随室内气流逸散。

3）尽可能不妨碍生产操作和设备检修。对整体密闭罩和大容积密闭罩，应改置必要的观察孔、检修孔或操作门，尽量减小开孔面积，并避开气流正压较高的位置。

4）密闭罩内应保持一定的均匀负压，减小局部正压，正确选择排气口的位置和形式以合理组织罩内气流。

5）选择排气口位置时，要能有效地控制污染气流逸散，同时避免吸出粉料。排气口通常应正对污染气流中心，但对破碎、筛分和输料设备，排气口应避开含尘气流中心，以防吸出大量粉料。胶带运输机受料的排气口与卸料溜槽相邻两边之间的距离应为溜槽边长的 0.75～1.5 倍，通常取 300～500 mm；排气口距胶带机表面的高度不应小于胶带机宽度的 0.6 倍。

6）排气口不宜靠近敞开的孔口，以免吸进与除尘无关的空气，胶带机排气罩后面应设遮尘帘。

7）与排气罩相接的一段管道宜垂直敷设，以防进入物料造成堵塞。为使密闭罩内气流均匀，排气罩应从罩口向风管接口逐渐收缩，其收缩角不宜大于 60°。

8）处理或输送热物料时，排气口应设在密闭罩的顶部，或者在卸料点和受料点都设置排气口，同时适当加大密闭罩的容积。

9）密闭罩吸气口气流平均速度应符合下列规定：

a. 对于细粉料的筛分，不宜大于 0.6 m/s；

b. 对于物料的粉碎，不宜大于 2.0 m/s；

c. 对于粗颗粒物料的破碎，不宜大于 3.0 m/s。

2. 槽边集气罩的标准与规范

1）边集气罩应设在矩形槽的长边一侧。一般槽宽 $B < 500$ mm 时，宜采用单侧排气；槽宽 $B = 500 \sim 800$ mm 时，宜采用双侧排气；槽宽 $B = 800 \sim 1\,200$ mm 时，必须采用双侧排气；槽宽 $B > 1\,200$ mm 时，必须采用吹吸式槽边集气罩。圆槽直径 $D = 500 \sim 1\,000$ mm 时，宜采用环形集气罩。

2）为保证槽边集气罩罩口吸气均匀，可采取以下措施：

a. 集气罩排气管中的气流速度应低于罩口的吸气速度，一般为罩口吸气速度的

20%～50%，当无法实现时，风管内应设导流板。

b. 当槽长 $L \leqslant 1.5$ m 时，一般可采用单个吸气口；当 $L \geqslant 1.8$ m 时，建议采用多个吸气口；当 $L \geqslant 3.0$ m 时，必须采用多个吸气口。

3）为提高槽边集气罩的控制效果，可采取以下措施：

a. 工业槽尽量靠墙布置，缩小吸气范围。

b. 尽量降低集气罩距液面的高度，但一般不得小于 150 mm。

c. 在条件允许的情况下，槽面上可设置密闭或活动盖板。当槽面无法覆盖时，则可采取在液面上加覆盖料、抑制剂等措施，以减少液面气态污染物的挥发。

4.3 管道系统

4.3.1 管道系统的布置及部件

4.3.1.1 管道系统布置

1. 系统划分

系统划分应充分考虑管道输送气体（粉尘）的性质、操作制度、相互距离、回收处理等因素，以确保管道系统的正常运转。符合以下条件时，可以合为一个管道系统：

1）污染物性质相同，生产设备同时运转，便于污染物统一集中回收处理的场合；

2）污染物性质不同，生产设备同时运转，但允许不同污染物混合或污染物无回收价值的场合；

3）尽可能将同一生产工序中同时操作的污染设备排风点合为一个系统。

凡发生下列几种情况之一的，不能合为一个系统：

1）不同排风点的污染物混合后会引起燃烧或爆炸，或是形成毒性更大的污染物的场合；

2）不同温度和湿度的污染气流，混合后会引起管道内结露和堵塞的场合；

3）因粉尘或气体性质不同，共用一个系统会影响回收或净化效率的场合。

2. 管网配置

管网配置的一个重要问题就是要实现各支管间的压力平衡，以保证各吸气点达到设计风量，实现控制污染物逸散的效果。为保证多分支管系统管网中各支管间压力平衡，管网布置通常有以下三种方式：

（1）干管配管方式

图 4－15(a)所示为干管配管方式，与其他方式相比，此方式管网布置紧凑、占地小、投资省、施工方便，应用较广泛。但各支管间压力计算比较烦琐，会给设计增加一定的工作量。

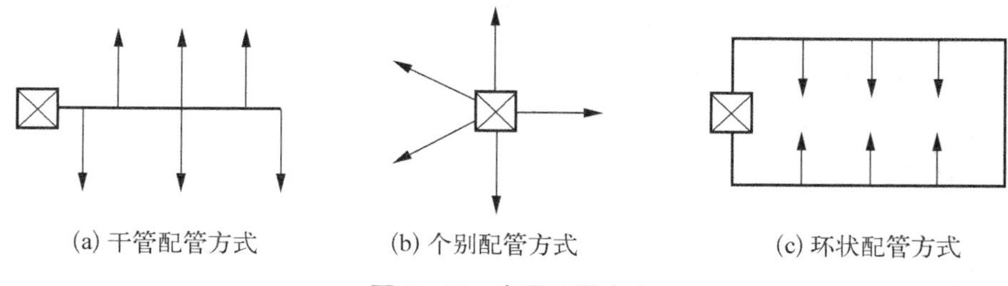

图 4－15　官网配置方式

(2) 个别配管方式

图 4－15(b)所示为个别配管方式。吸气(尘)点多的系统管网,可采用大断面的集合管连接各分支管,集合管内气体流速不宜超过 3～6 m/s(水平集合管内气体流速≤3 m/s,垂直集合管内气体流速≤6 m/s),以利各支管间压力平衡。对于除尘系统,集合管还能起到初级净化作用,但管底应设清除积灰的装置。

(3) 环状配管方式

图 4－15(c)所示为环状配管方式,亦称对称性管网布置方式。显然,对于一些支管多或较为复杂的管网系统,虽然支管间压力易平衡,但会带来管路较长、系统阻力增加等问题。

3. 管道布置的一般原则

管道布置应从系统总体布局出发,既要考虑系统的技术经济合理性,又要与总图、工艺、土建等有关专业密切配合,统一规划,力求简单、紧凑,缩短管线,减少占地和空间,节省投资,不影响工艺操作、调节和设备维修。输送不同介质的管道,其布置原则不完全相同。下面取其共性,介绍管道布置的一般原则:

1) 布置管道时,应对全车间所有管线通盘考虑,统一布置。对净化管道的布置,应力求简单、紧凑,安装、操作和检修要方便,并使管路短、占地和空间少、投资省,外观整齐美观。

2) 当集气罩(即排气点)较多时,既可以全部集中在一个净化系统中(集中式净化系统),也可以分为几个净化系统(分散式净化系统)。同一污染源的一个或几个排气点设计成一个净化系统,称为单一净化系统。在净化系统划分时,凡发生下列几种情况之一的,不能合为一个净化系统:

a. 污染物混合后会引起燃烧或爆炸;

b. 不同温度和湿度的含尘气体,混合后可能会引起管道内结露;

c. 因粉尘或气体性质不同,共用一个净化系统会影响回收或净化效率。

3) 管道敷设分明装和暗设,应尽量明装,可明装的不宜采用暗设。

4) 管道应尽量集中成列平行敷设,并应尽量沿路或柱子敷设。管径大的或保温管道应设在内侧(靠墙侧)。

5) 管道与梁、柱、墙、设备及管道之间应有一定距离,以满足施工、运行、检修和热胀冷缩的要求:

a. 保温管道外表面距墙的距离不小于 100～200 mm(大管道取大值)；

b. 非保温管道距墙的距离应根据焊接要求考虑，管道外壁距墙的距离一般不小于 150～200 mm；

c. 管道距梁、柱、设备的距离可比距墙的距离减少 50 mm，但该处不应有焊接接头；

d. 两根管平行布置时，保温管道外表面的间距不小于 100～200 mm，非保温管道外表面的间距不小于 150～200 mm。

6) 管道应尽量避免遮挡室内采光和妨碍门窗的启闭；应避免通过电动机、配电盘、仪表盘的上方；应不妨碍设备、管件、阀门和人孔的操作和检修；应不妨碍吊车的工作。

7) 管道通过人行横道时，与地面净距不应小于 2 m；横过公路时，与地面净距离不得小于 4.5 m；横过铁路时，与铁轨面净距不得小于 6 m。

8) 水平管道应有一定的坡度，以便于放气、放水、疏水和防止积尘。一般坡度为 0.2%～0.5%，对含有固体结晶或黏度大的流体，坡度可酌情选择，最大为 1%。

9) 管道与阀件不宜支承在设备上，应设支架或吊架。保温管道的支架上应设管托。

10) 在以焊接为主要连接方式的管道中，应设置足够数量的法兰连接处；在以螺纹连接为主的管道中，应设置足够数量的活接头(特别是阀门附近)，以便于安装、拆卸和检修。

11) 管道的焊缝位置一般应布置在施工方便和受力较小的地方。焊缝不得位于支架处。焊缝与支架的距离不得小于 200 mm。两焊口的距离不应小于 200 mm。穿过墙壁和楼板的一段管道内不得有焊缝。

12) 输送必须保持温度的热流体及冷流体的管道，必须采取保温措施，并要考虑热胀冷缩。要尽量利用管道的 L 形及 Z 形管段对热伸长的自然补偿，不足时则安装各种伸缩器加以补偿。

4.3.1.2 管道和部件

1. 管道材料和连接

(1) 管道材料

制作管道的材料一般有砖、混凝土、炉渣石膏板、钢板、木板(胶合板或纤维板)、石棉板、硬聚氯乙烯板等，其中最常用的材料是钢板。连接有移动风口的管道时要用各种软管，如金属软管、塑料软管、橡胶管、帆布管等。总之，管道材料应根据使用要求和就地取材的原则选用。

(2) 管道连接

管道系统大都采用焊接或法兰连接。为保证法兰连接的密封性，法兰间应加衬垫，衬垫厚度为 3～5 mm，垫片应与法兰齐平，不得凹入管内。衬垫材料随输送气体性质和温度不同而不同。

2. 管道系统部件

(1) 异形管件

管道系统的异形管件包括弯头、三通、变径管等。异形管件产生的局部压力损失在管道系统总压力损失中所占的比例较大。为了减少系统的局部压力损失，异形管件的制作和安装应符合设计规范要求。弯头的曲率半径可按管径的 1～1.5 倍设计；三通的夹角宜采用 15°～45°；变径管（渐缩管和渐扩管）的扩散角一般不大于 15°。对于除尘系统，为防止含尘气流改向时对异形管件的磨损，其弯头、三通的迎风面管壁厚度可按其管壁厚度的 1.5～2 倍设计，亦可采用耐磨材料衬垫。

（2）阀门

管道系统使用的阀门按其用途可分为调节阀门和启动阀门两类；按其控制方式可分为手动、电动、气动或远距离控制等类型。手动阀门一般用于管网系统压力平衡调节，电动阀门常用于风机启动、系统风量控制等。

对于多分支管道系统，为合理调节各分支管压力平衡，应在各分支管上装设调节阀门；对于不同时运转的排风点连接管道，宜设置启闭切换阀，并与工艺生产设备联锁，以节约系统风量；对于排放烟囱较高、抽力较大的管道系统，宜在风机出口风管安设启闭阀，以便设备检修。管道系统阀门应设在易于操作、维修和不易积尘的位置，必要时应设操作检修平台。

（3）测孔

为了调整和检测净化系统的各项参数，管道系统必须设各种测孔，以测定风量、风压、温度、污染物浓度等。为检测净化系统排放和净化效率，需在净化装置进出口处设置测孔；为测试风机性能参数，需在风机进出口处设置测孔；对于多分支管路，为调节管网压力平衡，需在各支管上设置测孔。

测试断面应选择在气流稳定的直管段，以减少局部涡流对测定结果的影响。对于水平安装的除尘管道，不宜在其底部设测孔，以免管内积灰进入测试仪器，造成误差或引起堵塞。

（4）清灰孔

除尘管道系统中，容易产生涡流死角的部位及水平安装的管道端部应设置清灰孔或人孔，以便及时清除管内积灰，防止管道堵塞，清灰孔的大小可视清灰方式而定，孔径一般为 100～300 mm，人孔的孔径一般为 600 mm。

（5）检修平台

在设有阀门、测孔、清灰孔、人孔等需要点检和维修的管件处，当维护的操作人员难以接近时，应设置检修平台。平台结构应符合安全防护要求和功能结构强度，并配以扶梯和围栏。为便于开展测试，平台还需配置电源。

（6）管道加固筋

直径较大的管道，在制作及安装过程中，为避免发生较大变形，必须设置管道加固筋，加固筋一般采用扁钢或型钢制作。对于圆形管道，当管径＞700 mm，壁厚≤5 mm 时，均应加设横向加固筋。

（7）管道支架和吊架

管道系统应以结构合理的支架或吊架支承。选用、设计支架和吊架时，必须考虑其强度和刚度，保证管网的稳定性，避免产生过大的弯曲应力，满足管道热位移和热补偿的要求。此外,在安全可靠的前提下,尽量采用较简单的结构,以节省钢材,方便施工。

管道支架分为固定支架、活动支架和铰接支架三种。固定支架设置在管道系统不允许有任何位移的部位,以支承管道及部件,并同时承受管道系统运行时产生的轴向及横向推力;活动支架主要用于支承受管道及部件,允许管道在轴线方向有位移,但横向固定;铰接支架亦称为摇摆支架,仅承受垂直荷载,允许管道在平面上作任何方向的移动,一般布置在自由膨胀的拐弯点。其中,活动支架可分为滑动支架(对摩擦力无严格限制时采用)、滚珠支架(当要减小管道水平摩擦力时采用)以及滚柱支架(当要减小管道轴向摩擦力时采用)。当支架无法于地面安装时,亦可采用吊架。吊架一般固定在建筑梁上,因此在建筑结构设计中应预留负荷。对技术改造工程,应复核原有建筑梁的承受能力,做必要加固处理。管道吊架一般分为刚性吊架和弹簧吊架两种。刚性吊架作用与活动支架相同;弹簧吊架则设置在管道系统允许有垂直位移处,以支承管道并限制轴向位移。

4.3.1.3 管道热补偿

对于高温烟气管道系统,当烟气及周围环境温度发生变化时,管道的热胀冷缩会产生一定的应力。当此应力超过管道系统的承受极限时,就会对管道系统造成破坏。因此,对高温烟气管道系统,必须进行热补偿设计。

1. 管道热伸长计算

由于温度变化引起的管道伸缩量 Δl,可按下式计算:

$$\Delta l = \alpha(t_1 - t_2)l \tag{4-8}$$

式中:α——管材的线膨胀系数,对于普通碳素钢可取 0.012 mm/(m・℃);

l——两个固定支架间的管道长度,m;

t_1——管壁最高温度,℃;

t_2——管壁最低温度,℃。

一般取当地冬季室外采暖计算温度。

2. 管道热补偿设计

为了保证管道系统在热状态下的稳定性和安全性,减小管道热胀冷缩时所产生的应力,管道上每隔一定距离应装设固定支架及补偿装置。

管道热伸长补偿方法有自然补偿和补偿器补偿两类。自然补偿是利用管道的自然转弯管段(L形或Z形)来吸收管道热伸长形变。这类补偿方式简单,但管道变形时会产生横向位移。因此,直径为1 000 mm以上的管道不宜采用,以免管道支架所受扭力过大。补偿器补偿是高温烟气净化系统常用的补偿方式,常用的补偿器有柔性材料套管式补偿器和波形补偿器等。

4.3.2 管道系统的保温、防腐和防爆

4.3.2.1 管道系统保温

管道系统设计时,为减少输送过程中的热量损耗或防止烟气结露而影响系统正常运

行，需要对管道与设备进行保温。管道系统保温设计的主要内容包括：保温材料选择、保温层厚度计算和保温结构设计。

1. 保温材料选择

保温材料选择应符合以下基本条件：一是材料绝热性能好，导热系数低，一般应不超过 0.23 W/(m·K)，且具有较高的耐热性；二是材料孔隙率大，密度小，密度一般不超过 600 kg/m^3，具有一定的机械强度，吸水率低，不腐蚀金属；三是成本较低，便于施工安装。

保温材料种类很多，工程中常用岩棉、矿渣棉、玻璃棉、石棉、珍珠岩、蛭石、泡沫塑料以及它们的制品。矿渣棉及玻璃棉制品用于管道保温时一般采用管壳形式；有时，阀门等管件也可用毡类材料保温。

2. 保温结构设计

管道和设备保温结构由保温层和保护层两部分组成，保温结构设计直接影响着保温效果、投资费用和使用年限。保温结构设计应满足保温需要，有足够的机械强度，能处理好保温层和管道、设备的热补偿，有良好的保护层，适应安装的环境条件和防雨防潮要求，结构简单、投资低、施工简便、维护检修方便。

3. 管道和设备保温的常用结构形式有以下几种：

(1) 预制结构

在预制加工厂预制成半圆形管壳、弧形瓦或梯形瓦等，在现场用铁丝固定在管道和设备上，外加保护层。这类结构应用广泛，施工方便，外形平整，使用年限较长。

(2) 包扎结构

将保温材料制成带状或绳状，一层或几层包扎缠绕在管道和设备上，再外加保护层。

(3) 填充结构

用钢筋或扁钢作支承环，套在管道上，在支承环中间充填散状保温材料，外加保护层。这种结构常用于阀门和管件保温。

(4) 喷涂结构

将发泡状保温材料直接喷涂到管道和设备上，这种保温结构整体性好，保温效果佳，劳动强度小，适用于大面积和特殊设备保温。常用材料为聚氨酯泡沫塑料、膨胀珍珠岩、膨胀蛭石、硅酸铝纤维等。

管道设备保温，除选择良好的保温材料、保温层结构以外，须选择性能良好的保护层。常用保护材料有铝皮、镀锌铁皮、玻璃丝布、油毡玻璃纤维、高密度聚乙烯套管、铝箔玻璃布和铝箔牛皮纸等。

4. 保温层厚度计算

保温层厚度计算方法通常有：经济厚度计算法、允许最大散热损失计算、允许或指定介质表面温度法。

4.3.2.2　管道系统防腐

管道系统防腐是关系到系统正常运行和使用寿命的重要问题，尤其是含有腐蚀性气体的管道系统。管道系统防腐主要采用防腐涂料和防腐材料。开展管道系统防腐设计时，应考虑材料来源、现场加工条件及施工能力，并经经技术经济比较后确定方案。

1. 防腐涂料

防腐涂料主要由成膜物质（合成树脂、天然树脂、干性油与合成树脂改性油料），辅助成膜物质（填料、稀释剂、固化剂、增塑剂、催干剂、改进剂等）和次要成膜物质（着色颜料、防锈颜料）三个部分组成。工业和信息化部对涂料产品分类、命名和型号有统一规定，详见 GB/T 2705—2003。

采用涂料进行防腐时又可分为内防腐和外防腐两种。内防腐为管道设备和内壁施用涂料，以隔离内部腐蚀介质的腐蚀；外防腐为管道和设备外壁施用涂料，以隔离大气中腐蚀介质的腐蚀，并起到装饰作用。使用目的不同，选用涂料的要求亦不相同。

2. 防腐材料

当管道系统输送腐蚀性较强的气体介质时，可以选用防腐材料加工管道和设备。常用防腐材料有硬聚氯乙烯塑料、玻璃钢和其他复合、衬里材料。

硬聚氯乙烯塑料（硬 PVC）是在聚氯乙烯树脂中加入稳定剂、增塑剂、填料、着色剂及润滑剂等压制（或压铸）而成。其耐酸碱腐蚀性强，物理机械性能好，具有表面光滑、易于二次加工成型、施工维修方便等特点，但其使用温度较低（60 ℃以下），线性膨胀系数大。

玻璃钢是以玻璃纤维制品为增强材料，以树脂为黏结剂，经成型工艺制作而成。玻璃钢质轻、强度高、耐化学腐蚀性优良、电绝缘性好，耐温 90～180 ℃，便于加工成型。但价格较贵，施工时有气味。

除上述防腐材料外，还可选用不锈钢板、塑料复合钢板、玻璃钢/聚氯乙烯（FRP/PVC）等复合防腐材料，也可在管道和设备内衬橡胶衬里或铸石衬里。

4.3.2.3　管道系统防爆

当管道输送介质中含有可燃气体或易燃易爆粉尘时，设计管道系统时应采取以下防爆措施：

（1）加强可燃物浓度的检测与控制

为防止管道系统内可燃物浓度达到爆炸浓度，应装设必要的检测仪器，以便实时监视系统工作状态，实现自动报警。在设计系统风量时，除考虑满足净化要求外，还应校核其中的可燃物浓度，必要时加大设计风量，以保证输送气体中可燃物浓度低于爆炸浓度下限。

（2）消除火源

对可能引起爆炸的火源严格控制。如选用防爆风机，并采用直联或轴联传动方式；采用防爆型电气元件、开关、电机；物料进入系统前，先消除其中的铁屑等异物；等等。

（3）阻火与泄爆措施

设计可燃气体管道时，应使管内最低气流速度大于气体燃烧时的火焰传播速度，以防止火焰传播；为防止火焰在设备间传播，可在管道上装设内有数层金属网或砾石的阻火器；防止可燃物在管道系统的局部地点（死角）积聚，并在这些部位装设泄爆孔或泄爆门，气体管道中采用的连接水封和溢流水封也能起到一定的泄爆作用。

（4）设备密闭和厂房通风

若管道与设备密闭不良，便可能发生因空气漏入或可燃物泄漏造成燃烧或爆炸的情况。因此，必须保证设备系统的密封性。

因管道系统达到绝对密闭是不可能的，所以还必须加强厂房通风，以保证车间内可燃物浓度不致达到危险的程度。此外，对于因设备发生偶然事故或系统发生运行故障时会散发大量可燃气体的车间，应设置事故排风系统以备急需时使用。

4.4　通风机和电动机

4.4.1　通风机

4.4.1.1　通风机的分类与命名

根据作用原理、压力、制作材料及应用范围的不同，通风机有许多分类方法。根据作用原理，通风机可分为离心式、轴流式和混流式三种。按制作材料，通风机可分为钢制通风机、塑料通风机、玻璃钢通风机和不锈钢通风机等。按用途，通风机可分为排尘通风机、防腐通风机、耐温通风机、防爆通风机、锅炉引风机以及通用通风机等。

通风机的全称包括：名称、型号、机号、传动方式、旋转方向和风口位置六部分。

（1）名称

通风机的名称由三部分组成：通风机的用途或输送介质，其常用产品的用途和代号见表 4－5。

表 4－5　常用通风机产品用途、代号

用　　途	代　号		用　　途	代　号	
	汉字	简写		汉字	简写
一般通用通风换气	通用	T	矿井主体通风	矿井	K
防爆气体通风换气	防爆	B	隧道通风换气	隧道	SD
防腐气体通风换气	防腐	F	排尘通风	排尘	C
纺织工业通风换气	纺织	FZ	锅炉通风	锅通	G
船舶用通风换气	船通	CT	锅炉引风	锅引	Y

名称组成的顺序关系如下：

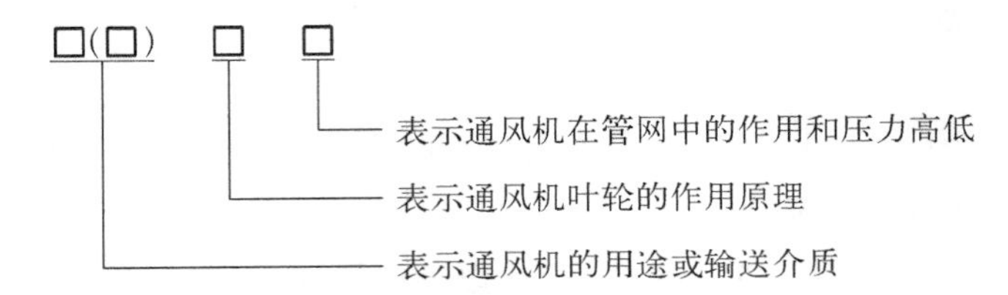

(2) 型号

以两种典型通风机为例介绍型号组成的顺序，见表 4－6 和表 4－7。

表 4－6　离心通风机型号组成顺序

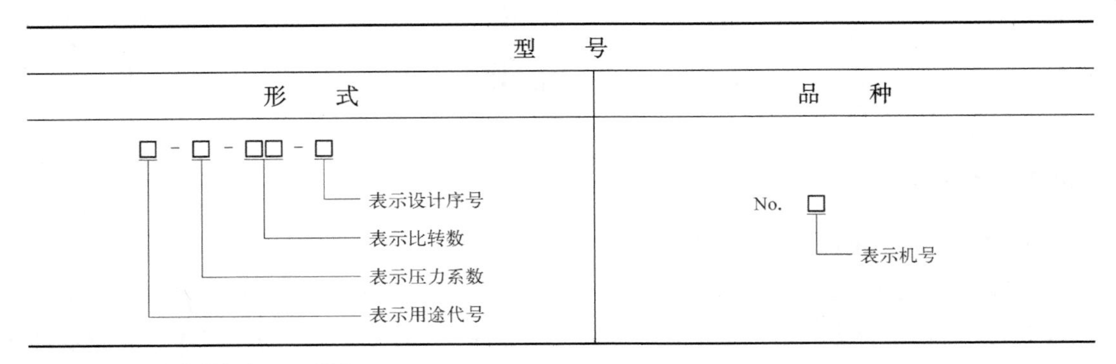

注：1. 用途代号按表 4－5 规定。
2. 压力系数采用一位整数，个别前向叶轮的压力系数大于 1.0 时，亦可用两位整数表示。若用二叶轮串联结构则用 2×压力系数表示。
3. 比转数采用两位整数表示。若用二叶轮并联结构或单叶轮双吸入结构，则用 2×比转数表示。
4. 若产品的型式中有重复代号或派生型时，则在比转数后加注序号，采用罗马数字Ⅰ、Ⅱ等表示。
5. 设计序号用阿拉伯数字“1”“2”等表示，供对该型产品有重大修改时用。若性能参数、外形尺寸、地基尺寸、易损件没有改动时，不应使用设计序号。
6. 机号用叶轮直径的分米(dm)数表示。

表 4－7　轴流通风机型号组成顺序

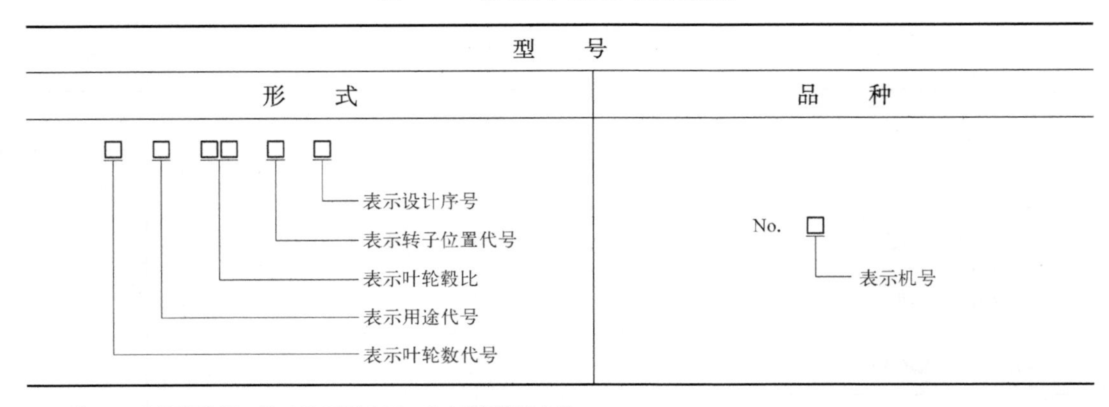

注：1. 叶轮数代号：单叶轮可不表示，双叶轮用“2”表示。
2. 用途代号按表 4－5 规定。
3. 叶轮毂比为叶轮底径与外径之比，取两位整数。
4. 转子位置代号：卧式用“A”表示，立式用“B”表示，产品无转子位置变化可不表示。
5. 若产品的型式中有重复代号或派生型时，则在设计序号前加注序号，采用罗马数字Ⅰ、Ⅱ等表示。

(3) 机号

以风机叶轮直径的分米(dm)数表示,尾数四舍五入,数字前冠以符号“No.”。

(4) 传动方式

离心通风机和轴流通风机的传动方式各有 6 种,其图示与特点见图 4－16 和表 4－8。

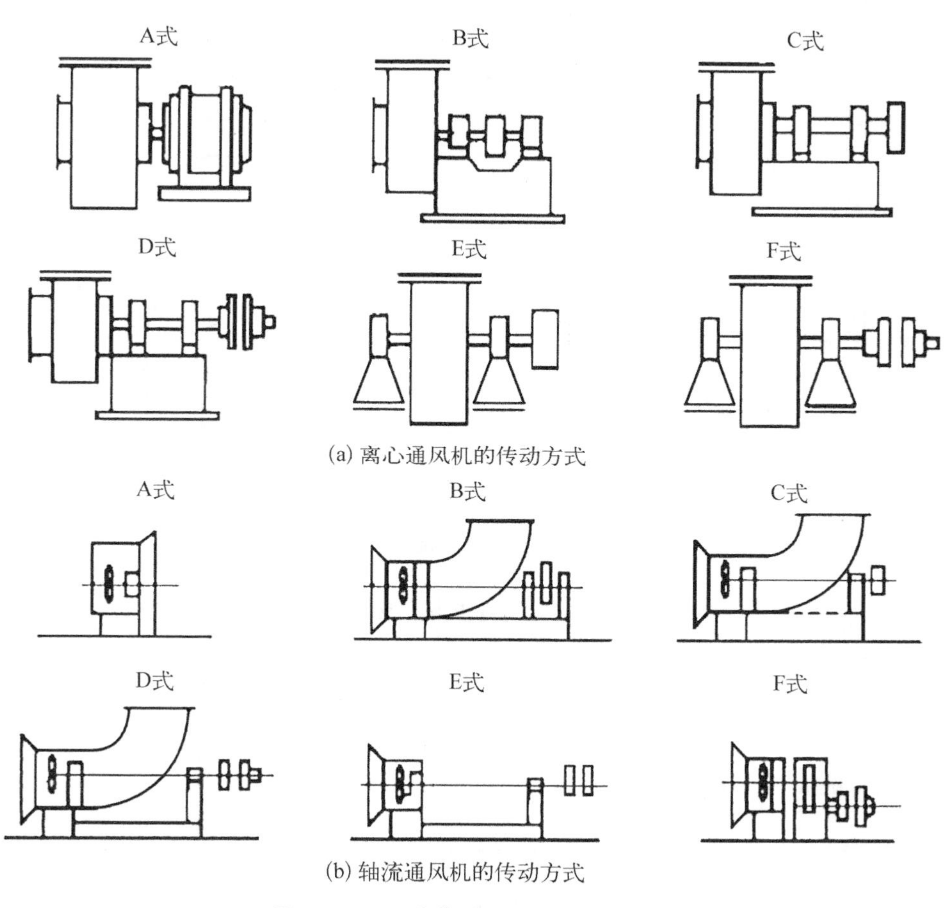

(a) 离心通风机的传动方式

(b) 轴流通风机的传动方式

图 4－16　两种典型通风机的传动方式

表 4－8　两种典型通风机的六种传动方式

类　型	A 式	B 式	C 式	D 式	E 式	F 式
离心通风机	无轴承,电机直联传动	悬臂支承,皮带轮在轴承中间	悬臂支承,皮带轮在轴承外侧	悬臂支承,联轴器传动	双支承,皮带轮在外侧	双支承,联轴器传动
轴流通风机	无轴承,电机直联传动	悬臂支承,皮带轮在轴承中间	悬臂支承,皮带轮在轴承外侧	悬臂支承,联轴器传动(有风筒)	悬臂支承,联轴器传动(无风筒)	齿轮传动

（5）旋转方向

从主轴槽轮或电动机位置看旋转方向，顺时针旋转的称“右”旋，逆时针旋转的称“左”旋。

（6）风口位置

离心通风机的风口位置以叶轮的旋转方向和出风口方向（角度）表示，基本出风口位置为8个，见图4-17，若有特殊用途可补充风口位置，见表4-9。

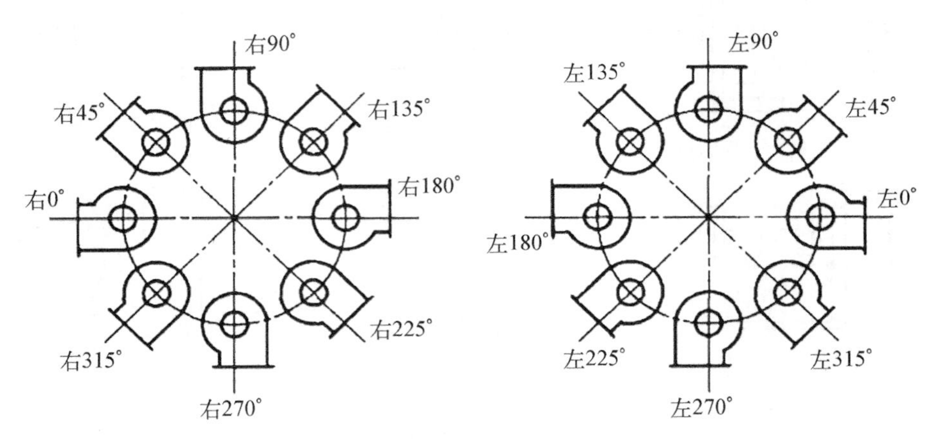

图4-17　离心通风机出风口位置

表4-9　离心通风机出风口位置

基本出风口位置(°)	0	45	90	135	180	225	270	(315)
补充出风口位置(°)	15	60	105	150	195	(240)	(285)	(330)
	30	75	120	165	210	(255)	(300)	(345)

轴流通风机的风口位置以气流入出角度表示，见图4-18。基本风口位置有4个，若有特殊用途可补充出风口位置，见表4-10。

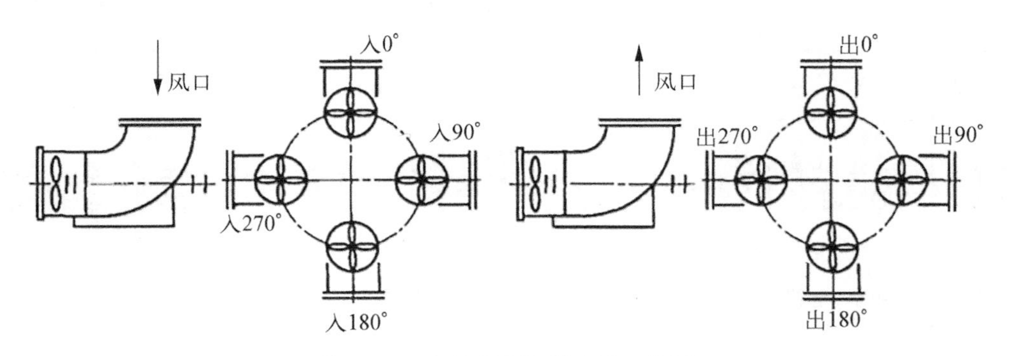

图4-18　轴流通风机进出风口位置

表 4-10 轴流通风机进出风口位置

基本出风口位置(°)	0	90	180	270
补充出风口位置(°)	45	135	225	315

4.4.1.2 通风机的选型及注意事项

1. 通风机和电动机的选择

(1) 通风机的风量

$$Q_t = k_1 k_2 Q \tag{4-9}$$

式中：Q——系统设计总风量，m^3/h；

k_1——管道系统漏风附加系数，一般通风系统 $k_1 < 1.1$，除尘系统和高温烟气系统 $k_1 = 1.1 \sim 1.15$；

k_2——设备漏风附加系数，可按有关设备样本选取。

(2) 通风机的风压

$$\Delta P_0 = (\beta_1 \Delta P + \Delta P_e)\frac{\rho_0}{\rho}\beta_2 = (\beta_1 \Delta P + \Delta P_e)\frac{TP_0}{T_0 P}\beta_2 \tag{4-10}$$

式中：ΔP——管道系统的总压力损失，Pa；

ΔP_e——设备的压力损失，Pa，可按有关设备样本选取；

β_1——管道系统压力损失的附加系数，一般通风系统 $\beta_1 = 1.1 \sim 1.15$，除尘系统和高温烟气系统 $\beta_1 = 1.1 \sim 1.20$；

β_2——通风机全压负差系数，一般可取 $\beta_2 = 1.05$(中国风机行业标准)；

T_0, P_0, ρ_0——通风机性能表中给出的空气温度(K)、压力(kPa)、密度(kg/m^3)，对于通风机，$T_0 = 293$ K，$P_0 = 101.3$ kPa，$\rho_0 = 1.2$ kg/m^3；

T, P, ρ——运行工况下通风机入口处气体的温度(K)、压力(kPa)和密度(kg/m^3)。

(3) 电动机的功率

根据计算出的 Q_t 和 ΔP_0，可按通风机产品样本中给出的性能曲线或选定的通风机型号和规格计算所需电动机的功率 N：

$$N = \frac{K \Delta P_0 Q_t}{3\,600 \times 10^3 \eta \eta_m} \tag{4-11}$$

式中：K——电动机容量安全系数，按表 4-11 选取；

η——通风机的全压效率，可从通风机样本中查得，一般为 0.6～0.9；

η_m——机械传动效率，按表 4-12 选取。

表 4-11 电动机容量安全系数

电动机功率(kW)	电动机容量安全系数 K	
	通风机	引风机
<0.5	1.5	—
0.5～1	1.4	—
1～2	1.3	—
2～5	1.2	1.3
>5	1.15	1.3

表 4-12 机械传动效率

传动方式	机械效率 η_m
直联传动	1.0
联轴器传动	0.98
三角胶带传动(滚动轴承)	0.95

2. 通风机选型注意事项

1) 应根据其输送气体的物理、化学性质(如易燃、易爆、腐蚀性、温度、含尘浓度等),选择不同用途的通风机;

2) 应尽可能使其运行工况点处于最高效率点附近,特别是对于有消声要求的通风系统,应优先选择效率高、叶轮转速低的通风机;

3) 两种机号均可选用时,最好利用无因次特性曲线来验算,确定更为合理的机号,以免造成资金和能源的浪费或通风机的实际性能达不到设计要求;

4) 当采用多台通风机联合工作时,应将通风机的特性曲线与管网的特征曲线绘制在同一坐标上,通过分析比较后决定是否可以采用并联或串联;

5) 通风机在非标准状态下的运行性能参数应进行换算;

6) 离心通风机用于输送高温烟气或高温空气时,应装设启动阀门,以防止冷态运行时过载。

4.4.2 电动机

交流电动机有同步与异步两种,同步电动机与异步电动机的主要区别在于同步电动机的转速 n 与电动机频率之间有着严格的关系,即:

$$n = \frac{60f}{P} \tag{4-12}$$

式中:n——转速,r/min;

f——电动机频率,Hz;

P——电动机的极对数。

当同步电动机的极对数和转速一定时，电动机的感应交流电动势频率也是一定的。同步电动机除主要用于发电外，还广泛应用于驱动不要求调速或功率较大的机械设备。

异步电动机是基于气隙旋转磁场与转子绕组中感应电流相互作用产生的电磁转矩，从而实现能量转换的一种交流电机，主要作驱动电动机用。它与同步电机不同，其转速和同步转速间存在一定差异(即所谓异步)，这是它产生转矩的必要条件。异步电动机具有结构简单，制造、使用和维护方便，运行可靠，质量较小及成本低等优点。三相异步电动机的质量和成本约为同功率、同转速的同步直流电动机的 1/3～1/2，它还便于派生各种防护形式，以适应不同使用环境条件的需要。异步电动机有较高的效率和较好的工作特性。

1. *异步电动机型号的表示方法*

异步电动机的产品型号由汉语拼音大写字母、国际通用符号和阿拉伯数字组成。

产品型号组成形式：

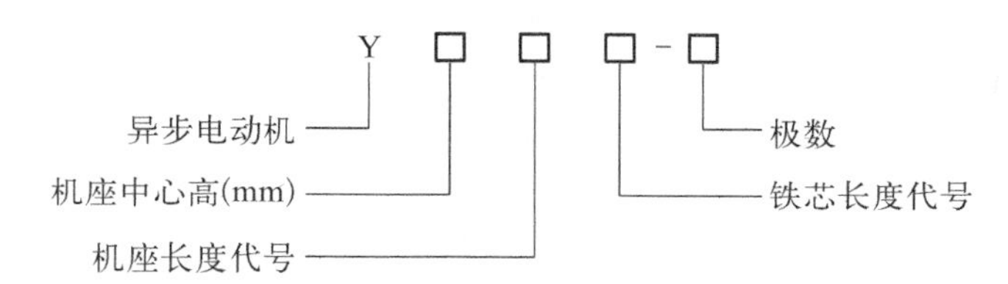

产品型号举例：$Y132S_1-2$，其中 Y 表示异步电动机，132 表示机座中心高 132 mm，S 表示短机座，下标中的 1 表示铁芯长度代号，2 表示 2 极，电机转数 $n \approx 2\,900$ r/min。

2. *异步电动机的分类*

异步电动机的系列、品种、规格繁多。按转子绕组形式，一般可分为笼型和绕线型两类。笼型转子绕组本身自成闭合回路，整个转子形成一个坚实整体，其结构简单牢固，应用最为广泛。小型异步电动机大多为笼型。绕线型异步电动机在其转子回路中通过集电环和电刷接入外加电阻，可以改善启动特性并在必要时调节转速。

异步电动机还可按其尺寸大小、防护形式、安装条件、绝缘等级和工作定额等进行分类，详见表 4 - 13。异步电动机有单相和三相两类，单相异步电动机一般为 1 kW 以下的小功率电机。异步电动机的派生和专用产品一般是按工作环境或拖动特性或特殊性能要求分类，与本专业有关的详见表 4 - 14。

表 4 - 13　三相异步电动机的主要分类

分类方式	类　别		
转子绕组形式	笼型(Y)，绕线型(YR)		
电机尺寸类型 中心高 H/mm (定子铁芯外径 D_1/mm)	大型 >630 (>1 000)	中型 355～630 (500～1 000)	小型 80～315 (120～500)

续 表

分类方式	类　别
防护形式	开启式(1P11) 防护式(1P22,1P23) 封闭式(1P44)
通风冷却方式	自冷式、自扇冷式、他扇冷式、管道通风式
安装结构形式	卧式、立式 带底脚、带凸缘
绝缘等级	E级、B级、F级、H级
工作定额	连续、断续、间歇

表 4－14　异步电动机的主要派生和专用产品

序号	产品类型	主要用途	型　号
1	防爆电动机	石油、化工、煤矿等有爆炸危险环境的作业	YA,YB,YF
2	深井泵用电动机	与长轴深井泵配套,从深井提水的作业	YLB
3	潜水异步电动机	与潜水泵或河流泵配套,潜入井下或在浅水中作业	YQS,YQSY
4	屏蔽异步电动机	原子能、化工、石油等部门,可以不泄漏地传送不含有颗粒的剧毒、易燃、放射性、腐蚀性液体的作业	YP
5	电磁调速异步电动机	用于恒转矩和风机类型设备的无级调速作业	YCT

主要派生和专用异步电动机的特点和适用范围见表 4－15。爆炸性危险场所级别详见表 4－16。

表 4－15　主要派生和专用异步电动机的特点和适用范围

序号	产品名称(代号)	性能和结构特点	适用范围
1	防爆安全型异步电动机 YA	在正常运行时不产生火花、电弧或危险温度的电动机中,采取适当措施,如降低各部分的温升限度、增强绝缘、提高导体连接可靠性以及提高对固体异物与水的防护等级等,以提高其防爆安全性	适用于 Q－2 和 Q－3 有爆炸性危险的场所
2	隔爆型异步电动机 YB	采用封闭自扇冷却式,增强外壳的机械强度,并保证组成外壳的各零部件之间的各接合面上具有一定的间隙参数;一旦电机内部爆炸,亦不致引起周围环境的爆炸性混合物爆炸	适用于石油、化工、矿井等有爆炸危险的场所

续 表

序号	产品名称(代号)	性能和结构特点	适用范围
3	防爆通风充气型异步电动机 YF	电机与通风装置组合为一个整体,在包括电机本身在内的整个系统内,连续通以不含有爆炸性混合物的新鲜空气或充以惰性(不燃性)气体,内部保持有一定的正压,以阻止爆炸性混合物从外部进入电机	适用于石油、化工、矿井等有爆炸危险的场所
4	立式深井泵用异步电动机 YLB	立式,自扇冷,空心轴,泵轴穿过电机的空心轴在顶端以键相连,带有止逆装置,不允许逆转	专用于与长轴深井泵配套,组成深井电泵,供灌溉提水用
5	井用潜水异步电动机(充水)YQS	电机外径因受井径限制,其外形细长,内腔充满清水,密闭,下部有压力调节装置,轴伸端有防砂密封装置	专用于与潜水泵配套,组成潜水电泵,潜入井下供灌溉提水用
6	屏蔽异步电动机 YP	电机较细长,定子、转子分别用屏蔽套保护,机座与接线盒间相互密封隔开,轴承为滑动式,一般用石墨制成,并以被输液的一部分作为冷却和润滑用;电机与泵组合成为一个密封整体,能在一定的压力和温度下保证无泄漏地输送液体	适用于原子能、化工、石油等部门,传送不含有颗粒的剧毒、易燃、放射性、腐蚀性液体
7	电磁调速异步电动机 YCT	由异步电动机和电磁转差离合器组合而成,通过控制器控制离合器的励磁电流来调节转速	适用于恒转矩和风机类型设备的无级调速
8	电动阀门异步电动机 YDF	适用于短时工作;机座无散热筋,无外风扇及端面出线结构,转子较细长,具有高启动转矩、低转动惯量;电机与阀门组合为一个整体	适用于电站、石油、化工等部门自动开闭输油输气管线上阀门用,以调节管道内介质流量

表 4-16 具有气体或蒸气爆炸性混合物的危险场所级别表

级别	定 义	防爆安全型	隔爆型	防爆通风充气型
Q-1	正常情况下即能形成爆炸性混合物的场所	不适用	适用	适用
Q-2	仅在不正常情况下才能形成爆炸性混合物的场所	适用	适用	适用
Q-3	即使在不正常情况下,形成爆炸性混合物的可能性也较小的场所	适用	适用	适用

3. 系列小型鼠笼转子异步电动机

目前按国家下达的节能产品推广文件,风机和水泵配用的电动机基本上全是 Y 型电动机。该系列电动机是全国统一设计的新系列产品,其功率等级和安装尺寸符合国际电工委员会(IEC)标准,适用于驱动无特殊性能要求的各种机械设备,电动机额定电压为 380 V,额定频率为 50 Hz。全系列共有 65 个规格、11 个机座号、19 个功率等级(0.55～90 kW)。该系列中的同型电动机和老产品 J0 型比较:效率提高 0.415%,启动转矩提高

30%，体积缩小 15%，质量减轻 12%。功率≤3 kW 的电动机定子绕组为 Y 接法，其他功率的电动机则为△接法（三角形接法）。电动机采用 B 级绝缘，外壳保护为 IP44，既能防护大于 1 mm 的固体异物侵入壳内，同时能防溅。冷却方式为 IC0141，即全封闭自扇冷式。

4. 异步电动机的选择

各类异步电动机的结构相似，其基本技术要求大体相同，电动机的选择要求如下：

1) 所选电动机必须满足生产机械的要求，如速度、加速度、启动转矩、过载能力及调速特性等；

2) 按技术经济合理原则选择电动机的电压、电流种类、电动机类型及结构形式（包括冷却方式），以保证生产机械可靠运行；

3) 选择电动机应有适当的备用余量，负荷率一般取 0.8～0.9；

4) 电动机的结构必须满足使用场所的环境条件，如按温度、湿度、灰尘、雨水、燃气以及腐蚀和易燃易爆气体等因素考虑必要的保护方式，选择恰当的电动机的结构；

5) 根据企业的电网电压标准和对功率因数的要求，确定电动机的电压等级和类型；

6) 异步电动机使用地点的海拔不超过 1 000 m，环境空气温度不超过 40 ℃。

4.5 排气筒

4.5.1 排气筒（烟囱）设计中的几个问题

1. 对于设计的高排气筒（大于 200 m），若所在地区上部逆温出现频率较高时，则应按有上部逆温的扩散模式校核地面污染物浓度

实际观测表明，当混合层厚度在 760～1 065 m 之间，有上部逆温存在时，它造成的地面最大污染物浓度可能是锥型扩散的 3 倍，最大浓度可持续 2～4 h。在这种情况下，用增加排气筒高度来减小地面污染物浓度的方法是不经济的。

对于设计的中型、小型排气筒，当辐射逆温很强时，则应按熏烟型扩散模式校核地面污染物浓度。

2. 烟气抬升公式的选择也是烟囱设计的重要一环

应选择抬升公式的适用条件和设计条件相近的公式，建议采用《环境影响评价技术导则 大气环境》（HJ 2.2—2018）推荐的公式。

3. 关于气象参数的取值有两种方法

一种是取多年的平均值，另一种是取某一保证概率的值。例如，若已知排气筒高度处的风速大于 3 m/s 的概率为 80%，取 $\bar{u}=3$ m/s，就可以保证在 80%情况下污染物浓度不超过标准，而平均地面最大浓度可能比标准要低。

4. 排气筒(烟囱)高度设计中应注意以下具体要求

1) 工矿企业点源排气筒(烟囱)高度不得低于它所从属建筑物高度的 2 倍,并且不得直接污染邻近建筑物,避免烟流受建筑物背风面涡流区的影响。

2) 由排气筒高度 H_0,在排气筒四周存在居住、工作等需要保护的建筑物群的平均高度 H_c,可计算出排气筒的设计高度 H_s:

$$H_s = H_0 + \frac{2}{3} H_c \tag{4-13}$$

3) 排放大气污染物的排气筒,其高度不得低于 15 m。

4) 对于总量控制区内的排气筒,当二氧化硫排放率超过 14 kg/h,或氮氧化物排放率超过 9 kg/h,或一氧化碳排放率超过 180 kg/h 时,排气筒高度皆必须超过 30 m。

5) 排气筒出口处烟气速度不得小于按下式计算出的风速 u_c 的 1.5 倍,以避免烟囱本身引起的下洗现象:

$$u_c = \bar{u}(2.303)^{1/K} / \Gamma\left(1 + \frac{1}{K}\right) \tag{4-14}$$

$$K = 0.74 + 0.19\,\bar{u} \tag{4-15}$$

式中:$\bar{u}$——排气筒出口高度处环境多年平均风速,m/s;

K——韦伯斜率;

$\Gamma(\lambda)$——Γ 函数,$\lambda = 1 + 1/K$,可按《制定地方大气污染物排放标准的技术方法》(GB/T 3840—1991)附录查算。

6) 排气筒高度应比主厂房最高点高出 3 m 以上。

7) 为了获得较高的烟气抬升高度,排气筒出口烟气速度 v_s 宜为 20~30 m/s,排烟温度也不宜过低。例如,排烟温度在 100~200 ℃之间,$\bar{u}$ =5 m/s 时,排烟温度每升高 1 ℃,烟气抬升高度便需增加 1.5 m 左右,可见影响很显著。

8) 分散的排气筒不利于产生较高的抬升高度。当需设几个排气筒时,应尽量采用多管集合排气筒。

总之,排气筒设计时必须考虑到多种因素的影响,权衡利弊,才能得到较合理的设计方案。

4.5.2 排气筒(烟囱)相关技术标准与规范

1. 排气筒的极限状态设计

排气筒结构及其附属构件的极限状态设计,应包括下列内容:

1) 排气筒结构或附属构件达到最大承载力,如发生强度破坏、局部或整体失稳以及因过度变形而不适于继续承载的承载能力极限状态。

2) 排气筒结构或附属构件达到正常使用规定的限值,如达到变形、裂缝和最高受热温度等规定限值的正常使用极限状态。

对于承载能力极限状态，应根据不同的设计状况分别进行基本组合和地震组合设计。对于正常使用极限状态，应分别按作用效应的标准组合、频遇组合和准永久组合进行设计。

设计排气筒时，应根据使用条件、排气筒高度、材料供应及施工条件等因素，确定采用砖排气筒、钢筋混凝土排气筒或钢排气筒。下列情况不应采用砖排气筒：

1）高度大于 60 m 的排气筒；

2）抗震设防烈度为 9 度地区的排气筒；

3）抗震设防烈度为 8 度时，Ⅲ、Ⅳ类场地的排气筒。

2. 排气筒内衬的设置

1）砖排气筒应符合下列规定：

a. 当烟气温度大于 400 ℃时，内衬应沿筒壁全高设置；

b. 当烟气温度小于或等于 400 ℃时，内衬可在筒壁下部局部设置，其最低设置高度应超过烟道孔顶，超过高度不宜小于孔高的 1/2。

2）钢筋混凝土单筒排气筒的内衬宜沿筒壁全高设置。

3）当筒壁温度符合《烟囱工程技术标准》(GB 50051—2021)中的温度限值且满足防腐蚀要求时，钢排气筒可不设置内衬。但当筒壁温度较高时，应采取防烫伤措施。

4）内衬厚度应由温度计算确定，但烟道进口处一节或地下烟道基础内部分的厚度不应小于 200 mm 或一砖。其他各节不应小于 100 mm 或半砖。内衬各节的搭接长度不应小于 300 mm 或六皮砖。

3. 隔热层的构造

1）采用砖砌内衬、空气隔热层时，厚度宜为 50 mm，同时应在内衬靠筒壁一侧按竖向间距 1 m、环向间距为 500 mm 处挑出顶砖，顶砖与筒壁间应留 10 mm 缝隙。

2）填料隔热层的厚度宜在 80～200 mm，同时应在内衬上设置间距为 1.5～2.5 m 整圈防沉带，防沉带与筒壁之间应留出 10 mm 的温度缝。

4. 排气筒外表面爬梯

1）爬梯应离地面 2.5 m 处开始设置，并应直至排气筒顶端；

2）爬梯应设在常年主导风向的上风向；

3）排气筒高度大于 40 m 时，应在爬梯上设置活动休息板，其间隔不应超过 30 m；

4）排气筒爬梯应设置安全防护围栏。

5. 排气筒的外部检修平台

1）排气筒高度小于 60 m 时，无特殊要求可不设置；

2）排气筒高度为 60～100 m 时，可仅在顶部设置；

3）排气筒高度大于 100 m 时，可在中部适当增设平台；

4）当设置航空障碍灯时，若检修平台可与障碍灯维护平台共用，可不再单独设置检修平台；

5）排气筒平台应设置高度不低于 1.1 m 的安全护栏和不低于 100 mm 的脚部挡板。

6. 排气筒筒壁的计算截面位置

1）水平截面应取筒壁各节的底截面；

2）垂直截面可取各节底部单位高度的截面。

在荷载的标准组合效应作用下，钢筋混凝土排气筒、钢结构排气筒和玻璃钢排气筒任意高度的水平位移不应大于该点离地高度的 1/100，砖排气筒不应大于 1/300。

7. 排气筒筒壁和基础的受热温度

1）烧结普通黏土砖筒壁的最高受热温度不应超过 400 ℃；

2）钢筋混凝土筒壁和基础以及素混凝土基础的最高受热温度不应超过 150 ℃；

3）非耐热钢排气筒筒壁的最高受热温度应符合表 4－17 的规定。

表 4－17　非耐热钢排气筒筒壁的最高受热温度

钢　　材	最高受热温度(℃)	备　　注
碳素结构钢	250	用于沸腾钢
	350	用于镇静钢
低合金结构钢和可焊接低合金耐候钢	400	—

本章参考文献

[1] 郝吉明，马广大，王书肖.大气污染控制工程(第三版)[M].北京：高等教育出版社，2010.
[2] 马广大.大气污染控制技术手册[M].北京：化学工业出版社，2010.
[3] 蒋文举.大气污染控制工程[M].北京：高等教育出版社，2006.
[4] VOCs 废气收集与末端治理技术指南[S].北京：中国环境出版社，2021.
[5] 赵睿.石油化工液体物料罐区 VOCs 收集技术探讨[J].石油化工安全环保技术，2017(6)：67－70＋1.
[6] 王郑，吴新团，杨爱萍.火炬水封罐水封高度设置的分析及应用[J].石油工程建设，2021(6)：87－89.

第 5 章
VOCs 污染末端治理技术——回收技术

末端治理是目前主流的 VOCs 治理技术，主要分为：回收技术（冷凝、膜分离、吸附、吸收）和销毁技术（生物处理、热力燃烧、催化燃烧、低温等离子体及联合处理等方法）。国内外不同的 VOCs 治理技术在市场上所占比例如图 5－1 所示，吸附、催化燃烧及生物处理等技术在国内外都占有较高的市场占比。本章着重对四种回收技术的原理、工艺设备及技术特点等内容进行讲解。

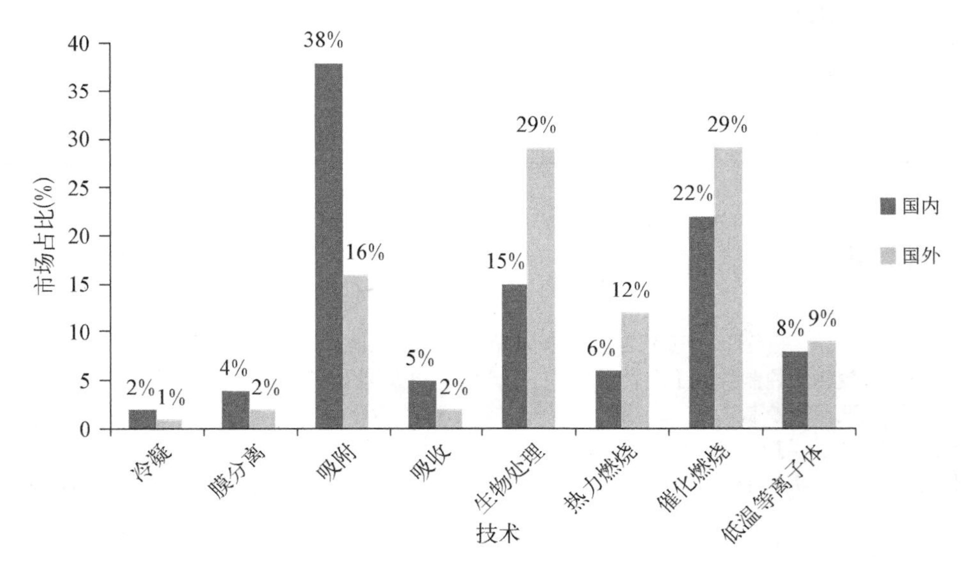

图 5－1　不同 VOCs 治理技术的市场占比

5.1　吸 收 技 术

吸收法是利用吸收液与有机废气的相似相溶性原理来处理有机废气，吸收效果主要取决于吸收液的吸收性能和吸收设备的结构特征，常采用沸点较高、蒸气压较低的溶剂，如柴油、煤油等，使 VOCs 从气相转移到液相中，然后对吸收液进行解吸处理，回收其中的 VOCs，同时使溶剂得以回用。吸收分离是一种传统而重要的混合物分离方法。有机废气的吸收净化法早已开展应用，其在石油化工业的应用较为成熟、广泛，但由于对吸收液的要求比较严格，并且饱和吸收液需要再处理，增加了成本，操作也较烦琐，有机废气吸收回收装置的开发与应用在一定程度上受到限制。本节将主要介绍该方面的工艺与应用。

5.1.1　原理

吸收法采用低挥发或不挥发性溶剂作为吸收液，使废气中的有害成分被液体吸收，再利用 VOCs 分子和吸收液物理性质的差异进行分离，由于吸收质与吸收液相似相溶，VOCs 从气相转入液相，一般发生的是物理吸收过程，最终在气相和液相之间会由于彼此的分压而达到一种平衡，其溶解服从亨利定律，不能被吸收的组分保留在气相中由排气口排出。吸收液经过解吸后可循环使用，解吸出来的 VOCs 进入回收塔回收，尾气再返回吸收塔重复上述吸收过程，从而达到净化的目的，典型的吸收法工艺流程如图 5－2 和图 5－3 所示。含 VOCs 气体在吸收塔内的上升过程中，与吸收液逆流接触而被吸收，净化后的气体从塔顶排出。含有 VOCs 的吸收液通过热交换器，进入汽提塔，在高于吸收温度或低于吸收压力的条件下解吸，然后循环使用。解吸的 VOCs 气体经冷凝和气液分离后回收利用。

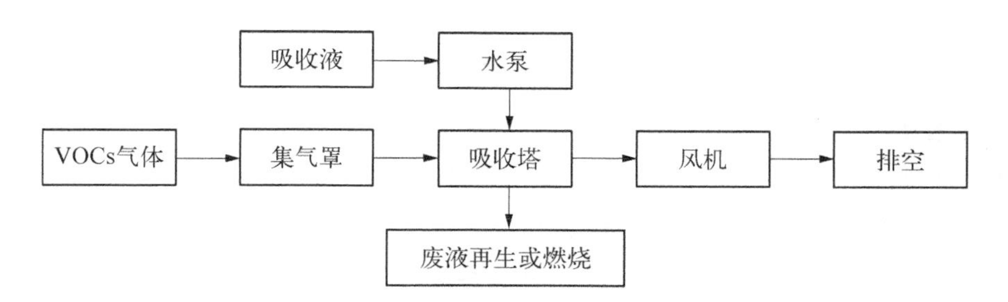

图 5－2　吸收法工艺流程图

吸收法有两种典型的工艺，即常压常温吸收法和常压冷却吸收法（低温吸收）。前者在常温下吸收、减压解吸；后者在低温下吸收、加热解吸。

1. *常温吸收法*

常温吸收法是欧洲 20 世纪 80 年代较为流行的方法，随着环保要求的提高，自 20 世纪 90 年代以来已逐渐被其他方法取代。该法是在常温常压下，利用填料塔使蒸气与从上部流下的吸收液进行对流接触，或者使吸收液从垂

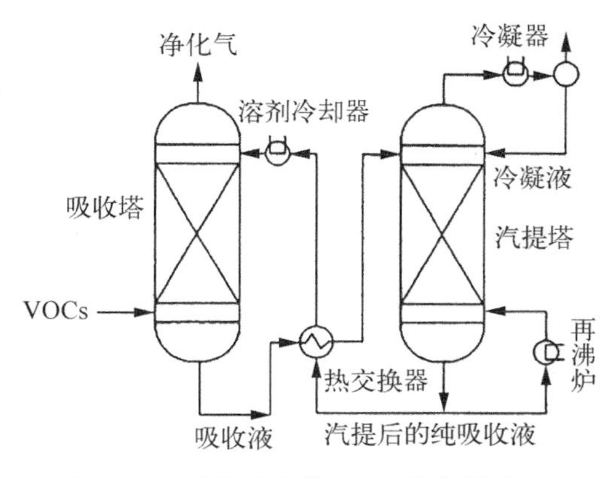

图 5－3　吸收法净化 VOCs 的典型流程

直填充有金属网的箱子上部以雾状喷出，使蒸气从流下的液膜中穿过。这种方法具有气液接触吸收率高、压力损失小、不产生静电、吸收液不发泡等特点。

常温吸收法回收装置有两种类型，一种是富吸收液再生的，该类装置可视为一个独立完整的系统，适用范围广；另一种是富吸收液送回炼油厂装置加工处理的，工艺流程如图5－4所示。油气进入油气吸收塔通过溶剂喷淋吸收，吸收后的净化气体直接排入大气，含油气的溶剂则进入真空解吸塔，所吸收的有机物经过真空泵解吸排入分离器。在分离器中，富含烃的油气被塔顶喷淋的汽油所吸收，脱吸后的溶剂通过泵打入油气吸收塔循环使用。

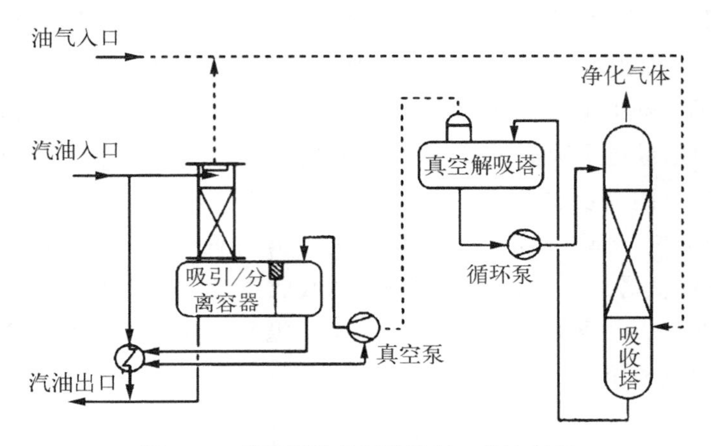

图5－4　常温吸收法回收油气工艺流程图

2. 低温吸收法

低温吸收法自1983年开发至今，在世界范围内已有不少应用，其工艺流程如图5－5所示。挥发性有机物(此处为油气)进入吸收塔，与塔顶喷淋的低温吸收液接触，大部分的有机物被吸收液吸收，吸收后的净化气体直接排入大气。排放气体中的有机物残余浓度

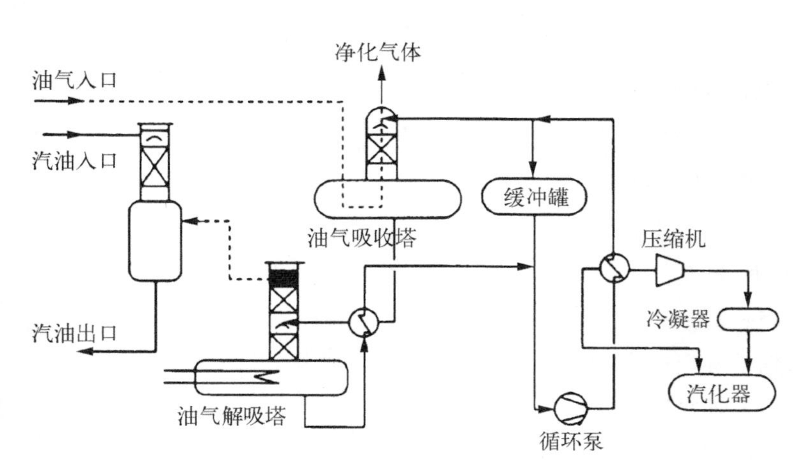

图5－5　低温吸收法回收油气工艺流程图

与吸收液的温度、液体和气体的流量有关。富含油气的吸收液进入解吸塔，通过加热将油气释放出来，进入吸收塔被塔顶喷淋的汽油所吸收。解吸后的吸收液经冷却后循环使用。装置中设有冷冻系统和加热系统，能够满足吸收液冷却和解吸的需要。

5.1.2　吸收液与吸收装置

5.1.2.1　吸收液

VOCs 污染气吸收处理过程最关键的是吸收液的选择，其选择一般考虑如下因素：对气体溶解度大；低黏度；饱和蒸气压低，挥发性小；低熔点，高沸点，化学稳定性好，无毒无害不易燃；价格便宜，对设备无腐蚀。实际应用过程中任何一种吸收液不可能同时达到以上要求，所以多根据实际使用情况，优化筛选合适的吸收液。

吸收液必须对被去除的 VOCs 有较大的溶解性，同时，如果需回收有用的 VOCs 组分，则回收组分不得和其他组分互溶；吸收液的蒸气压必须足够低，如果净化过的气体被排放到大气环境，吸收液的排放量必须降到最低；在较高的温度或较低的压力下，被吸收的 VOCs 必须容易从吸收液中分离出来，并且吸收液的蒸气压必须低于不污染被回收的 VOCs 所需的蒸气压；吸收液在吸收塔和汽提塔的运行条件下必须具有较好的化学稳定性且无毒无害；吸收液的摩尔质量要尽可能低(同时需考虑低吸收液蒸气压的要求)，以使其吸收能力最大化。

吸收液的再生与重复利用，不仅可以减少使用量，降低操作运行成本，还可回收废气中有价值组分，这也是吸收法净化 VOCs 废气需考虑的重要问题，目前吸收液的再生与重复利用通常采取加热蒸馏、曝气吹脱、生物降解等方法。

5.1.2.2　吸收装置

用于 VOCs 净化的吸收装置，多数为气液相反应器，一般要求气液有效接触面积大，气液湍流程度高，设备的压力损失小，易于操作和维修。目前工业上常用的气液吸收装置有喷洒塔、填料塔、板式塔、鼓泡塔等。其中，喷洒塔、填料塔中的气相是连续相的，而液相是分散相的，其特点是相界面积大，所需液气比亦较大。在板式塔、鼓泡塔中，液相是连续相的而气相是分散相的。VOCs 吸收净化的过程中，通常污染物浓度相对较低、气体量大，因而选用气相为连续相、湍流程度较高、相界面大的填料塔、湍球塔等较为合适。填料塔的气液接触时间、液气比均可在较大范围内调节，且结构简单，因而在 VOCs 吸收净化中应用较广。下面简要讨论填料塔和超重力旋转填料床的设计。

1. 填料塔

填料塔的结构示意如图 5 - 6 所示。填料塔中，吸收液从塔顶进入，经塔顶喷头均匀向下喷洒；VOCs 气

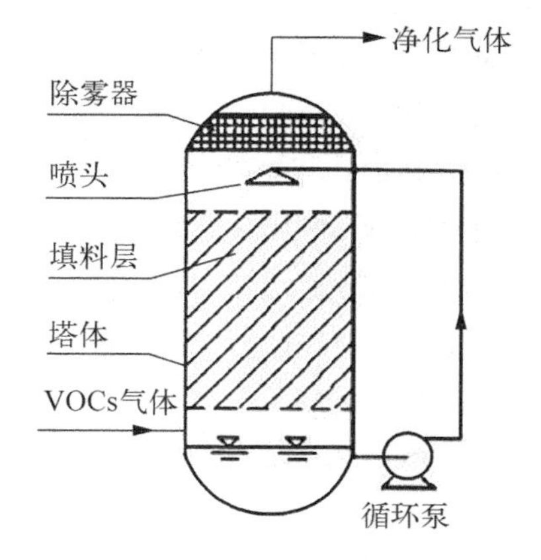

图 5 - 6　填料塔示意图

体由塔底进入，自下而上通过填料层，并与喷淋而下的吸收液逆流接触。气液两相在润湿的填料表面密切接触、充分传质，通过各种物理化学作用，VOCs 气体中的污染物被吸收净化。

（1）填料

填料作为填料塔内气液两相接触、传质的载体，其性能的优劣直接决定了填料塔的气液传质效果。常见填料可分为散堆填料和规整填料两大类。散堆填料是具有一定外形结构的颗粒体，主要包括环形填料、鞍形填料、环鞍形填料及球形填料等。规整填料以金属丝网波纹规整填料和金属板波纹规整填料为代表，是一类具有规则几何形状且堆砌较为整齐的填料，相比散堆填料，规整填料在传质性能方面更有优势。在相同操作条件下，丝网填料床的传质性能最优，新型板式填料床的传质性能与丝网填料床相差不大，而压降值顺序始终为丝网填料床＞鲍尔环填料床＞新型板式填料床。在废气治理方面，较为典型的是以水为吸收液，采用填充有刺孔波纹填料 CB250Y 与规整不锈钢丝网波纹填料 BX500 的“两级吸收-两级除雾”填料塔回收人造革生产废气中的 DMF。结果显示“两级吸收-两级除雾”填料塔对废气中 PVF（聚乙烯醇缩甲醛）回收率达到 95%，经吸收净化后，废气中 DMF 浓度小于 40 mg/m^3，可稳定达标排放。Guillerm 等分别通过拉西环散堆填料塔、IMTP 散堆填料塔与 FLEXIPAC 规整填料塔比较分析 PDMS 5 与 PDMS 50 对于甲苯废气的吸收净化效率。结果显示：FLEXIPAC 规整填料的传质性能优于 IMTP，FLEXIPAC 规整填料塔的气液传质效率最高，2 种 PDMS 吸收液对甲苯废气的吸收净化效率均未达到 100%。

（2）液气比

液气比既是重要的操作参数，也是重要的设计参数。它影响操作条件下的气液平衡（即操作曲线的斜率），也影响吸收过程的经济性。下面结合含甲苯尾气的净化，说明液气比的确定方法。

欲用吸收法净化尾气中的甲苯，已知甲苯的初始含量为 5×10^{-3} mg/L，尾气流量为 1 000 m^3/min，假设尾气的状态为 20 ℃和 101.325 kPa，要求去除 99%的甲苯。已知甲苯在水中的溶解度是相当低的，我们可以选择水作吸收液。对于逆流吸收塔，塔底的气相组成为甲苯 5×10^{-3} mg/L；根据净化要求，塔顶的气体中甲苯的含量不能高于 5×10^{-3} mg/L。对于液相，假设进入塔顶的吸收液为水，甲苯含量为 0；在塔底，假设气液相达到平衡，则可以算出液相中甲苯的最大浓度及吸收液的最小用量，吸收液的实际用量一般取最小用量的 1.1～1.5 倍。考虑到应使填料获得较充分的湿润及平衡，数据可能与实际有出入，吸收液实际用量往往稍大些。

（3）塔径

填料塔直径决定于气体的体积流量与空塔速度，前者由生产条件决定，后者则在设计时选定。在气体处理量一定的条件下，气速大则塔径小，又由于传质系数提高，可使填料层的总体积减小，因而设备成本可降低；气速大则阻力大，则操作成本提高。气速不能过于靠近液泛点，否则生产条件稍有波动操作便会不稳定。因此，在设计时应充分考虑填料层的压力降、液泛速度、载液气速及其他一些水力性能。正常运行时，气体流速一般控制在液泛速度的 75% 以内。液泛速度可由半经验方程计算或用关联图（图 5-7）估算。

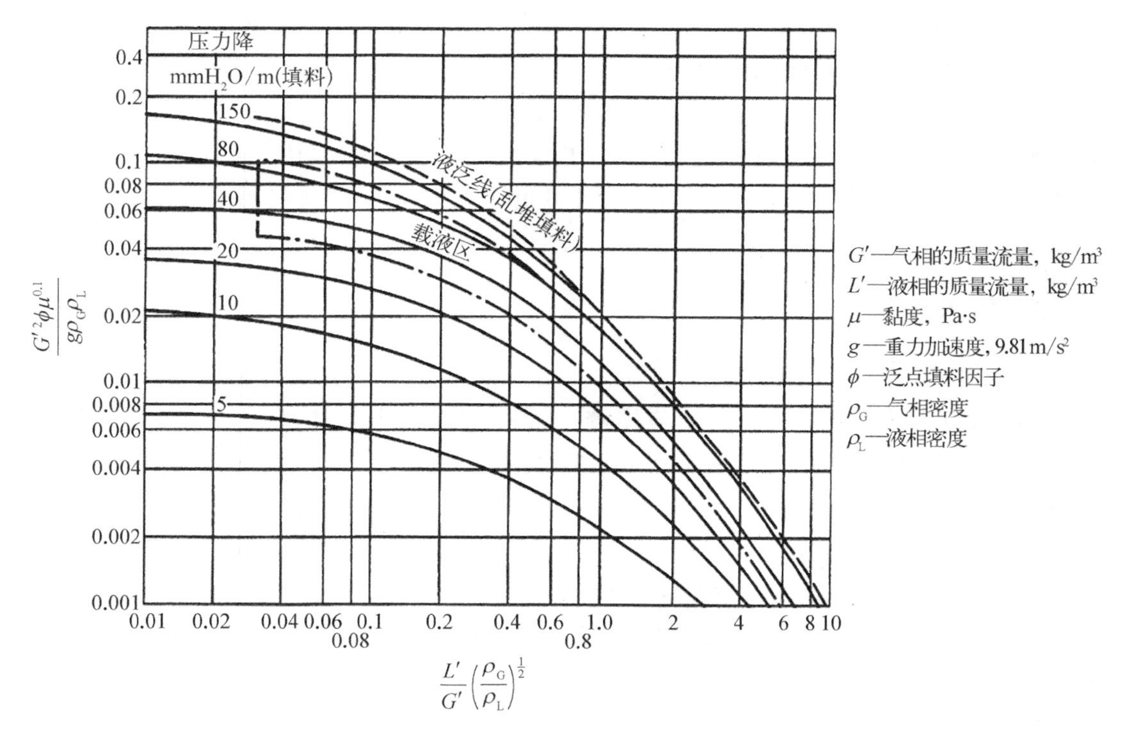

图 5-7　填料塔液泛、压力降通用关联图

（4）填料层高度

对工业用吸收塔，传质单元高度可取 1.5～1.8 m。如果算出的高度太大则要分成若干段，每段高度一般不宜超过 6 m。填料尺寸也影响填料层高度的分段。对于拉西环散堆填料，每段填料层高度可为塔径的 3 倍，对于鲍尔环及鞍形填料，每段填料层高度可为塔径的 5～6 倍。

2. 超重力旋转填料床

超重力旋转填料床的结构如图 5-8 所示。VOCs 废气从填料床边缘进入，在超重力场驱动下由外向内移。吸收液从旋转填料床中心进入，经液体分布器后均匀地喷洒至旋转填料床内表面，并在离心力作用下由内向外分散、迁移，最终从旋转填料床底部出液口排出。气液两相在

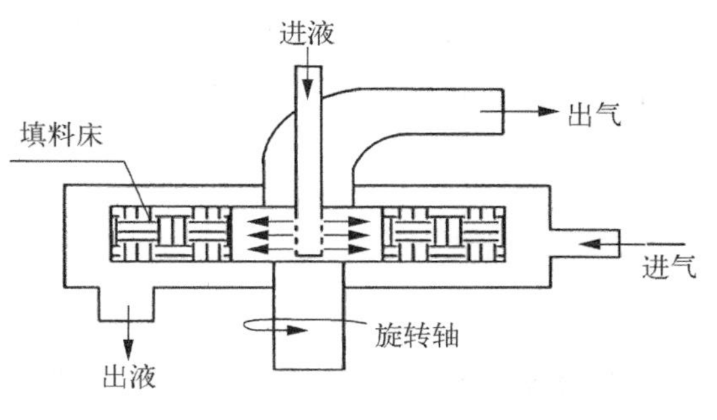

图 5-8　超重力旋转填料床结构示意图

旋转填料床上充分接触、高效传质，VOCs废气中污染物通过各种物理化学作用被吸收净化。

旋转填料床内，高速旋转的填料对液体的强大剪切作用能将液体分割成具有一定线速度的液丝、液滴和液膜，降低了液膜厚度，增大了气液接触面积，从而强化了传质过程。在VOCs废气治理领域，研究人员以水为吸收液，通过超重力旋转不锈钢丝网填料床吸收净化异丙醇、丙酮与乙酸乙酯废气。结果表明：超重力场下，气液两相的有效接触面积明显增大，旋转填料床中VOCs与吸收液的传质效率显著提高。若以水为吸收液，通过超重力旋转叶片填料床吸收净化甲醇与1-丁醇的混合废气，VOCs废气的吸收净化效率随着转速、气体流速及液体流速的增大而提高，且受进气污染物浓度的影响较小。

5.1.3 技术特点

1. 适用范围

目前，吸收法在石油化工行业应用较广，是其油气回收的主要方法之一。吸收法可适用单类及多类VOCs治理，尤其适用较高气体流速、较高浓度的污染气的处理，一般可用来处理流量范围为3 000～15 000 m^2/h、体积分数为0.05%～0.5%的VOCs废气，去除率可达到95%～98%。目前的研究多围绕吸收液配方优化、吸收装置设计、吸收工艺流程，如操作条件优化、吸收液回收等方面的工作展开。吸收法已在烟气脱硫除尘、废水废气治理、超细产品回收、超细粉体制备等行业领域得到成功应用。

2. 优缺点

该法的优点在于对处理大流量、低温高压、高浓度有机废气比较有效，而且能将污染物转化为有用产品。但吸收法仍有不足之处，由于吸收液后处理投资大，回收后的有机成分易出现二次污染。而且在处理VOCs时需要选择多种不同吸收液分别对对应的VOCs进行吸收，增加了成本与技术的复杂性，且VOCs治理多不彻底，吸收液的回收亦是难点，往往需要和其他方法联用才能达到循环治理的目的。

3. 影响因素

有机物在吸收液中的溶解度、有机废气的浓度、吸收装置的类型、液气比等均为吸收法的影响因素，任何一项发生改变都将在一定程度上影响吸收效果。

5.2 吸附技术

近年来，由于环保要求日益严格，吸附技术也得到了迅速的发展，出现了新的吸附工艺和设备。此外，吸附剂的改进，如活性炭纤维和沸石的使用，也扩大了吸附技术的应用范围，使吸附成为有机废气（溶剂）处理技术常采用的方法之一。

5.2.1　原理

吸附法的原理是利用固体吸附剂表面对气相中待分离气体组分（吸附质）的选择性吸附来达到分离的目的，可分为物理吸附过程和化学吸附过程。VOCs 气体吸附回收处理，多为物理吸附过程，一般吸附过后再通过吸附剂的脱附（变温、变压、微波、超声波等手段）来实现 VOCs 的回收。

VOCs 吸附技术是指含 VOCs 的气态混合物与多孔性固体接触，利用固体表面存在的未平衡的分子吸引力或化学键力，把混合气体中 VOCs 组分吸附在固体表面，从而使气流得到净化。

1. 吸附工艺

吸附过程常采用两个吸附器，一个吸附时，另一个脱附再生，以保证过程的连续性，经吸附器吸附后的气体可直接排出系统。吸附剂再生时，采用水蒸气作为脱附气体，水蒸气将吸附在吸附剂表面的 VOCs 脱附并带出吸附器，再通过冷凝，将 VOCs 提纯回收。脱附气体也可以进行催化燃烧处理，这就是吸附浓缩—催化燃烧工艺，此时脱附气体应为热空气。图 5－9 所示为吸附法净化 VOCs 的一般流程。

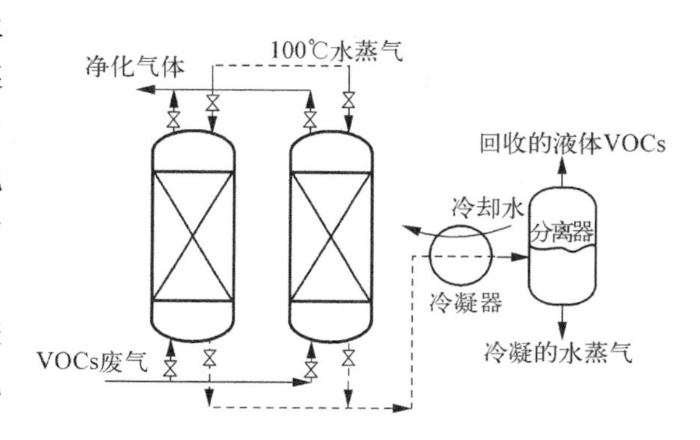

图 5－9　吸附法净化 VOCs 的一般流程图

2. 吸附—水蒸气再生—溶剂回收净化工艺

吸附—水蒸气再生—溶剂回收工艺是目前最为广泛使用的回收技术，其原理是利用粒状活性炭、活性炭纤维或沸石等吸附剂的多孔结构，将废气中的有机物捕获；当废气通过吸附床时，其中的有机物被吸附剂吸附在床层中，废气得到净化。由于吸附剂的价格较高，需要对其进行脱附再生，循环使用。当吸附剂吸附达到饱和后，通入水蒸气加热吸附床，对吸附剂进行脱附再生，有机物被吹脱放出，并与水蒸气形成蒸气混合物后一起离开吸附床。用冷凝器冷却蒸气混合物，使其冷凝为液体。若有机溶剂为水溶性的，则通过精馏将液体混合物分离提纯；若为非水溶性的，则用分离器直接分离回收 VOCs，工艺流程如图 5－10 所示。吸附—水蒸气再生—溶剂回收净化工艺是常规吸附法与溶剂回收法的组合，其特点是操作简单、效率高，适用于中低浓度、大风量的 VOCs 废气，但投资较大，水蒸气消耗大、溶剂回收成本高。

3. 吸附—水蒸气再生—溶剂回收净化新工艺

使用水蒸气进行脱附的方法是吸附回收溶剂中常用有机废气（溶剂）处理技术中水蒸

气的用量很大，因此，新的吸附—水蒸气再生—溶剂回收净化工艺提出从脱附后的水蒸气中回收冷凝热。利用脱附后的水蒸气冷凝热的能量再产生压力低一些的水蒸气，经升压后再回到脱附操作中使用。工艺流程如图 5-11 所示。

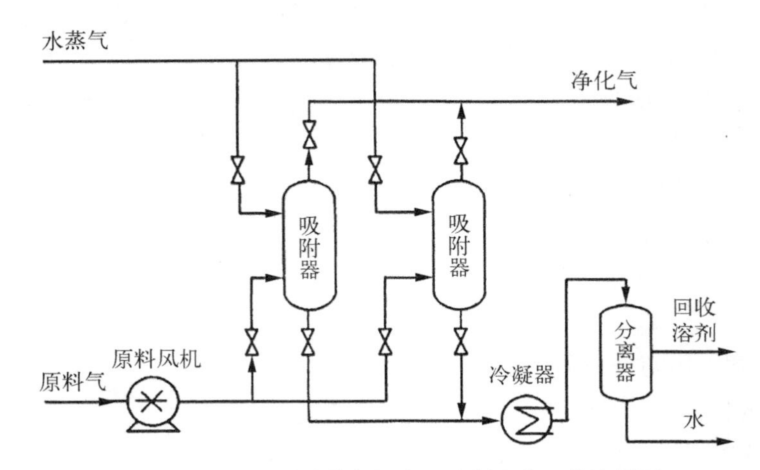

图 5-10　吸附—水蒸气再生—溶剂回收工艺流程图

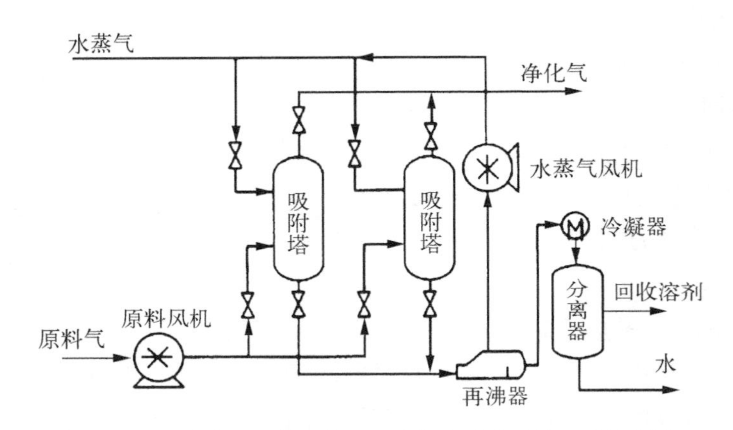

图 5-11　吸附—水蒸气再生—溶剂回收的改进工艺流程图

使用改进后的工艺，所需水蒸气的蒸发潜热大部分能够回收，扣除水蒸气升压所需的能量，还能回收很多能量。另外，为了抑制脱附时发生的醛类 VOCs 废气的氧化、分解、聚合反应，或酯类 VOCs 废气的水解反应等对温度依赖性大的溶剂的反应，在减压、低温(100 ℃以下)下用水蒸气在进行脱附的方式，称为吸附—低温水蒸气再生—溶剂回收净化新工艺，如图 5-12 所示。该工艺提出了水蒸气再生时与加压高温相反的思想，在脱附过程中采用真空泵降低压力与温度，这种方式能够提高活性炭吸附的安全性，同时也提高了回收溶剂的品质。

4. 变压吸附工艺

变压吸附(Pressure Swing Adsorption, PSA)是一种新的气体分离技术，是一种物理吸附工艺，其利用气体组分在固体吸附材料上吸附特性的差异，通过周期性的压力变化过程实现气体的分离与净化，PSA 工艺流程如图 5－13 所示。有机废气进入填料吸附塔被吸附剂吸附，没有被吸附的气体进入下一个工段。吸附有机废气以后的吸附剂通过降压抽真空将有机物解吸，使吸附剂再生。再生后的吸附剂重新去吸附废气中的有机物，循环往复。

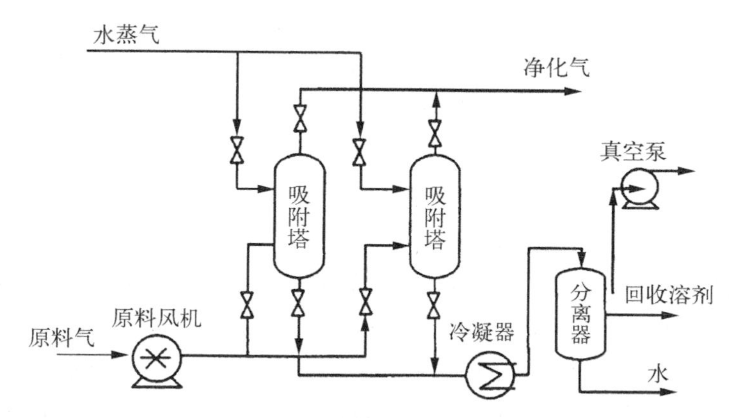

图 5－12　吸附—低温水蒸气再生—溶剂回收净化新工艺流程图

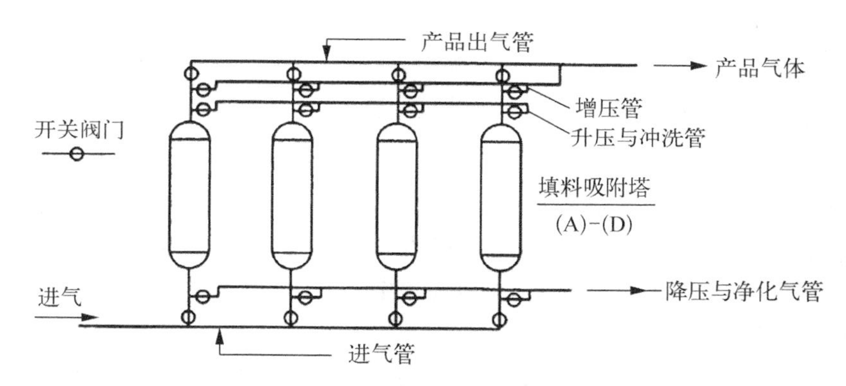

图 5－13　变压吸附工艺净化 VOCs 废气工艺流程图

PSA 装置采用四塔二均式布置，生产过程中采用 4 个相同的吸附塔在一台计算机的控制下，通过调节阀不断改变气流的流向来改变各塔的工作阶段，从而实现各塔的吸附与再生交替进行。该工艺的每个吸附塔必须经过吸附、一均降、顺向放压、二均降、逆向放压、冲洗、二均升、一均升和终充 9 个步骤，4 个塔中的步骤相互错开，组成一个吸附—解吸循环。

变压吸附工艺具有能耗低、投资少、流程简单、工艺周期短，可实现多种气体的分离，对杂质有较强的承受能力，无须复杂的预处理工序等优点。此外，其自动化程度高、回收产品纯度高、无环境污染，是各种气体分离与回收的较理想的方法，极富市场竞争力。

5.2.2 吸附剂与吸附装置

5.2.2.1 吸附剂

吸附剂是吸附法的核心，总体可分为无机吸附剂和有机吸附剂。其中，常见的无机吸附剂有活性炭、活性炭纤维、纳米碳管、分子筛、黏土、多孔硅胶等。吸附设计中为了尽可能提高吸附效率，要考虑的因素很多，对于一定的生产任务，吸附质的性质和浓度是确定的，需要考虑的因素是吸附剂的选择、吸附装置及吸附流程的选择。吸附剂的性质直接影响吸附效率，因此选择吸附剂是确定吸附操作的首要问题。吸附剂种类非常多，工业上使用的吸附剂必须满足一些基本要求。

1. 工业吸附剂的性能指标

(1) 巨大的内表面积和大孔隙率

吸附剂必须是具有高度疏松结构和巨大暴露表面的多孔物质，只有这样才具有巨大的内表面积和大孔隙率，为吸附提供更大的表面。吸附剂的有效表面包括颗粒的外表面和内表面，而内表面总是比外表面大得多，例如，硅胶的内表面高达 600 m^2/g，活性炭的内表面可高达 1 000 m^2/g。这些内部孔道通常都很小，有的宽度只有几个分子的直径大小，但数量极大，这是由吸附剂的孔隙率决定的。因此，要求吸附剂具有较大的孔隙率，除此之外，还要求吸附剂具有合适的孔隙和分布合理的孔径，以便吸附质分子能到达所有的内表面而被吸附。

(2) 良好的选择性

工业上应用吸附剂，是要对某些气体组分有选择地吸附，从而达到分离气体混合物的目的。因此，要求所选的吸附剂对所要吸附的气体具有很高的选择性。例如，活性炭吸附二氧化硫（或氨）的能力远大于吸附空气的能力，故活性炭能从空气与二氧化硫（或氨）的混合气体中优先吸附二氧化硫（或氨），从而达到净化废气的目的。

(3) 较大吸附容量

吸附剂的吸附容量是指在一定温度下，对于一定的吸附质浓度，单位质量（或体积）的吸附剂所能吸附的最大吸附质质量。影响吸附容量的因素很多，包括吸附剂的表面大小、孔隙率大小和孔径分布的合理性等，还与分子的极性及吸附剂分子官能团的性质有关。

(4) 足够的机械强度和热稳定性及化学稳定性

吸附剂是在温度、湿度和压力条件变化的情况下工作的，这就要求吸附剂有足够的机械强度和热稳定性，当其用来吸附腐蚀性气体时，还要求吸附剂有较高的化学稳定性。当用流化床吸附装置时，在流化状态下运行的吸附剂的磨损很大，因此对吸附剂的机械强度要求更高。

(5) 颗粒度适中且均匀

用于固定床时，若颗粒大而不均匀，易造成气流“短路”和气流分布不均，引起气流返混，气体在床层中停留时间变短，影响吸附分离效果。若颗粒太小，床层阻力过大，可能会在运行中将吸附剂带出吸附装置。

(6) 其他

要求吸附剂有抗毒能力，以延长其使用寿命。另外，要求吸附剂易再生和活化，且制造简便、价廉易得。

2. 常用工业吸附剂

有机废气吸附剂需要满足内表面积大、吸附性能好、化学性质稳定、不易破碎、使用寿命长、对空气阻力小等一般性能指标。此外，由于有机废气大多数属于非极性或弱极性物质，需要采用非极性吸附剂进行吸附；有机废气的吸附一般都是多组分吸附，这就要求吸附剂具有较大的孔径。另外，吸附有机废气多数情况下是以回收为目的的，因此还要求吸附剂易于脱附和再生。根据以上原则和生产实践，有机废气净化工程中常用的吸附剂有活性炭沸石分子筛、氧化铝等。

(1) 活性炭类吸附剂

活性炭是一种非极性吸附剂，具有疏水性和亲有机物的性质，它能吸附绝大部分有机气体，如苯类、醛酮类、醇类、烃类等，以及恶臭物质，因此，活性炭常被用来吸附有机溶剂和处理恶臭物质。经过活化处理的活性炭，比表面积一般可达 500～1 700 m^2/g，具有优异和广泛的吸附能力。用于 VOCs 处理的活性炭，大体上又分为颗粒活性炭、蜂窝活性炭和活性炭纤维。

颗粒活性炭是在处理 VOCs 时使用最多的活性炭，它的孔径范围大，其中绝大多数为小孔，孔径一般在 2 nm 以下，除此之外，还有少量的中孔和大孔。活性炭的孔径范围大，适用于几乎所有有机气体的吸附，即使对一些极性吸附质，仍能表现出优良的吸附能力，其在 SO_2、NO_x、Cl_2、H_2S 等有害气体治理中有着广泛的用途。为了适应一些大分子混合物的吸附处理，近些年又出现了以中孔为主的活性炭，这类活性炭在处理汽油、石油等这些含有大分子的 VOCs 混合尾气中发挥出了它独特的优势。

蜂窝活性炭是把粉末状活性炭、水溶性黏合剂、润滑剂和水等经过配料、捏合后挤制成型，再经过干燥、炭化、活化后制成的蜂窝状吸附材料。蜂窝活性炭的吸附性能基本等同于颗粒活性炭，与普通的颗粒活性炭相比，它的优点是阻力小，适合处理大风量的 VOCs 气体。

活性炭纤维是利用超细纤维如黏胶纤维丝、酚醛或腈纶纤维丝等制成毡状、布状或绳状，然后再经过高温(950 ℃以上)炭化—活化制成，比表面积达 1 000～2 500 m^2/g 的纤维。

(2) 硅胶

硅胶是一种无定形链状和网状结构的硅酸聚合物。将水玻璃(硅酸钠)溶液用无机酸处理后所得凝胶，经老化、水洗去盐，于 115～125 ℃下干燥脱水，即可得到坚硬多孔的固体颗粒硅胶。硅胶的孔径分布均匀，亲水性强，吸水时放出大量的热，使其容易破碎。硅胶是一种极性吸附剂，可以用来吸附 SO_2、NO_x 等气体，经过疏水改性的硅胶也可用来处理 VOCs 气体。

(3) 沸石分子筛

分子筛有许多孔径均匀的孔道与排列整齐的洞,这些洞由孔道连接。洞不仅提供了很大的比表面积,而且其只允许直径比其孔径小的分子进入,从而对大小及形状不同的分子进行筛分。根据孔径大小和分子比不同,分子筛有不同的型号,如3A(钾A型)、4A(钠A型)、5A(钙A型)、10X(钙X型)、13X(钠X型)、Y(钠Y型)等。

沸石分子筛的独特优势在于它可以在废气湿度较大、温度较高的条件下,仍然具有一定的吸附活性。

(4) 活性氧化铝

活性氧化铝是将含水氧化铝(如铝土矿)在严格控制的加热速率下可加热制成的具有多孔结构的活性物质。根据其晶格构造,氧化铝可分为α型和γ型,具有吸附活性的主要是γ型,尤其是含一定结晶水的γ氧化铝,吸附活性很高。活性氧化铝是一种极性吸附剂,无毒,对水的吸附容量很大,对多数气体是稳定的,浸水不易溶胀和破碎,运用于高湿度气体的吸湿和干燥。活性氧化铝机械强度好,循环使用后性能变化很小,可在移动床中使用,也常作为催化剂的载体。

3. 吸附剂再生

吸附剂吸附一定量的污染物后,净化效果开始下降,需要进行脱附再生。吸附剂的脱附方法主要有加热脱附和减压脱附两种。

(1) 加热脱附

恒压条件下,吸附剂的吸附容量随温度增加而减小。低温下进行吸附,经高温气流吹扫后脱附,这种高低温交替进行的操作过程称为变温吸附。整个过程的操作温度是周期变化的。微波脱附是加热脱附的一种改进技术,目前应用于气体分离、干燥和空气净化及废水处理等方面,是一种常用的脱附方法。

(2) 减压脱附

恒温条件下,吸附剂的吸附量是随压力升高而升高的。较高压力下进行吸附,降低压力或抽真空可使吸附剂再生,这种方法称为变压吸附。变压吸附包括吸附、过压、降压、冲洗、冲压、再吸附等阶段。减压脱附无需加热,再生时间短,但减压不均匀,因而脱附再生率低。热惰性气体脱附与低压蒸气脱附的机理是一样的。然而,对于大多数吸附剂而言,蒸气再生比惰性气体再生效率更高。

5.2.2.2 吸附器

1. 固定床吸附器

固定床吸附器是指吸附床固定不动的吸附器,有多种形式的固定床吸附器,如图5-14所示,其中图5-14(a)、图5-14(b)为立式固定床吸附器,图5-14(c)为卧式固定床吸附器。固定床吸附器的优点是结构简单、操作简便、操作弹性大。但对于单台吸附器来说,其吸附和解吸是交替运行、间歇操作的,为使气体吸附过程连续进行,一般需两台以上的吸附器交替进行作业。

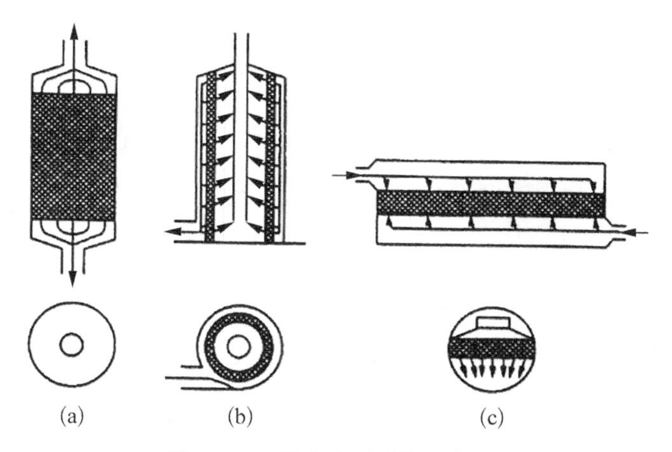

图 5 - 14　固定床吸附器示意图

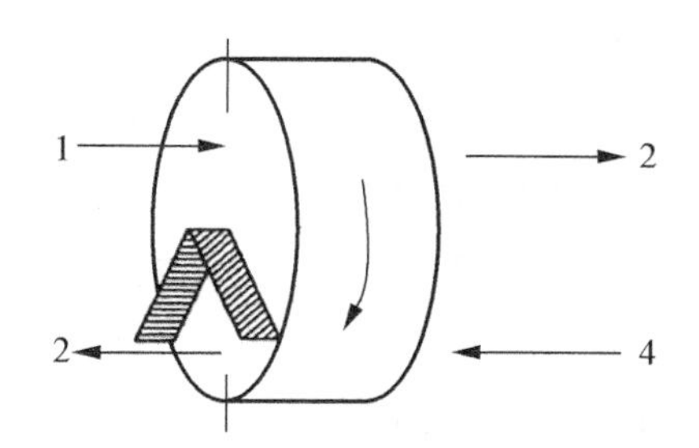

图 5 - 15　回转吸附器示意图

1. 废气；2. 净化气；3. 解析气体；4. 再生热空气

2. 回转吸附器

回转吸附器的吸附床一般为圆筒形，吸附床绕其轴缓慢回转，隔板和外壳罩固定不动，隔板将回转床吸附器分成 2 个区即吸附区与再生区。图 5 - 15 所示为回转吸附器。废气、再生用热空气从装置的侧面进入，然后由另一侧流出，这样回转吸附床在旋转过程中到达吸附区时，废气得到净化，吸附床层吸附饱和而失去吸附活性后，旋转至再生区进行吸附剂再生，使吸附剂恢复吸附能力。因此，吸附和再生过程都是连续进行的。回转吸附器适用于废气连续排放、气态污染物的浓度较大的情况，但只能处理中等气量或小气量的气体。

3. 流动床附器

流动床吸附器有多种类型，图 5 - 16 所示为其中的一种。此吸附器上部为吸附段，下部为再生段（包括预热段），废气从装置的中部进入，颗粒状吸附剂从装置的上部进入，废气与吸附剂两者呈逆流接触，每块塔板上的吸附剂呈流化状，并自上而下移动，最后进入再生段，经过热蒸气间接加热达到要求的再生温度，再生用的蒸气从再生段的下部进入，进行吸附剂的再生，从吸附剂上脱附的吸附质，从再生段中部引出，经冷凝回收。由再生段下部出来的吸附剂已恢复吸附能力，通过空气沿中心管将其再送入吸附段进行吸附操作，如此不断循环。流动床吸附器的特点是吸附和再生均在吸附装置中进行，吸附操作是连续的，且气量大小均可适用，缺点是吸附器和吸附剂的损耗较大。

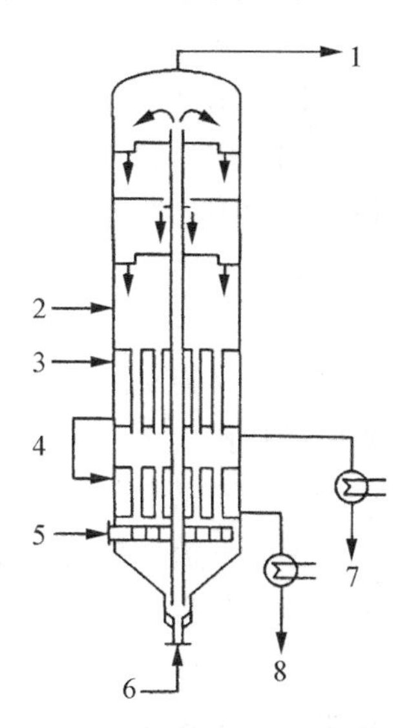

图 5 - 16　流动床吸附器示意图

1. 净化气；2. 废气；3. 过热蒸气；4. 预热段；5. 解吸蒸气；6. 输送用空气；7. 回收的有机物质；8. 冷凝水

5.2.3 技术特点

1. 适用范围

活性炭吸附法适用于大风量、低浓度、温度不高的有机废气治理，广泛应用于印刷、电子喷漆、胶黏剂等行业对苯、三甲苯、四氯化碳等有机溶剂的回收及苯类、酮类的处理。近几年来，由于环保要求日益严格，吸附技术得到了迅速的发展，出现了新的吸附工艺和设备。同时，吸附剂的改进，如活性炭纤维和沸石的使用，也扩大了吸附技术的应用范围，使吸附法成为有机废气(溶剂)处理技术的首选方法。

吸附法已广泛应用于石油化工生产部门的 VOCs 处理，利用吸附剂不断吸附、脱附的循环，使吸附净化装置长期运转。吸附法不仅可以较彻底地净化有机废气，而且在不使用高温、高压等手段下可以有效地回收有价值的有机物组分。

2. 优缺点

吸附法在 VOCs 污染控制方面具有明显的优点，能耗低、工艺成熟、去除率高、净化彻底、易于推广、设备简单、操作灵活，是有效且经济的回收技术之一，特别对于较低浓度 VOCs 的回收，吸附法更显示了其效率和成本的优势。

吸附技术的缺点是设备庞大、流程复杂、吸附剂需要再生，且当废气中有胶粒物质或其他杂质时，吸附剂易失效。

3. 影响因素

(1) 温度

操作条件中首先要考虑的是温度。吸附反应通常是放热反应，因此温度低对吸附反应有利。由于提高温度会加快化学反应的速率，因此实际操作中会适当提高系统的温度，以改善吸附速率和吸附量。

(2) 压力

吸附量与气体分压成正比，通过增加气相主体压力而提高吸附质分压的办法可以提高吸附量。但实际生产一般不设增压装置，因为这样不仅增加了能耗，还会对吸附设备和吸附操作提出更高的要求。

(3) 气流速率

增大气流速率可以提高外部扩散速度从而改善吸附速率。但若气流速率过大，不仅增加压力损失，还会因为气体与吸附剂的接触时间过短而降低吸附量。若气流速率过小，又会因设备体积庞大而使处理速度下降。因此，需要设置一个合适的气流速率，如固定床吸附器的气流速率一般控制在 0.2～0.6 m/s 之间。

(4) 流通面积与接触时间

吸附设备要有足够的气体流通面积和接触时间，以保证气流分布均匀，充分利用所有的气体接触面。如果气流中含有粉尘等杂质时，要设预处理装置除去杂质，以免污染吸附剂。

(5) VOCs 分子结构与大小

VOCs 分子的结构与大小对吸附过程有着重要的影响。当 VOCs 分子尺寸大于吸附剂孔径时，则难以被吸附；当 VOCs 分子尺寸与孔径近似相同时，则吸附剂对 VOCs 的吸附作用很强；当 VOCs 分子尺寸小于孔径时，进入孔中的 VOCs 分子增多，吸附量增大。VOCs 分子的形状也会影响吸附作用。如：对二甲苯的 2 个甲基以 180°角连接苯环，直链结构使其容易进入孔内；由于邻二甲苯和间二甲苯的 2 个甲基之间的距离大于孔隙直径，因此不能被吸附。较大的分子尺寸容易造成更强的位阻效应，因而不利于吸附的进行。当吸附质的分子动力学直径与吸附剂的有效吸附孔径相当时，吸附效果最好。表 5-1 给出了部分 VOCs 的分子动力学直径及临界直径。针对特定的目标污染物，可以选择具有特定孔径分布的吸附剂，使吸附剂与目标污染物之间的匹配关系更加良好。

表 5-1　常见 VOCs 的分子动力学直径及临界直径

VOCs 种类	分子动力学直径(nm)	临界直径(nm)	VOCs 种类	分子动力学直径(nm)	临界直径(nm)
苯	0.67	0.68	甲醇	0.43	0.44
甲苯	0.67	0.67	甲醛	0.404	—
二甲苯	0.70	0.74	丙酮	0.50	—
甲烷	0.38	0.4	乙酸乙酯	0.48	—
丙烷	0.432	0.489	正己烷	—	0.61

(6) 分子极性

VOCs 的分子极性直接影响其在吸附剂上的吸附。吸附质极性的大小可用极性指数表示，一般情况下，极性 VOCs 倾向于吸附在含极性基团的吸附剂上，而非极性 VOCs 则倾向于吸附在不含极性基团的吸附剂上。研究人员发现，木质素基活性炭纤维表面主要是疏水性的，非极性的木质素基活性炭纤维对非极性甲苯的吸附量为 169.41 mg/g，高于其对极性的甲醇或丙酮的吸附量。

(7) 沸点

吸附质在多孔吸附剂上的物理吸附过程类似于气液相变过程，沸点较高的 VOCs 与吸附剂之间的分子间作用力较强，更容易产生毛细凝聚现象，故被优先吸附。

研究人员在研究椰壳、木质活性炭对不同沸点的苯(80.1 ℃)、甲苯(110.6 ℃)、对二甲苯(136.5 ℃)的吸附过程中发现，随着 VOCs 分子沸点的升高，其饱和吸附量明显上升，其中苯的饱和吸附量仅为对二甲苯的 17%～37%。

5.3 冷凝技术

冷凝过程中，被冷凝物质仅发生物理变化而化学性质不变，故可直接回收利用。冷凝法在理论上可以达到较高的净化程度,但净化程度越高则成本越高。由于冷凝法对废气的净化程度受冷凝温度的限制,要求净化程度高或处理低浓度废气时,需要将废气冷却到很低的温度,经济性较差。因此,在大多数情况下,不单独使用冷凝法治理有机废气,而是将其作为其他处理方法的预处理工序,从降低污染物含量和减少废气体积两方面减少后续工艺的负荷,并回收有价值物质。该法适用于有机废气浓度高、温度低、风量小的工况,需要附属冷冻设备,主要应用于石油、化工、制药等行业有机废气处理。

5.3.1 原理

5.3.1.1 基本原理

物质在不同的温度和压力下具有不同的饱和蒸气压。对应于废气中有害物质的饱和蒸气压下的温度被称为该混合气体的露点温度。也就是说,在一定压力下,某气体物质开始冷凝,出现第一个液滴时的温度,即为露点温度,简称露点。因此,混合气体中有害物质的温度必须低于露点才能实现冷凝。在恒压下加热液体,液体开始出现第一个气泡时的温度可简称为泡点。冷凝温度一般在露点和泡点之间,冷凝温度越接近泡点,则净化程度越高。通常也可用压缩法使气态有害物质在临界温度和临界压力下变成液态,从而除去或回收有害物质,但由于成本较高,目前使用较少。

冷凝法的基本原理是利用 VOCs 在不同温度和不同压力下具有不同的饱和蒸气压这一性质,采用降低系统温度或提高系统压力的方式使某些组分凝结析出,使其从气态转变为液态而从气相中分离出来,从而达到净化和回收 VOCs 的目的。工程中甚至可以借助不同的冷凝温度,对不同组分进行分离。废气中空气或其他不凝性组分所占比重大,污染物组分占比小,当气体混合物中污染物组分的蒸气分压等于它在该温度下的饱和蒸气压时,废气中的污染物组分则开始凝结析出。典型的带制冷的冷凝系统工艺流程如图 5-17 所示。

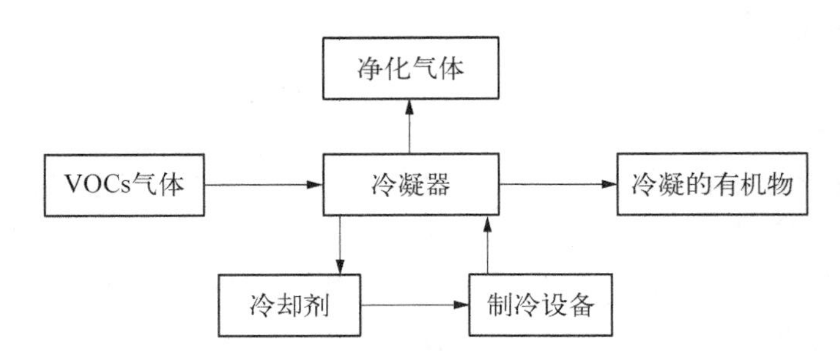

图 5-17 典型的带制冷的冷凝系统工艺流程

5.3.1.2 压缩冷凝和直接冷凝

冷凝方式有压缩冷凝和直接冷凝两种。为提高冷凝效率,直接冷凝一般采用多级连续冷却的方法降低挥发废气的温度,使之凝聚为液体分离出来。冷凝法一般按预冷、机械制冷、液氮制冷等步骤来达到所需冷凝温度。根据废气的成分、要求的回收率及最后排放到大气的尾气环保标准来确定冷凝装置出口处气体的温度值。

1. 压缩冷凝

压缩冷凝是将有机废气先经压缩系统加压后，再经过冷凝系统进行分离或回收。压缩冷凝的温度越低、压力越高，回收的效果也越好，但实施的操作成本和投资也越高。机械制冷的过程即为压缩冷凝，单级机械压缩制冷装置的工作温度范围为－35～－10 ℃；串联的机械压缩制冷装置由浅冷级和深冷级组成，其工作温度范围为－70～－40 ℃。在压缩冷凝过程中，不仅需要根据 VOCs 物理化学特性的不同，将废气通过冷凝装置冷凝回收，为提高冷凝效率，冷凝前还需要对废气中各组分进行分压核算，以此选择合适的压缩体积。压缩冷凝回收示意图如图 5－18 所示。

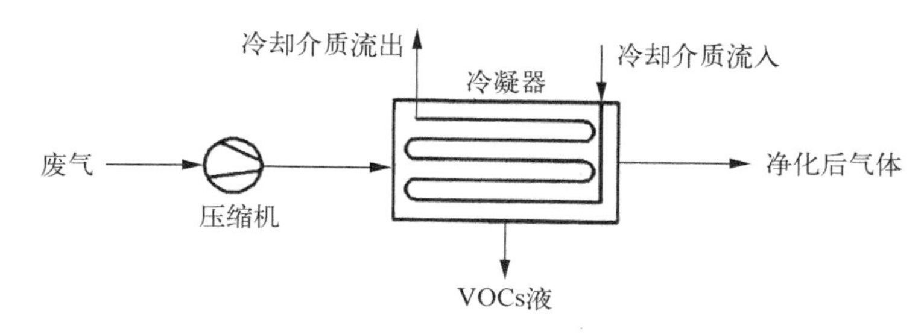

图 5－18　压缩冷凝回收示意图

2. 直接冷凝

直接冷凝法是国内外油气回收采用的主要方法之一，这种方法在低温下操作，安全性好，所用设备较少，成为近年来油气回收优选的方法之一。冷水、冷盐水、液氨等是冷凝法常采用的冷凝介质。直接冷凝法回收油气的一般工艺流程如图 5－19 所示。

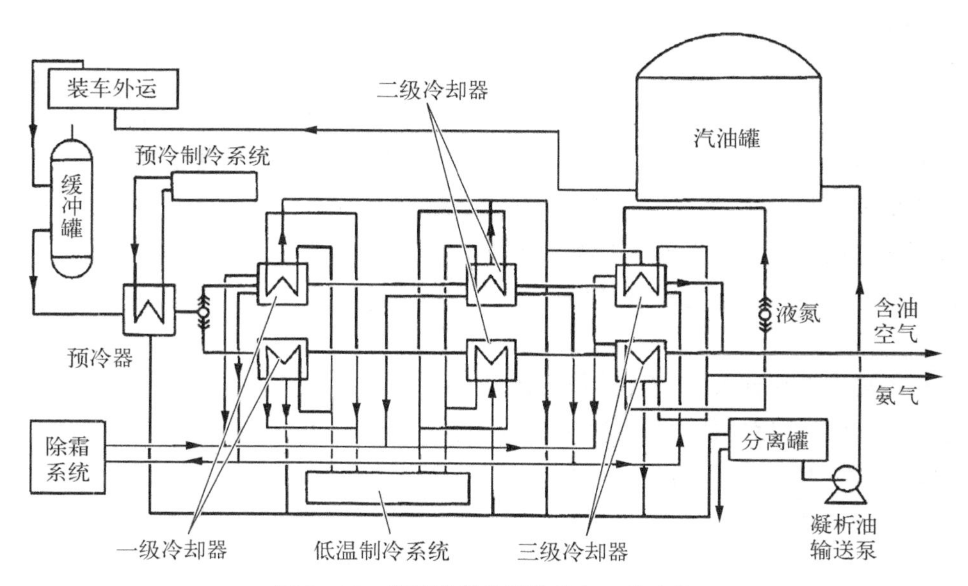

图 5－19　直接冷凝法回收油气工艺流程

在炼油厂、油库、油码头等处的储油罐会发生油品蒸发损耗，将冷凝器安装在储罐拱顶的排气口，将制冷装置安装在储罐附近地面，用管道将冷媒往返送到冷凝器带走热量，储罐中的挥发性有机物在排气口被冷凝后，在重力作用下流回储罐，如图 5－20 所示。

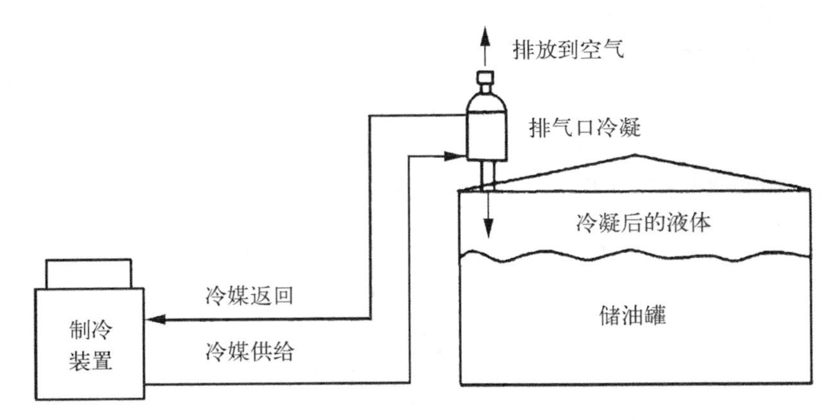

图 5－20 储油罐挥发油气的冷凝回收流程

5.3.2 冷凝装置

为获得较高回收率，VOCs 冷凝需采用深冷工艺，保持很低的操作温度，这对设备材质及保温要求严格，能耗较大。为改善这类状况，冷凝法多和其他方法联用，前半段高浓度 VOCs 回收可采用冷凝法，对于冷凝后的低浓度 VOCs 则采用吸附、吸收等方法以保证回收率及满足排放标准的要求。

1. 常见冷凝工艺

预冷器是单级冷却装置，预冷器运行温度在混合气各组分的凝固点以上，其可将进入装置的 VOCs 气体温度降到 4 ℃左右，以除去空气中的液态水，减少装置的运行能耗。挥发气离开预冷器后进入机械制冷级，机械制冷级可使大部分有机废气被冷凝为液体回收。若需要更低的冷却温度，则在机械制冷之后连接液氮制冷，可使有机废气的回收率达到 99%。用液氮制冷的深冷装置的工作温度可达－184 ℃。多级连续冷凝法在石油化工行业的油气回收中应用很广泛，流程如图 5－21 所示，其净化程度可满足世界各国排放标准的要求。

采用冷凝法净化回收 VOCs 时若要获得更高的效率，系统就需要较高的压力和较低的温度，故在实际应用中也常将冷凝系统与压缩系统结合使用(图 5－22)。同时，为了提高冷却效果，常用冷却介质直接冷却有机废气，冷却介质在冷却废气之前应先用冷冻系统将其降温至－10 ℃左右。

2. 直接冷凝装置

直接冷凝还可分为接触冷凝和表面冷凝两类。接触冷凝是冷却介质与废气直接接触进行热交换，优点是冷却效果好，设备简单，但要求废气中的组分不会与冷却介质发生化学反应，也不能互溶，否则难以分离回收。为防止二次污染，冷凝液要进一步处理。表面冷凝是使用间壁把废气与冷却介质分开，使其不互相接触，通过间壁将废气中的热量移除，使其冷却。因而冷凝下来的液体很纯，可以直接回收利用。该法设备复杂，冷却介质用量大，要求被冷却污染物中不含有微粒物或黏性物，以免在间壁上沉积影响换热。

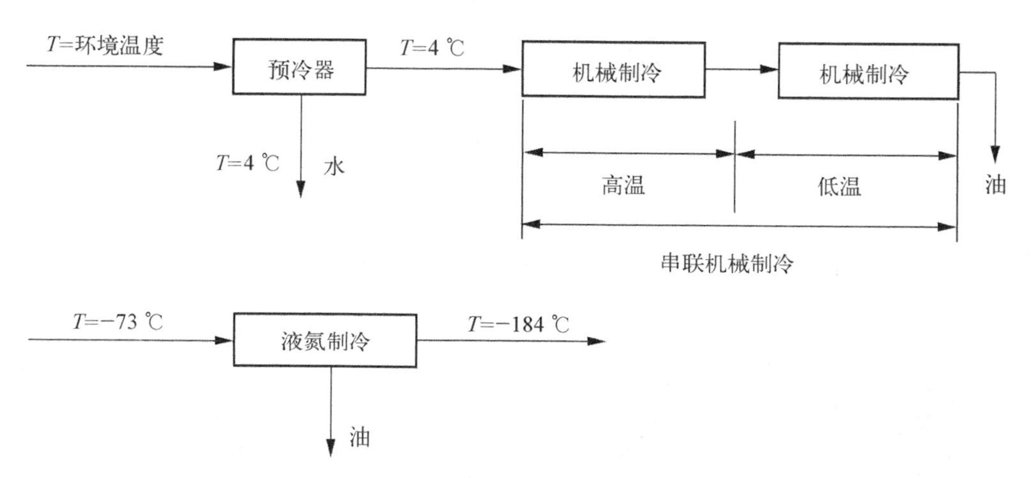

图 5－21　多级连续冷凝法回收油气流程示意图

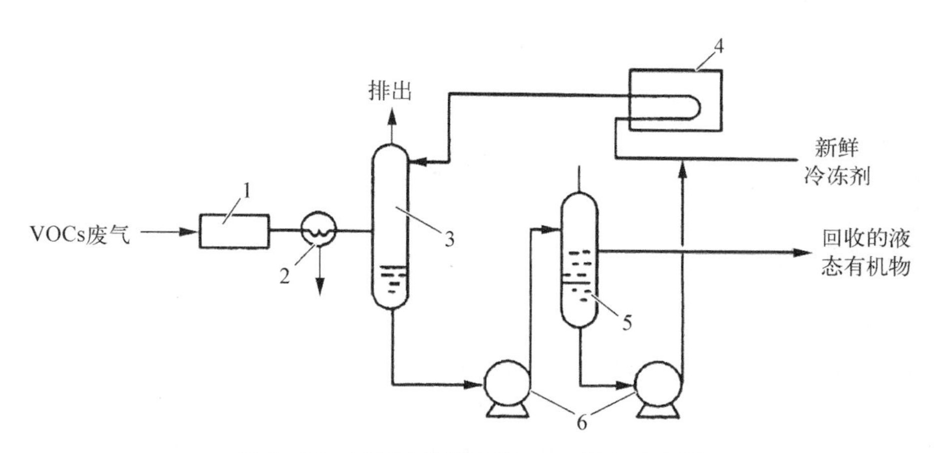

图 5－22　压缩冷凝法回收 VOCs 流程示意图

1. 压缩机；2. 冷却器；3. 冷却塔；4. 冷冻机；5. 分离塔；6. 泵

接触冷凝装置有喷射式接触冷凝器、喷淋塔、气液接触塔等，接触塔可以是填料塔、筛板塔等，典型接触冷凝装置结构如图 5－23 所示。表面冷凝装置有列管冷凝器、翅管空冷冷凝器、蛇管冷凝器和螺旋板冷凝器等，典型表面冷凝装置结构如图 5－24 所示。

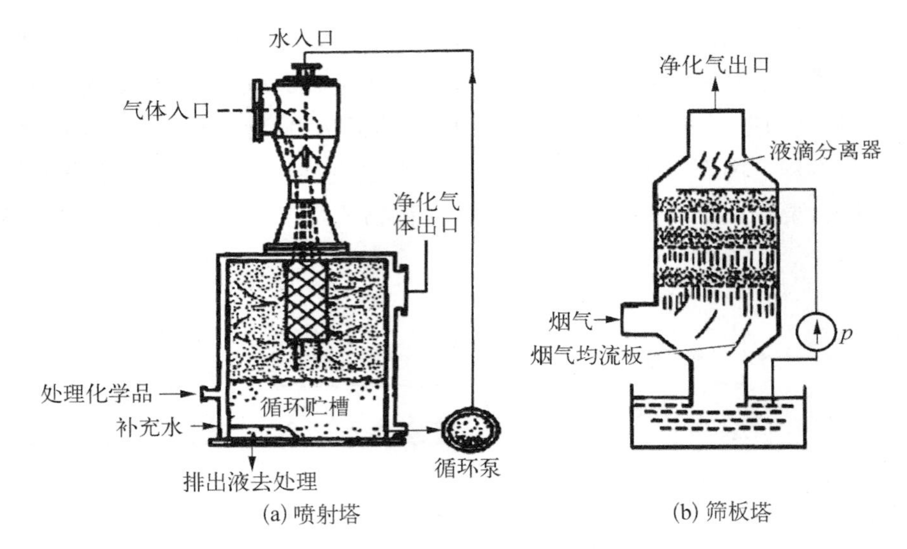

(a) 喷射塔　　(b) 筛板塔

图 5－23　典型接触冷凝装置图

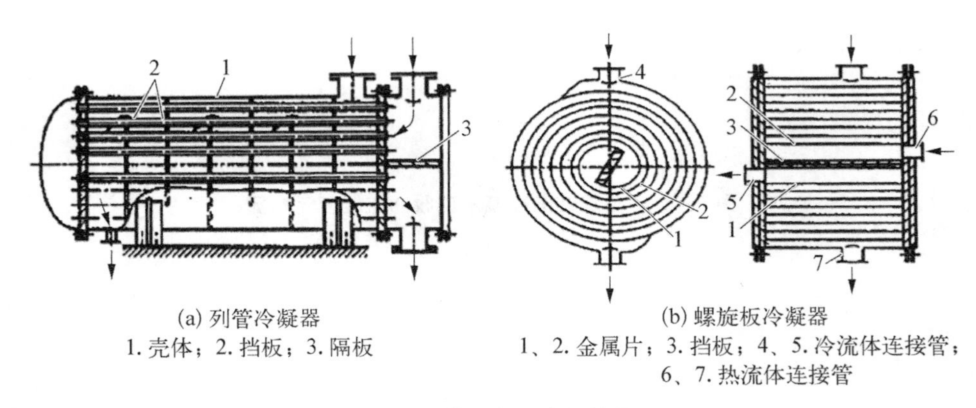
(a) 列管冷凝器
1. 壳体；2. 挡板；3. 隔板

(b) 螺旋板冷凝器
1、2. 金属片；3. 挡板；4、5. 冷流体连接管；
6、7. 热流体连接管

图 5－24　典型表面冷凝装置图

5.3.3　技术特点

1. 适用范围

根据国内外冷凝法处理有机废气的经验，冷凝法治理有机废气的适用范围具体有：

(1) 适用于高浓度和高沸点 VOCs 的回收

冷凝过程中，被冷凝物质仅发生物理变化而化学性质不变，故可直接回收利用。冷凝法常用于回收高浓度和高沸点 VOCs，主要应用于石油、化工、制药等行业有机废气处理，如焦化厂用冷凝法回收沥青烟，以消除污染。该法特别适用于处理废气体积分数在 10^{-6} 以上的有机蒸气，理论上可达到很高的净化程度，但是当体积分数低于 10^{-6} 时，如果采取进一步的冷冻措施，则运行成本将大大提高，所以冷凝法不适于处理低浓度的有机气体。对于沸点低于 60 ℃的 VOCs，冷凝去除率往往介于 80%～90%之间，该工艺通常不能达到完全冷凝回收 VOCs，需要进行二次处理。

（2）作为其他工艺过程的预处理，以减轻后续净化装置的作业负担

冷凝法运行成本较高，一般不单独采用，常作为其他方法净化高浓度废气的前处理，以降低有机负荷，提高回收率。为了提高回收、净化效率，减少能源消耗，常将冷凝法与吸附、吸收、燃烧等净化方法结合起来使用，以达到排放标准。例如，冷凝与燃烧法组合使用时，处理恶臭物质能达到 99%以上的除臭率；炼油厂、油毡厂氧化沥青尾气亦先用冷凝法回收废油后再进行燃烧净化。对于含量在 2%～40% VOCs 的废气，采用压缩冷凝和膜系统结合的工艺，可以使 VOCs 的回收率达到 95%～99%，而非深冷的压缩冷凝工艺只能回收 60%左右的 VOCs。

（3）处理含有大量水蒸气的有机废气

冷凝法能够将高湿度废气中的水蒸气冷凝，有效降低气体体积。例如，处理含高水气的臭气流，水蒸气和恶臭有机物会冷凝，一些恶臭物质还会溶于冷凝水内，可使气流体积降低 90%以上。石油化工业的石油及其产品在生产、储运、销售及应用过程当中，由于油品蒸发损耗不可避免地产生挥发性有机物气体（烃类 VOCs，通常称为油气），对油气进行回收是一种经济有效的解决办法。挪威 ABB Gas Technology AS 公司针对海洋石油开发中的浮式生产储存卸载系统（Floating Production, Storage, and Offloading, FPSO）研发了一套有机废气冷凝回收工艺，如图 5－25 所示。

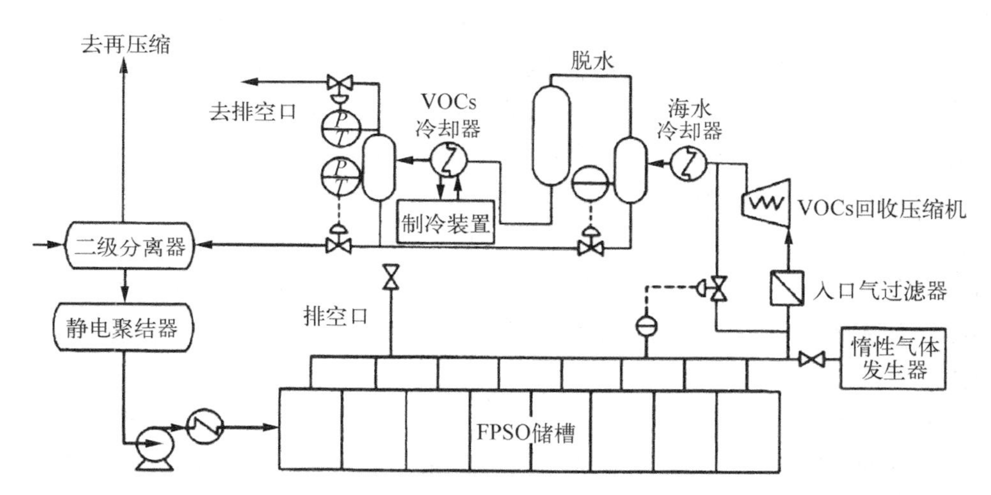

图 5－25　用于海洋石油开发中 FPSO 的 VOCs 冷凝回收工艺流程示意图

2. 优缺点

冷凝法的主要优化方向多在于制冷剂的选择开发、制冷设备结构优化、冷凝工艺优化、冷凝与其他工艺的集成耦合、驱动能源的开发等。冷凝法利用制冷降温实现 VOCs 各组分冷凝回收，即使在较低温度下，VOCs 仍存在一定饱和蒸气压，并基于回收过程中冷凝效率及能耗等考虑，VOCs 回收效率显得不足，低浓度 VOCs 治理环节成为单一冷凝法的不足之处。

在工程实际中，经常采用多级冷凝串联，第一级的冷凝温度一般设为 0 ℃，以去除从气相中冷凝的水。采用该法处理 VOCs 时的运行成本较高，且需不断除霜以免 VOCs 冻结。为达到既经济又能获得较高回收率的目的，冷凝法与吸附、吸收等过程联用可形成较为完善的净化系统，往往能够达到极高的处理效率。

3. 影响因素

影响冷凝回收效率的因素有很多，其中冷凝温度是影响冷凝效率的最主要因素，在一定条件下，冷凝温度越低，回收效率越高。对于一些低沸点、易挥发的 VOCs，加压冷凝不仅可以提高冷凝效率，还能通过增加压强来改善冷凝温度，提高成本效益。

5.4 膜分离技术

5.4.1 原理

5.4.1.1 基本原理

膜分离法是利用固体膜或液体膜作为渗透介质对废气进行分离的技术。废气中各组分由于分子量大小、荷电、化学性质等不同，渗透能力也不同，故 VOCs 不同气体分子通过高分子膜的溶解扩散速度也不同，膜分离法治理 VOCs 就是利用这一特性来实现分离，并最终达到脱除有害物质或回收有价值物质的目的。气体分子在高分子膜中的透过速度与气体的沸点有着密切的关系。一般情况下，气体沸点越高，气体分子透过速度越大，高分子膜对有机化合物的渗透速度比空气高 10～100 倍。

由于 VOCs 分子对高分子膜有很强的相互作用，用于该系统的分离膜材料应对于要分离的 VOCs 具有一定的耐受性，以防使用过程中发生溶胀而影响膜的性能。膜分离的核心部分为膜元件，常用的膜元件为平板膜、中空纤维膜和卷式膜，又可分为气体分离膜和液体分离膜。

膜分离技术是基于分离膜两边存在压力差，根据不同的气体分子通过膜的能力以及传质速率的不同来进行分离。膜两侧气体的分压差是膜分离的驱动力，只有保持膜渗透侧的气体压力低于膜进侧的气体压力，才可以实现 VOCs 透过膜的传递，压力差多通过加压或者渗透侧真空抽吸实现。在进入膜元件之前，通常需要对废气进行加压，影响其通过膜的因素主要是 VOCs 分子尺寸、分子结构、亲疏水性以及膜的结构等。

分离膜的材质不同，其分离机理也不同，通常可分为多孔膜分离机理和非多孔膜分离机理。

5.4.1.2 常见的膜分离工艺

采用膜分离技术回收处理废气中的 VOCs，具有流程简单、VOCs 回收率高、能耗低、无二次污染等优点。近十年来，随着膜材料和膜技术的不断发展，国外已有许多成功应用的范例。常用的处理有机废气的膜分离工艺包括：蒸汽渗透法和气体膜分离法。

1. 蒸汽渗透法

20 世纪 80 年代末出现的蒸汽渗透（Vapor Permeation，VP）法是一种气相分离工艺，其分离原理与渗透汽化工艺类似，依靠膜材料对进料组分的选择性来达到分离的目的。由于没有高温过程和相变的发生，VP 比渗透汽化更有效、更节能。同时，回收的挥发性有机物不会发生化学结构的变化，便于再利用。例如，德国 GKSS 研究中心开发出了一种用于回收空气中有机废气的膜，当该种膜的选择性大于 10 时，回收的挥发性有机物具有很好的经济效益，一个膜面积为 30 m^2 的组件与冷凝集成的系统，其对挥发性有机物的回收率可达到 99%。

VP 法回收过程常常与冷凝或压缩过程集成。从反应器中出来的含挥发性有机物的混合废气通过冷凝或压缩，回收部分 VOCs 返回到反应器中，余下的气体进入膜组件回收剩余的 VOCs。

VP 法常用的膜材料是 VOCs 优先透过的硅橡胶膜。二甲苯、甲苯及丙烯酸等的通量是空气的 100 倍以上，而涂有硅橡胶皮层的膜，对 VOCs 的选择性却有所下降。同时，根据实验结果进行的经济可行性分析，发现在较高 VOCs 浓度和较低通量下，VP 法比传统工艺有较大的经济可行性。

2. 气体膜分离法

气体膜分离法的基本原理是根据混合气体中各组分在压力推动下透过膜的传质速率不同而达到分离的目的。目前，气体膜分离技术已经被广泛应用于空气中富氧、浓氮及天然气的分离等场合。例如，近年来 GKSS、日东电工及 MTR 公司已经开发出多套用于 VOCs 回收的气体膜。采用 GKSS 开发的平板膜来回收在汽车加油站等的加油过程中挥发的汽油的实践应用中，当膜面积大于 12 m^2 时，汽油的回收率大于 99%。再如 X. Feng 通过相转化法制得不对称聚醚亚酰胺（PEI）膜，用于 VOCs/N_2 混合体系的分离，发现该膜对甲苯/N_2 和甲醇/N_2 体系具有很好的分离效果，渗透选择性（JV/JN）分别达到 1 024.3 和 1 147.1，远远大于硅橡胶膜的渗透选择性（分别为 46.4 和 30.4）。

R. W. Baker 等利用其团队开发出的膜，采用压缩、冷凝与气体膜分离集成系统回收废气中的 VOCs，其流程如图 5 - 26 所示。含有 VOCs 的废气经压缩后进入冷凝器，冷凝后的液体中含有大量的 VOCs，经冷凝后的气体进入膜组件进行分离，分离后的透余气中几乎不含 VOCs，可以直接排放到大气中；分离后的渗透气中富含 VOCs，将其循环至压缩机的进口。由于 VOCs 在系统中的循环，回路中 VOCs 的浓度迅速上升，当进入冷凝器的压缩气达到凝结浓度时，VOCs 会被冷凝下来。采用该工艺回收的 VOCs 包括苯、甲苯、丙酮、三氯乙烯等 20 种左右。工业生产中产生的含有机物 HCFC - 123 体积分数为 6.3% 的气体经过此装置处理后，排入大气的尾气中的 HCFC - 123 的体积分数仅为 0.01%。

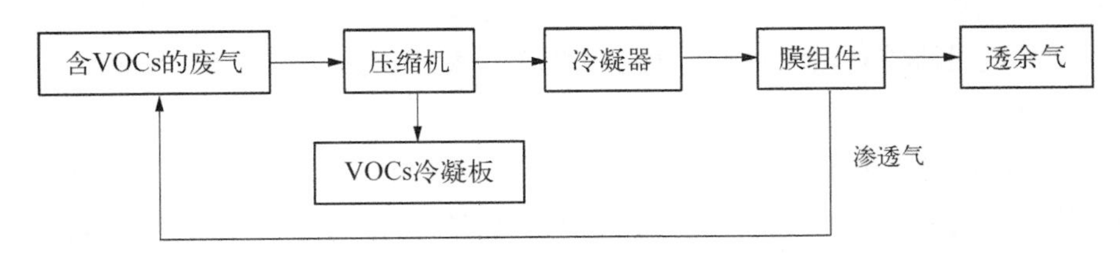

图 5-26 压缩、冷凝与气体膜分离集成系统示意图

5.4.2 膜材料与膜分离装置

5.4.2.1 气体分离膜材料

按材料的性质区分，气体分离膜材料主要有高分子材料、无机材料和复合材料三大类。

1. 高分子材料

气体分离膜高分子材料有聚酰亚胺（PI）、乙酸纤维素（CA）、聚二甲基硅氧烷（PDMS）、聚砜（PS）、聚碳酸酯（PC）等。理想的气体分离膜材料具有高透气性和透气选择性、高机械强度、较好的热和化学稳定性以及良好的成膜加工性能。透气性指在1.333 kPa标准压差下，1 s内能透过1 cm厚的膜的气体体积（cm^3）。研究表明，含氮芳香杂环聚合物兼具高透气性和透气选择性，其中尤以聚酰亚胺的综合性能最佳，这类材料机械强度高，耐化学介质，可制成高通量的自支撑型不对称中空纤维膜。另外，有机硅分离膜也具有优良的实用性。

2. 无机膜及金属材料

无机膜是通过加工无机材料制备得到的一种固态膜，按表层结构形态可分为致密膜和多孔膜。致密膜主要有各类金属及其合金膜（如Pd及Pd合金膜）等，多孔膜主要有多孔金属膜、陶瓷膜、玻璃膜、沸石膜等。与高分子膜材料相比，无机膜具有耐热性好、机械强度高、化学性质稳定、抗微生物污染性好、使用寿命长等优点，但选择性较差，加工难度大，制造成本高。

3. 有机-无机复合材料

将纳米级无机材料添加到高分子膜材料中，可制备兼具有机、无机气体分离膜优点的高性能复合膜。该复合膜材料由于没有有机纳米粒子的添加，因此对高分子聚合膜材料进行了改性，增强了复合膜的韧性，提高了膜的强度和模量，改变了膜的性能。

一般用于气体分离的高分子聚合物膜分为玻璃态和橡胶态两种，由于其渗透过程遵循溶解扩散原理，气体在聚合物的渗透系数由溶解度系数和扩散系数决定。在玻璃态的聚合物如聚砜聚酰亚胺、聚醚酰亚胺、聚丙烯腈或聚偏氟乙烯等中，气体的扩散过程是控制因素；在橡胶态的聚合物如硅橡胶、氟橡胶等中，气体的溶解过程是控制因素。气体分子首先在膜表面冷凝或溶解，然后在浓度梯度的作用下从高浓度侧向低浓度侧扩散，最后气体分子运动到膜渗透侧(低压侧)并脱附。对于 VOCs 的混合气体,橡胶态材料兼具高透气性和高选择性,同时它对 VOCs 具有优先渗透性,尤其是对易冷凝的 VOCs,优先渗透性可以避免 VOCs 在膜表面凝结、液化,进而破坏膜的完整性,因此,在 VOCs 回收或治理领域,膜材料一般都选择橡胶态材料的。

5.4.2.2　膜组件

相对于膜材料的研究而言,膜组件的研究开发已比较成熟。例如,1979 年,孟山都(Monsanto)公司研制了 Prism 气体分离装置,通过在聚砜中空纤维外表面涂敷致密的硅橡胶表层,制得高渗透率、高选择性的复合膜,并成功地将之应用在合成氨弛放气中氢回收,成为气体分离膜发展中的里程碑。我国于 20 世纪 80 年代开始研究气体分离膜及其应用,1985 年中国科学院大连化学物理研究所首次成功研制中空纤维 N_2/H_2 分离器,并投入批量生产。

气体分离膜组件中常见的有平板式、中空纤维式和卷式三种。平板式膜组件制造方便,其渗透选择层厚度仅为中空纤维膜的 1/3～1/2,缺点是膜的装填密度低。中空纤维式膜组件膜的装填密度高,如图 5－27 所示为孟山都公司 Prism 膜组件,膜装填密度是平板式的 10 倍以上,缺点是气体通过中空纤维的压力损失很大。卷式膜组件的膜装填密度介于平板式和中孔纤维式之间。目前气体膜分离中大多使用的是中空纤维式或卷式膜组件。

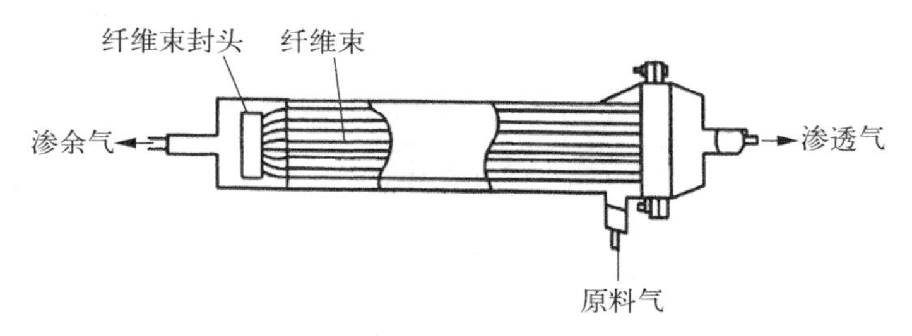

图 5－27　Prism 膜组件示意图

膜分离技术净化有机气体的工艺流程如图 5－28 所示。经过除尘、除油等预处理后的有机气体经空压机加压到表压 0.31～1.33 MPa 后进入冷凝器冷凝分离,然后通过膜分离组件进行气相分离。稀相为净化后的气体,可进一步处理或直接排放,浓相则回到加压设备的进气口与入口气流一起进一步处理。

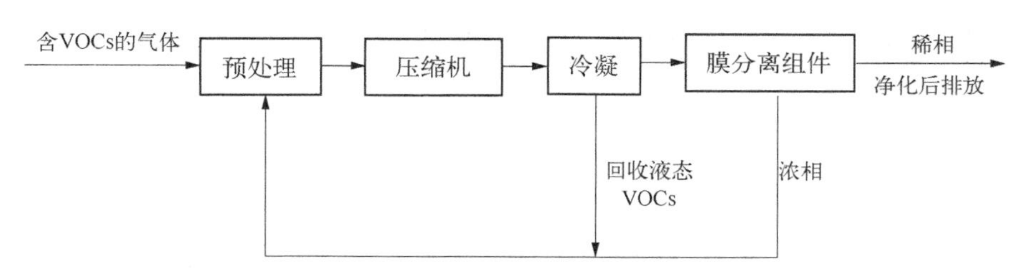

图 5－28　膜分离技术净化有机气体的工艺流程图

目前，商业化的 VOCs 膜组件有螺旋卷式膜组件和叠片式膜组件两种，如图 5－29 所示。相较于传统的螺旋卷式，叠片式的特点表现在膜组件中金属隔板将叠放的膜袋分成不等的若干部分，且整体结构及内部构件均为防静电设计，内件为导电材料。此设计不仅可以实现膜组件内无静电累计，还能够在原料侧出现短时间、少液量进入的极端情况时实现对膜组件的有效保护。叠片式膜组件主要适合于常压或低压和爆炸性 VOCs 气体的回收和达标排放。由于在分离过程中跨越爆炸极限的过程基本上发生在膜组件内部，因此，叠片式膜组件的结构适合于安全防爆的设计要求。表 5－2 列出了螺旋卷式膜组件和叠片式膜组件的结构及使用范围。

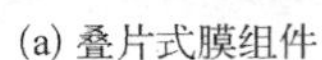

(a) 叠片式膜组件

(b) 螺旋卷式膜组件

图 5－29　叠片式膜组件和螺旋卷式膜组件

表 5－2　螺旋卷式膜组件和叠片式膜组件的结构及使用范围

组件类型	膜材料	结构特点	适用范围
螺旋卷式膜组件	VOCs 膜片	较高的装填密度和较低的成本	高压工艺 VOCs 气体的处理
叠片式膜组件	VOCs 膜片	由外壳、中心收集管、金属隔板和很多叠放的膜袋组成，可以实现防爆设计	常压或低压及爆炸性 VOCs 气体的回收

5.4.2.3　多孔膜与非多孔膜

1. 多孔膜

多孔膜具有高孔隙率结构，商业用多孔膜含有 30％～85％的孔隙空间，气体分子通过多孔膜时主要受分子平均自由程和孔径的影响，主要的微孔扩散机理有克努森扩散、黏性流表面扩散、毛细管凝聚、分子筛筛分等，其分离机理如图 5－30 所示。当 $1/\lambda>5$ 时，超过 90％的气体分子以黏性流的形式通过模孔，分离效果并不理想。

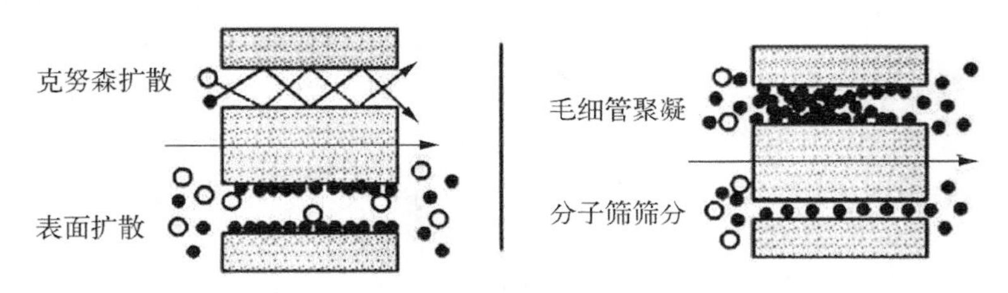

图 5－30　气体分子通过多孔膜示意图

2. 非多孔膜

非多孔膜没有孔结构，其基于溶解-扩散机理对气体进行分离，即扩散的 VOCs 被膜材料吸收，在致密聚合物中发生扩散，通过适当选择膜材料，可以选择性地从气相中提取或保留某一组分，其分离工艺及机理如图 5－31 所示。

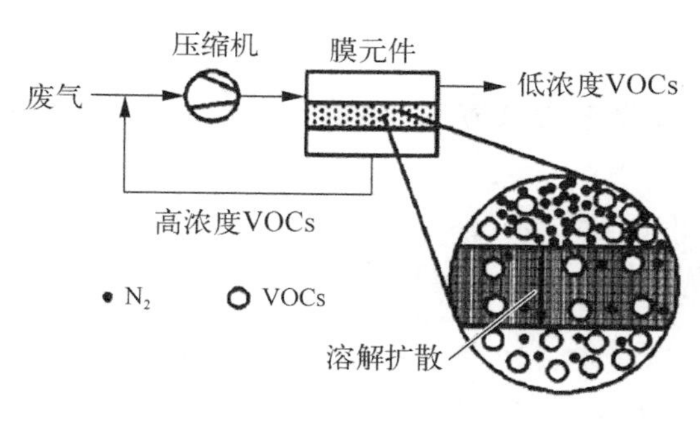

图 5－31　非多孔膜分离工艺及机理示意图

5.4.3　技术特点

1. 适用范围

对于大多数的间歇过程，由于温度、压力、流量和 VOCs 浓度在一个范围内变化，因此要求回收设备有较大的适应性，而膜分离系统能满足这一要求。用膜分离法可回收的有机物包括脂肪族和芳香族化合物、卤代烃、醛、酮、腈、酚、醇、胺、酯等。

膜分离法通常需要较高的操作压力，能耗较高，主要用于一些废气气量小、浓度高的场合，也可应用于废气浓度波动较大的场合，还可用于一些不适合活性炭吸附处理的场合，如一些低分子量的化合物和易于在活性炭表面聚合的化合物。膜分离法对于 VOCs 体积分数大于 0.1%的废气的分离效率较理想。气流有机物浓度达 10 000 μL/L 时，膜分离法的经济性可与活性炭吸附相当。

总体来说，膜分离技术分离效率高，适用范围广，适应能力强，已被广泛运用于化工、能源等领域。

2. 优缺点

采用膜分离法回收处理废气中的 VOCs 具有流程简单、回收效率高、能耗较低及无二次污染物等特点。但在膜处理过程中，由于膜使用寿命较短，而且相对处理量较小，所以在成本方面仍存在不可忽略的缺陷。

膜分离法与传统的吸附法和冷凝法相比，具有高效、节能、占地面积小、操作简单且安全可靠、不产生二次污染，并能回收有机溶剂等优点。膜分离法的运转费用与气流流速成正比，与废气浓度关系不大。

3. 影响因素

支撑层的材质对渗透速率和烃类 VOCs 回收率会产生重要影响，对于同一种材质的支撑层，渗透速率和烃类 VOCs 回收率随孔径的减小而增大，但当孔径减到某一临界值时，随孔径的继续减小，渗透速率和烃类 VOCs 回收率将降低。

除了膜自身特性对分离性能的影响外，温度、进料流量、浓度、跨膜压等参数也会影响膜的分离性能，且膜两边的跨膜压对 VOCs 分子的截留率有显著影响。

本章参考文献

[1] 郝吉明,马广大,王书肖.大气污染控制工程(第三版)[M].北京：高等教育出版社,2010.
[2] 蒋文举.大气污染控制工程[M].北京：高等教育出版社,2006.
[3] 王家德,成卓伟.大气污染控制工程[M].北京：化工行业出版社,2019.
[4] 杜锋.空气净化材料[M].北京：科学出版社,2018.
[5] 郝吉明,马广大,王书肖.大气污染控制工程(第四版)[M].北京：高等教育出版社,2021.
[6] 李凯,宁平,梅毅等.化工行业大气污染控制工程[M].北京：冶金工业出版社,2016.
[7] 杜锋.空气净化技术与应用[M] .北京：科学出版社,2016.
[8] 杨鹏飞.膜分离技术在 VOCs 回收领域的应用[J].科学技术创新,2018(4)：5－7.
[9] 李守信.活性炭固定床处理 VOCs 设计　运行管理[M].北京：化工行业出版社,2021.
[10] 马建锋,李英柳.大气污染控制工程[M].北京：中国石化出版社,2013.
[11] 王语林,袁亮,刘发强等.吸收法处理挥发性有机物研究进展[J].环境工程,2020(1)：21－27.
[12] 赵辉.挥发性有机物末端治理技术及选型方法探讨[J].皮革制作与环保科技,2021(12)：112－113.
[13] 党小庆,王琪,曹利等.吸附法净化工业 VOCs 的研究进展[J].环境工程学报,2021(11)：3479－3492.

第6章
VOCs污染末端治理技术——销毁技术

第五章中已提到VOCs有机废气的处理技术主要包括回收技术和销毁技术两大类(见图6-1),由图5-1所示的不同VOCs处理技术在国内外市场上所占比例可看出,在实际应用中并不存在某项技术“占绝对优势”的情况。由于不同技术所处理的VOCs气体特性差异很大,应用比例高并不能表明这项VOCs控制技术比其他技术效果更好,仅表明这项技术所适于处理的VOCs气体分布更广。对于具体的控制工程,还是要根据所处理VOCs气体的特点和不同控制技术的适用范围与经济性进行选择。

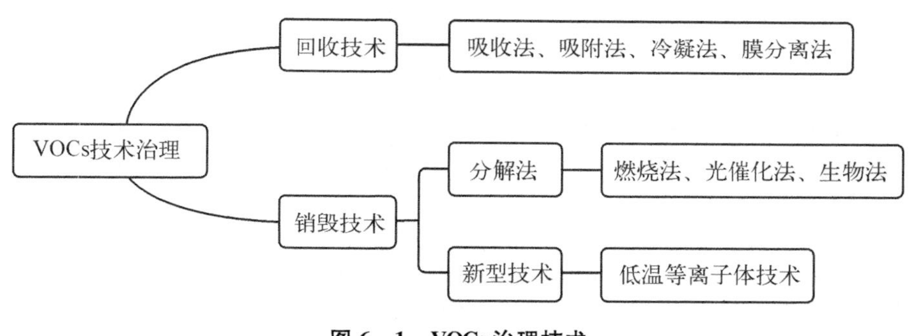

图6-1 VOCs治理技术

销毁技术是基于化学及生化反应机制的技术,如热力燃烧法、催化燃烧法、光催化法、生物法、低温等离子体技术等,将VOCs分解转变为无毒或毒性较小的物质,从而达到净化销毁污染物的目的。本章重点对销毁技术的原理、工艺设备及技术特点等内容进行分析。

6.1 热力燃烧技术

热力燃烧法与催化燃烧法的不同点是其不用催化剂而直接燃烧,其燃烧温度相对较高。对于热力燃烧法来说,一般在应用上,要求被处理的挥发性有机物废气中有较低的可燃有机物含量。以热力燃烧法净化有害气体时并无火焰，而是依靠热力，即用提高温度的方法，把废气中可燃的 VOCs 组分氧化分解掉。

6.1.1 原理

热力燃烧法用于可燃有机物质含量较低的废气的净化处理，工艺流程如图 6-2 所示。这类废气中可燃有机组分的含量往往很低，本身不能维持燃烧。因此在热力燃烧法中，被净化的废气不是作为燃烧所用的燃料，而是在含氧量足够时作为助燃气体，不含氧时则作为燃烧的对象。在进行热力燃烧时一般需燃烧其他燃料（如煤气、天然气、油等），把废气温度提高到热力燃烧所需的温度，使其中的气态污染物被氧化分解成为 CO_2、H_2O、N_2 等。热力燃烧法所需温度比直接燃烧法低，在 540～820 ℃即可进行。如图 6-3 所示，热力燃烧的过程可分为以下三个步骤进行：

1）辅助燃料燃烧从而提供热量；

2）废气与高温燃气混合从而达到反应温度；

3）在反应温度下，保持废气有足够的停留时间，使废气中可燃的有害组分氧化分解从而达到净化排气的目的。

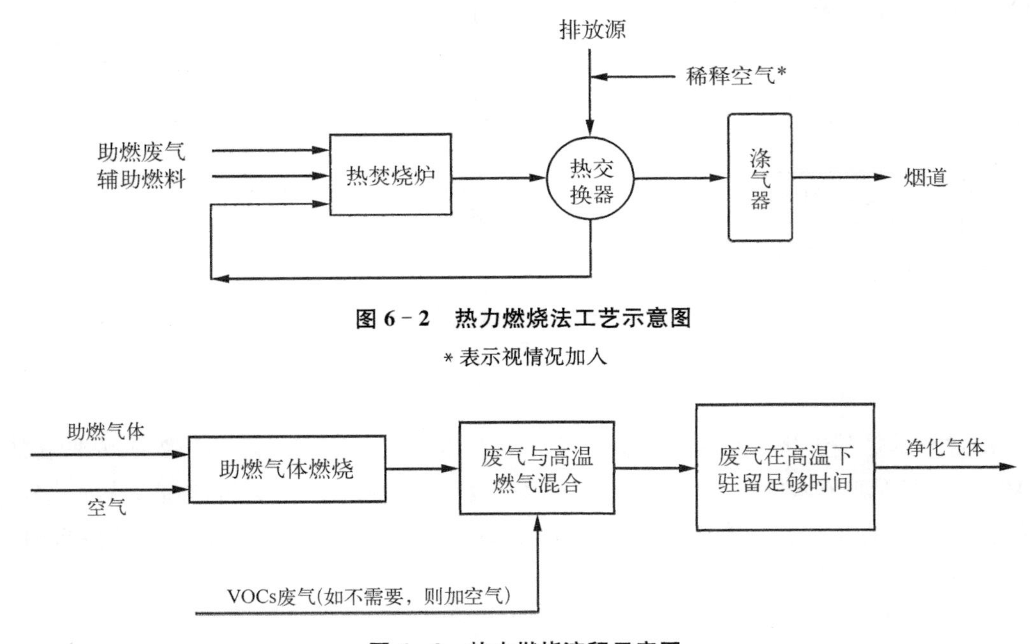

图 6-2　热力燃烧法工艺示意图

* 表示视情况加入

图 6-3　热力燃烧流程示意图

在热力燃烧法中，不同组分燃烧氧化的条件不完全相同。对大部分物质来说，温度在 740～820 ℃，0.1～0.3 s 停留时间内即可反应完全；大多数碳氢化合物在 590～820 ℃即可完全氧化，而 CO 和浓的炭烟粒子则需较高的温度和较长的停留时间。因此，温度和停留时间是影响热力燃烧法的重要因素。此外，高温燃气与废气的混合也是一个关键问题，在一定的停留时间内如果不能混合完全，就会导致有些废气没有升温到反应温度就已逸出反应区外，因而不能得到理想的净化效果。

由上可知，在供氧充分的情况下，反应温度、停留时间、湍流混合构成了热力燃烧法的必要条件。不同的气态污染物，在燃烧炉中完全燃烧所需的反应温度和停留时间不完全相同，一些含有机物的废气在燃烧净化时所需的反应温度和停留时间见表 6－1。其中，如有甲烷、溶纤剂[$C_2H_5O(CH_3)_2OH$]及置换的甲苯等存在，反应温度则需 760～820 ℃。缕烟消除一般是不实用的，其往往会因为氧化不完全而产生臭味气体。

表 6－1　废气燃烧净化所需的温度、停留时间

废　　气	净 化 范 围	燃烧停留时间(s)	反应温度(℃)
碳氢化合物	HC 销毁 90％以上	0.3～0.5	680～820
碳氢化合物＋CO	CH＋CO 销毁 90％以上	0.3～0.5	680～820
臭味气体	销毁 50％～90％	0.3～0.5	540～650
	销毁 90％～99％	0.3～0.5	590～700
	销毁 99％以上	0.3～0.5	650～820
烟和缕烟	CH＋CO 销毁 90％以上	0.3～0.5	680～820

6.1.2　热力燃烧装置

6.1.2.1　传统热力燃烧炉

热力燃烧可以在专用的燃烧装置中进行，也可以在普通的燃烧炉中进行。进行热力燃烧的专用装置称为热力燃烧炉，其结构应满足热力燃烧时的条件要求，即应保证获得 760 ℃以上的温度和 0.5 s 左右的停留时间，这样才能保证对大多数碳氢化合物及有机蒸气的燃烧净化。热力燃烧炉的主体结构包括燃烧器和燃烧室两部分，前者的作用为使辅助燃料燃烧生成高温燃气，后者的作用为使高温燃气与旁通废气湍流混合达到反应温度，并使废气在其中的停留时间达到要求。按所使用的燃烧器的不同，热力燃烧炉分为配焰燃烧系统与离焰燃烧系统两大类。

(1) 配焰燃烧系统

配焰燃烧系统的热力燃烧炉使用配焰燃烧器。配焰炉中的火焰间距一般为 30 cm，燃烧室的直径为 60～300 cm。配焰燃烧器是将燃烧的火焰配布成许多小火焰，布点成线。废气被分成许多小股，分别围绕着许多小火焰流过去，使废气与火焰充分接触，这样可以使废气与高温燃气在短距离内迅速达到完全的湍流混合，配焰方式的最大缺点是容易造成熄火。配焰燃烧器有火焰成线燃烧器、多烧嘴燃烧器、格栅燃烧器等多种类型。

(2) 离焰燃烧系统

离焰燃烧系统的热力燃烧炉使用离焰燃烧器。在离焰炉中,辅助燃料在燃烧器中燃烧成火焰产生高温燃气,然后再在炉内与废气混合达到反应温度。燃烧与混合两个过程是分开进行的。虽然在大型离焰炉中可以设置4个以上的燃烧器,但对大部分废气而言,它们并不与火焰"接触",仍是依靠高温燃气与废气的混合,这正是离焰燃烧炉不易熄火的主要原因。离焰炉的长径比一般为2～6,为促进废气与高温燃气的混合,一般应在炉内设置挡板。离焰炉的优点是:可用废气助燃,也可用外来空气助燃,对于含氧量低于16%的废气也适用;对燃料种类的适应性强,可用气体燃料,也可用油作燃料;可以根据需要调节火焰的大小。

普通锅炉、生活用锅炉及一般加热炉,由于炉内条件可以满足热力燃烧的要求,因此可以用作热力燃烧炉,这样做不仅可以节省设备投资,而且可以节省辅助燃料。但在使用普通锅炉等进行热力燃烧时应注意以下几点:

1) 废气中需要净化的组分应当几乎全部是可燃的,不燃组分如无机烟尘等在传热面上的沉积将会导致锅炉效率的降低;

2) 要净化的废气流量不能太大,过量低温废气的引入会降低热效率并增加能源消耗;

3) 废气中的含氧量应与锅炉燃烧的需氧量相宜,以保证充分燃烧,否则燃烧不完全所形成的焦油等将污染炉内传热面。

6.1.2.2　蓄热式热力燃烧炉

目前直接热力燃烧炉已经很少使用,已逐渐被其他热力燃烧设备如蓄热式热力燃烧炉所取代。蓄热式热力燃烧炉初期阶段采用的主要是直接燃烧的形式,后期在相关技术的不断发展下演变为封闭式燃烧,如今的蓄热式热力燃烧炉可以稳定控制温度、压力、流量等各项指标,且焚烧后产生的热量可以按需取用,回用于生产过程。

蓄热式热力燃烧法系统的主体结构由燃烧室、蓄热室和切换阀等组成,蓄热式热力燃烧法系统可以采用一室(蓄热室)、双室或多室系统,目前工业上多采用双室蓄热式热力燃烧法系统。早期蓄热燃烧系统属于双室蓄热式热力燃烧炉系统,也就是具有2个蓄热室,基于其自身存在的热回收效率较高等优势快速地得到推广应用。其原理是将燃烧后产生的高温余热储存在蓄热室内,通过切换阀,利用燃烧室前的蓄热室预热VOCs废气,可使系统在少量辅助燃料下进行燃烧。双室蓄热式热力焚化炉系统在作业的过程中,没有完全焚烧的废气基于自身质量等因素的限制不会排出,极大限制了废气流出的可能性,在此基础上对挥发性有机化合物去除效率进行提升,三室蓄热式热力燃烧炉系统得以出现。为解决双室蓄热式热力燃烧炉系统换向时挥发性有机化合物去除效率不高等问题,在20世纪90年代出现了多蓄热室旋转换向蓄热式热力燃烧炉系统。此种系统由多个蓄热室构成,蓄热室之间用阀门等装置进行控制,其优势体现在所占空间较小,但也存在着气流切换装置过于复杂等缺陷。虽然蓄热式热力燃烧炉的废气处理效率较高,但由于废气成分的复杂性以及环保政策的完善，废气中氮氧化物含量控制要求逐渐提高，出现了将蓄热式燃烧与催化氧化相融合的蓄热式催化氧化燃烧炉等设备，此种设备可对化工废气进行有效处理。

1. 双蓄热室蓄热式热力燃烧炉

双蓄热室蓄热式热力燃烧炉是比较基础的形式，其结构为：与焚烧室连接的 2 个蓄热室，借助 2 个三通换向阀进行气流方向的调控，使气流在不同时段实现燃烧炉内正向与反向运行的切换，从而实现蓄热体的蓄热与放热过程，完成废气流经蓄热体时吸收热量，温度升高并燃烧释放热量，热量再由蓄热体蓄热的循环。双蓄热室蓄热式热力燃烧炉系统运行期间，不用对其方向进行人工调整，但需要对燃烧的温度进行控制，确保其温度处于预定值。在特定时段，含挥发性有机化合物的有机废气进入双蓄热室蓄热式热力燃烧炉系统，最先进入到蓄热床 1，在此吸收热量使温度不断上升，温度达到设定温度后会进入燃烧室，在燃烧室被氧化后形成对自然环境不具有危害性的二氧化碳与水，完成整个废气的转化过程。燃烧完成后的高温净化气离开燃烧室，进入温度低的蓄热床 2，此环节从净化的烟气中吸收热量，并对此热量进行存储，促使净化后的烟气温度不断降低，在一个时间段之后，烟气进入第二阶段，经由蓄热床 2 进入系统，再由蓄热床 1 排出。处理流程如图 6－4 所示。

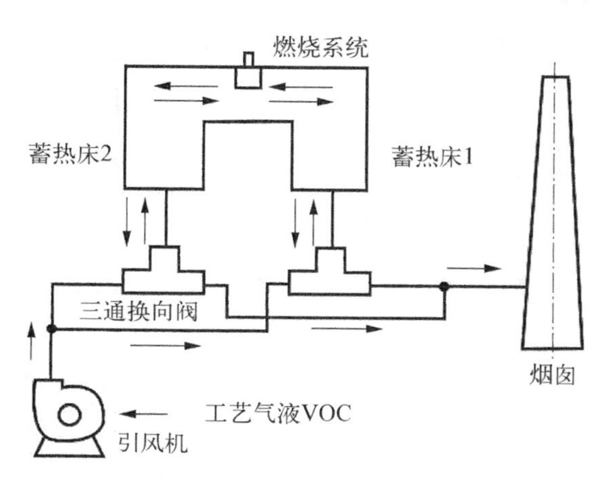

图 6－4　双蓄热室蓄热式热力燃烧炉系统的废气处理流程示意图

双蓄热室蓄热式热力燃烧炉属于结构相对简单的蓄热式热力燃烧炉系统，是一种可实现蓄热式热量回收的基础结构。双蓄热室蓄热式热力燃烧炉能最大化地对余热进行回收，其热量回收率＞95％，但在实际应用中，对挥发性有机化合物的平均破坏去除率还存在着一定的不足，需要进一步优化。双蓄热室蓄热式热力燃烧炉在换向后的稳定工作期间，挥发性有机化合物的破坏与去除率比较容易达到 99％；在方向切换的过程中，蓄热室或是部分管道可能会分布没有完全燃烧的废气，其借助方向转变的契机经由烟道流出，严重降低了废气处理效率。

2. 三蓄热室蓄热式热力燃烧炉

三蓄热室蓄热式热力燃烧炉是双蓄热室蓄热式热力燃烧炉的优化升级，主要差别是其增加了一个蓄热室，此蓄热室的主要作用是吹扫。燃烧炉运行过程中，该蓄热室处于不断吹扫的作业中，促使蓄热室在进气之后排气之前得到吹扫，可有效改善双蓄热室蓄热式热力燃烧炉在换向过程中挥发性有机化合物直接排放的问题。吹扫系统需要结合实际需求进行吹出及吸入方式调整。三蓄热室蓄热式热力燃烧炉热量回收率维持在 95％左右，同时可改善双蓄热室蓄热式热力燃烧炉换向期间挥发性有机化合物直接排放等问题，在平均破坏去除效率上有明显的提升。但值得关注的是，三蓄热室蓄热式热力燃烧炉结构较为复杂，且整个系统中分布着大量阀门，操作过程的便捷性还需要进一步提升。三蓄热室蓄热式热力燃烧炉在换向过程中炉膛内仍然会出现一定的压力波动，若是燃烧系统也处于切换状态，会导致换向期间炉膛内压力波动幅度增加。

3. 多蓄热室旋转换向蓄热式热力燃烧炉

多蓄热室旋转换向蓄热式热力燃烧炉系统仅保留一个换向阀，但有 3 个以上的蓄热室，为促使整体节奏更为紧凑，将圆筒形的蓄热床进行分离，获取多个蓄热室，所有蓄热室呈环形分布。多蓄热室分别处于进气、吹扫、排气状态，实现方向调整时各蓄热室陆续进行，不会出现全部处于方向转变的情况。多蓄热室旋转换向蓄热式热力燃烧炉系统的工作流程如图 6－5 所示。

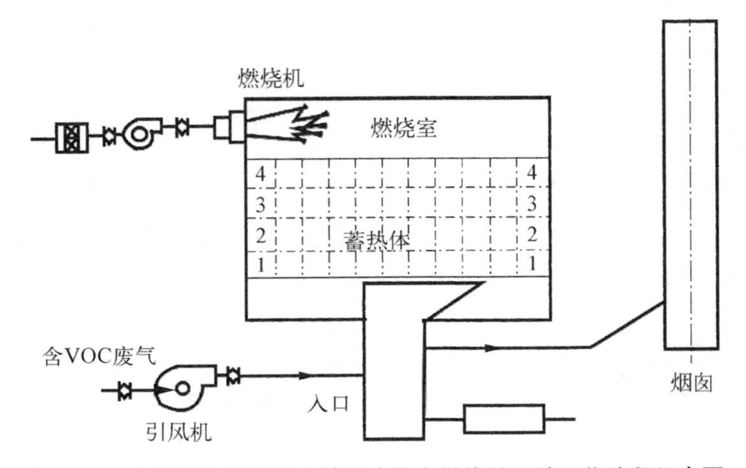

图 6－5　多蓄热室旋转换向蓄热式热力燃烧炉系统工作流程示意图

多蓄热室旋转换向蓄热式热力燃烧炉热量回收率正常情况下在 95%以上，且进行方向调整期间不会出现未经燃烧的废气流出的情况。多蓄热室在换向过程中炉膛内的压力波动明显小于其他类型的蓄热式热力燃烧炉系统。多蓄热室旋转换向蓄热式热力燃烧炉结构较为紧凑，且整个系统的构造也较为简单，便于操作。

6.1.3　技术特点

1. 适用范围

热力燃烧法在设备制造、化工、塑料、石油等行业应用较广泛。热力燃烧法适用于可燃有机物质含量较低废气的净化处理。由于可燃有机物质含量往往较低，本身不能维持燃烧，因此燃烧时须投加辅助燃料。热力燃烧法适用于气体流量为 2 000～10 000 m^3/h、挥发性有机物体积分数为 0.01%～0.2%的情况。同时，大量研究及工程实践表明，蓄热式热力燃烧技术(RTO)广泛应用于涂装、印刷、医疗化工等领域的有机废气净化，具有极大的经济、社会及环境效益，展现出了广阔的应用前景和市场竞争力。

2. 注意事项

考虑到一些 VOCs 有较高的附加值，或者是其浓度大于 30 000 mg/m^3 的情况，则应首先采用吸收法或吸附法将高浓度的 VOCs 加以回收利用，然后再用燃烧法进行破坏性处理。在热力燃烧过程中，为使废气温度提高到有害组分的分解温度，需用辅助燃料燃烧来供热。但辅助燃料不能直接与全部要净化处理的废气混合，那样会使混合气中可燃物的浓度低于燃烧下限，以致不能维持燃烧。如果废气以空气为主，即含有足够的氧，就可以用部分废气使辅助燃料燃烧，用高温燃气与其余废气混合以达到热力燃烧的温度。这部分用来助燃辅助燃料的废气叫助燃废气，其余部分废气叫旁通废气。若废气以惰性气体为主，即废气缺氧，不能起助燃作用，则需要用空气助燃，废气全部作为旁通废气。

热力燃烧法在实际的实施过程中需要有一定的条件，主要包括以下几个方面：

1）废气应具有较高的浓度和燃烧热量，被点燃后能够自行维持燃烧，所消耗的燃料较少；

2）废气的浓度不高，总量也相对较少，维持其燃烧所需要的燃料也较少；

3）企业在生产过程中会伴随产生较多的精馏废液，并且其中不含有氯、硫及氮等元素，能够将其作为燃料供生产使用，具备该条件的企业，所产生的有机废气都能够采取热力燃烧的方式处理。

对于蓄热式热力燃烧技术，在处理含卤代烃和硫化物的废气时，由于酸性气体的产生，存在腐蚀问题，这对工业废气的预处理及设备的材质提出了较高的要求，增加了投资成本；当有机废气中含有机硅化合物，高温下会氧化生成 SiO_2，其熔融后会黏附在蓄热体表面，使蓄热体堵塞，进而造成压降增高，甚至无法运行。另外，蓄热式热力燃烧系统在设计操作过程要尤其注意安全问题，安全问题是制约其进一步推广应用的一大掣肘。这就需要在制定 VOCs 废气处理方案前充分了解企业废气排放的工艺，明确其废气排放的特点、组分、浓度、温度、压力、流量，以及排放过程中可能存在的突发因素。同时，严格控制蓄热式热力燃烧设备进口处的 VOCs 浓度，使其稳定在一个安全的范围内，是预防出现爆炸等严重事故的一项重要措施。建议不光从一个设备的角度来设计蓄热式热力燃烧装置，更要从流程工业系统设计角度，引入如危险和可操作性分析等手段，从工艺和控制等方面提高蓄热式热力燃烧装置的安全冗余度。此外，蓄热式热力燃烧设备关键部件之一的切换阀，由于其切换频繁，且切换速度一般均在 0.5 秒/次左右，每年要切换成千上万次，为此一定要选择耐磨、寿命长、密封性好的切换阀。

6.2　催化燃烧技术

6.2.1　原理

催化燃烧实际上是完全的催化氧化，即在合适的催化剂作用下，通过固定床催化氧化反应器，使 VOCs 在较低温度下完全催化氧化为 CO_2 和 H_2O，从而达到净化的目的，适用于浓度在 5 000 mg/m^3 以上的 VOCs 处理。由于绝大部分有机物均具有可燃烧性，因此催化燃烧法已成为净化 VOCs 的有效手段。尤其对石化企业排放的 VOCs，催化燃烧法净化效果显著。同时，由于很大一部分有机化合物具有不同程度的臭味，催化燃烧法也是消除恶臭气体的有效手段。

1949 年，美国催化燃烧公司（环球油品公司大气净化部）研制出第一套催化燃烧系统并安装于某化工厂，用纯铝及铂作催化剂，燃烧爆炸下限以下的低浓度可燃挥发性有机废气。1953 年以后，则把铂或其他贵金属载于耐热、导电的金属表面上做成催化剂，用于有机废气的催化燃烧。特别是 20 世纪 70 年代，节约能源的要求日益迫切，促使催化燃烧装置迅速发展起来。

我国自 20 世纪 70 年代以来，先后在漆包线和绝缘材料行业试用纯铂网（80 目）、镀铝网（80 目不锈钢丝上镀 0.3%铂）、镀钯网（80 目）、镀铂带（0.2 mm×4 mm 不锈钢条上镀 0.3%～0.5%钯）、蜂窝陶瓷催化剂等，应用于漆包机和上胶涂布机废气的催化燃烧。同时出现了研制催化燃烧法处理挥发性有机物所用催化剂的热潮。

6.2.2 催化剂与催化燃烧装置

6.2.2.1 催化剂

催化剂是催化燃烧法的核心，目前国内已研制使用的催化剂按照其载体物质可分为：以 Al_2O_3 为载体的催化剂和以金属作为载体的催化剂。用于催化燃烧的各种催化剂及其性能见表 6－2。

表 6－2 用于催化燃烧的各种催化剂及其性能

催化剂品种	活性组分质量分数(%)	2 000 m^3/h 下 90%转化温度(℃)	最高使用温度(℃)
Pt－Al_2O_3	0.1～0.5	250～300	650
Pd－Al_2O_3	0.1～0.5	250～300	650
Pd－Ni、Cr 丝或 Cr 网	0.1～0.5	250～300	650
Pd－蜂窝陶瓷	0.1～0.5	250～300	650
Mn、Cu－Al_2O_3	5～10	350～400	650
Mn、Cu、Cr－Al_2O_3	5～10	350～400	650
Mn－Cu、Co－Al_2O_3	5～10	350～400	650
Mn、Fe－Al_2O_3	5～10	350～400	650
稀土催化剂	5～10	350～400	700
锰矿石颗粒	25～35	300～350	500

对于以 Al_2O_3 为载体的催化剂，载体可做成蜂窝状或粒状等，然后将活性组分负载其上。现已使用的有蜂窝陶瓷钯催化剂、蜂窝陶瓷铂催化剂、蜂窝陶瓷非贵金属催化剂、γ - Al_2O_3 粒状铂催化剂、γ - Al_2O_3 稀土催化剂等。

以金属作为载体的催化剂可用镍铬合金、镍铝合金、不锈钢等作为载体，已经应用的有镍铬丝蓬体球钯催化剂、铂钯/$镍_{60}铬_{15}$带状催化剂、不锈钢丝网钯催化剂及金属蜂窝体催化剂等。其中常用于 VOCs 催化燃烧的催化剂主要分为：

（1）贵金属催化剂

铂(Pt)、钯(Pd)、铑(Rh)等贵金属常用于 VOCs 催化燃烧反应中，具有低温活性好、起燃温度低、产物选择性好、寿命长且使用稳定等优点，但价格较高，合成低负载量高活性的贵金属催化剂具有重要的现实意义。

至今，贵金属燃烧催化剂在世界各国仍广泛地应用。最广泛使用的是铂及钯合金，而优先使用的是钯，因为钯在铂族金属中较为便宜。

（2）非贵金属催化剂

非贵金属催化剂主要是 CuO、MnO_2、NiO、CoO、CeO_2 等过渡金属氧化物，具有成本低、耐受性和再生能力强等优点，但催化活性相对较低。

6.2.2.2 催化燃烧装置

根据废气的预热方式及富集方式，催化燃烧系统工艺流程可分为自热式和预热式，预热式工艺较为常见。

1. 自热式

自热式催化燃烧工艺中的有机废气温度高且有机物含量较高，通常只需要在催化燃烧反应器中设置电加热器供起燃时使用，通过热交换器回收净化气体所产生的热量即可维持燃烧，不需补充热量(图 6 - 6)。

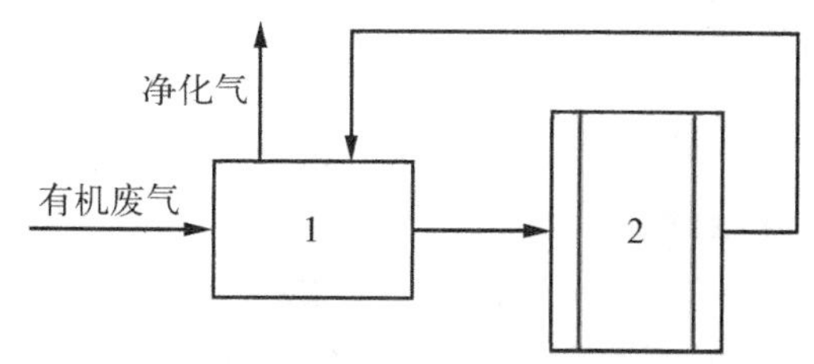

图 6 - 6 自热式催化燃烧工艺示意图

1. 气/气热交换器；2. 催化燃烧室

2. 预热式

预热式是催化燃烧的最基本流程形式，其基本原理如图 6 - 7 所示，完善的预热式催化燃烧法整体工艺流程见图 6 - 8。有机废气温度在 100 ℃以下、浓度也较低时，热量不能自给，因此在进入反应器前需要在预热室加热升温。通常采用煤气或电加热将废气升温至催化反应所需的起燃温度；燃烧净化后的气体在热交换器内与未处理的废气进行间壁热交换，以回收部分热量。

针对不同的废气，可以采用的预热式催化燃烧工艺有分建式与组合式两种。在分建式流程中，预热器、换热器、反应器均作为独立设备分别设立，其间用相应的管路连接，一般应用于处理气量较大的场合；在组合式流程中，将预热器、换热器及反应器等部分组合安装在同一设备——催化燃烧炉中，流程紧凑，占地小，一般用于处理气量较小的场合。不论采用何种工艺形式，其流程的组成具有如下共同的特点：

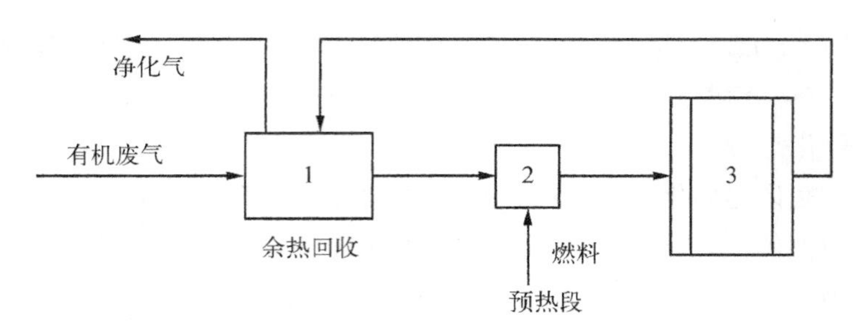

图 6-7　预热式催化燃烧工艺示意图

1. 气/气热交换器；2. 燃烧室；3. 催化燃烧室

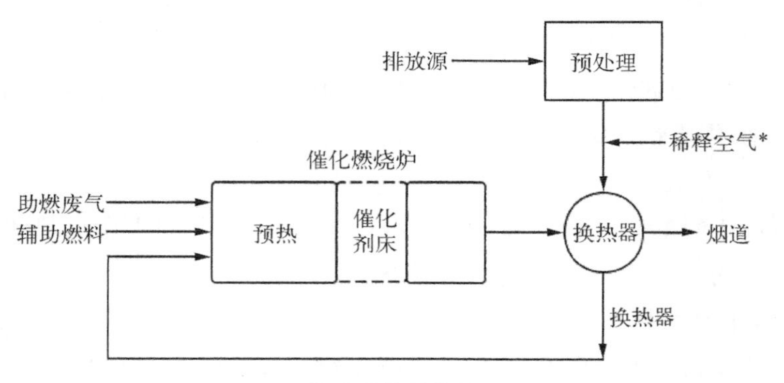

图 6-8　预热式催化燃烧的工艺流程图

*表示视情况加入

1）气体进入催化燃烧装置前，需先经过预处理，以除去其中的粉尘、液滴及有害组分，避免催化床层的堵塞和催化剂的中毒。

2）为保证催化反应的顺利进行，进入催化床层的气体温度必须达到所使用催化剂的起燃温度。因此，对于低于起燃温度的进气，需进行预热以达到起燃温度。特别是在装置启动阶段，需对冷进气进行预热，可利用燃烧尾气的热量预热进口气体。若废气为间歇性排放，每次启动催化燃烧装置时，均须对进口冷气体进行预热，这将导致预热器的频繁启动，导致能耗增加。因此催化燃烧法更适于连续排气的净化。气体的预热方式可以采用电加热或烟道气加热，目前应用较多的为电加热。

3）催化燃烧反应会放出大量的反应热，导致燃烧尾气温度较高，为确保能源的有效利用，须对这部分热量进行回收。

6.2.3　技术特点

1. 适用范围

催化燃烧法已成功应用于金属印刷、绝缘材料、漆包线制造、炼焦、油漆、化工等多种行业的有机废气的净化。特别是在漆包线制造、绝缘材料、金属印刷等生产过程中排出的烘干废气，因废气温度和有机物浓度较高，对燃烧反应及热量回收有利，具有较好的经济效益，因此应用广泛。过程的能耗大小及热量回收的程度将决定催化燃烧法的可应用性。

2. 优缺点

与其他种类的燃烧法相比，催化燃烧法具有以下特点：

1）可将VOCs完全氧化，不产生氮氧化物，不易造成二次污染；

2）燃烧状态为接触燃烧而非火焰燃烧，安全性好；

3）要求的燃烧温度低（大部分烃类在300～450 ℃之间即可完成反应），故辅助燃料消耗少，辅助燃料及建设成本低，且净化效率高；

4）污染物在反应器中的停留时间短，一般为0.05～0.14 s；

5）对可燃组分浓度和热值限制较小；

6）为使催化剂使用寿命延长，不允许废气中含有尘粒和雾滴。

另外，催化燃烧法也存在着以下缺点：

1）VOCs中所含的重金属、粉尘、硫化合物和氮化合物等可使催化剂中毒而失去活性，因此需要对VOCs进行预处理；

2）催化剂的活性组分多为贵金属，催化剂成本高，价格昂贵；

3）对高浓度的VOCs处理效果不理想。

3. 注意事项

催化剂有一定的使用限期，工业上使用的催化剂的寿命一般为2～4年。该使用期限的长短与催化剂活性组分结构的稳定性密切相关，而这种稳定性主要取决于催化剂耐热和抗毒的能力。对催化燃烧所用催化剂则要求具有较高的耐热和抗毒的性能。有机废气的催化燃烧一般不会在很严格的操作条件下进行，这是由于废气的浓度、流量、成分等往往不稳定，因此要求催化剂具有较宽的操作适应性。一般情况下，处理挥发性有机物的废气量较大，所以催化燃烧工艺操作时气体流速较大，气流对催化剂的冲击力较强，同时，由于床层温度常常发生变化，造成热胀冷缩，易使催化剂载体破裂，因此，催化剂应具有一定的机械强度和良好的抗热胀冷缩性能。

催化燃烧装置的占地面积及所占空间相对较小。为了更有效地对有机废气进行催化燃烧，在催化剂的使用上还需注意以下几点：

（1）床层预热

在每次使用催化剂前，必须首先用新鲜热空气在高于可燃物起燃温度100～150 ℃的温度范围内（一般在300～400 ℃）循环半小时以上，充分预热催化床层；绝对禁止当催化剂床层温度低于起燃温度时引入有机废气，否则很容易使催化剂中毒失效，以及导致反应器出现“闷堵”现象。

（2）掌控温度

催化燃烧用催化剂的最佳使用温度范围一般在400～700 ℃，应尽可能避免使催化剂长时间处于800 ℃以上的高温环境中。

（3）停车时必须先切断废气源

切断废气源后应继续通入新鲜热空气加热并保持半小时以上方可安全停车，避免急冷。

（4）严禁催化剂毒物进入催化床层

不可让催化剂毒物如含硫、铅、汞、砷及卤素等进入催化床层，以防止催化剂中毒。这一点须特别引起注意。

（5）视实际情况调整催化剂位置

根据具体设备的使用情况，当催化剂使用较长时间后，其活性有可能下降，此时可把上下（前后）层的催化剂进行对调放置，必要时可以适当提高催化剂床层的高度和废气的预热温度。

由于催化氧化反应对于温度的要求较为严格，因此在将 VOCs 废气输入催化反应室之前，通常会采用明火进行废气的预热处理。因此，在预热处理过程中，需要考虑以下三个方面的安全措施：

1）设置安全联锁和故障报警的同步系统控制机制，一旦发生回火等安全问题，系统警报器就会立刻发生报警指示，引导工作人员进行故障处理。

2）对回火现象进行有效的控制，在设计催化燃烧装置内部管道结构时，必须通过相关计算，确保管道内的气体流速能够大于气体的回火速度，为了达到这一目的，可以根据需要在管道前端的主路上设计一个额外的减压阀门，以便催化装置内部始终处于下游气体气压低于上游气体气压的状态。此外，还需要对废气中的 VOCs 含量进行合理控制，使其保持在爆炸下限的 20％范围之内，以尽可能避免发生火灾或爆炸等问题。

3）可以根据实际生产流程的需求，选择回火防止器或空气稀释装置等安全装置，尽可能最大限度地确保催化燃烧装置内部的安全性。

在实际应用中，有时单一处理工艺难以满足排放要求，常常需要在主体工艺前加入预处理单元或进行不同工艺的组合。比如，对于含有颗粒物的气体，需要在 VOCs 去除单元之前加入水洗或过滤等预处理单元；对于浓度较低且不适宜直接进行催化燃烧的气体，可采用吸附浓缩＋催化燃烧的工艺组合进行处理。

6.3 低温等离子体技术

6.3.1 原理

等离子体是由大小不同、性质不同的粒子组成的混合气体，该类混合气体的电离度高，正负性不同的粒子电荷相互抵消，整体呈现中性不带电状态，被称为“第四态”。在低温等离子体放电过程中，虽然电子温度很高，但重粒子温度很低，整个体系呈现低温状态。

因此，这种等离子体被称为冷等离子体，也称为非平衡态等离子体。

低温等离子体技术也称为非平衡等离子体技术，是一种针对 VOCs 进行降解的处理方法，是控制 VOCs 污染的重要手段。在治理 VOCs 的过程中，低温等离子体技术利用强压电场中产生的高能电子，引发 VOCs 中的有机分子发生电离、解离、激发等物理化学反应，将有机污染物转换成 H_2O 和 CO_2。低温等离子体技术在处理 VOCs 方面的效率较高，但是其能耗高、均匀低温等离子产生的条件不易控制，等离子体对 VOCs 中的分子激发没有选择性，导致大部分能量被浪费，运行过程中有可能会产生一些不必要的副产物，如 O_3、NO_x 等。低温等离子体的特点是能量密度较低，重粒子温度接近室温而电子温度却很高，整个系统的宏观温度不高，其电子与离子有很高的反应活性。尽管低温等离子体法处理 VOCs 的研究虽然起步较晚，但在工业 VOCs 废气治理中已经有一些应用。

低温等离子体技术根据反应器类型主要分为电晕放电、沿面放电、介质阻挡放电等几种形式。在处理多组分 VOCs 污染气体时，通常采用多种放电方式相结合的工艺。

1. 电晕放电

电晕放电是通过在两个不均匀的电极之间添加一个较大电压，极短时间内，在电晕极周围发生激烈、高频率的脉冲电晕放电，从而产生高浓度的等离子体(图 6-9)。该等离子体中包含有大量高能电子、离子、激发态分子和自由基，这些活性粒子的能量高于气体分子的键能，它们和挥发性有机物分子发生频繁的碰撞，使烃分子发生断键解离，形成许多短碳链的自由基碎片。这些自由基碎片之间相互反应，一部分生成了短碳链的小分子烃而发生降解；另一部分则可能形成长碳链烃分子而聚合。当反应中有氧存在时，氧分子与烃类断键解离后生成的自由基碎片发生反应，将它们氧化成碳的氧化物而使烃类氧化分解。此外，氧气分子与等离子体中的高能电子碰撞产生激发态的氧分子和氧原子，这些强氧化性的粒子烃分子及其解离的自由基碎片发生反应，使挥发性烃氧化分解。同时，高能电子直接与烃类分子碰撞，打开烃类分子的化学键，从而将挥发性有机物直接分解为无害分子。

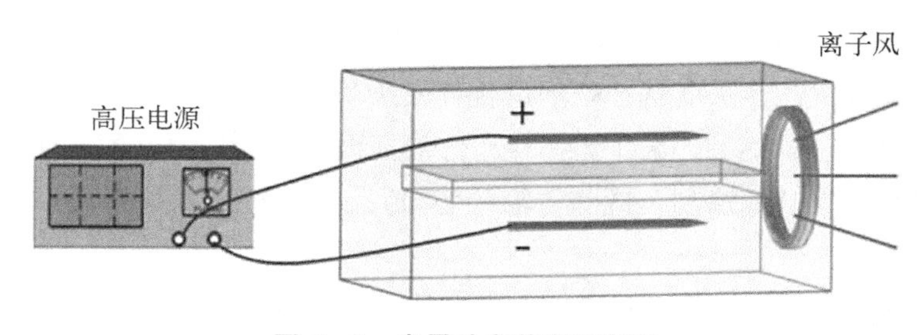

图 6-9　电晕放电装置示意图

2. 沿面放电

沿面放电是指沿不同聚集态电介质分界面上发生的放电现象。通常出现较多的是气体或液体电介质中沿固体介质表面的放电。沿面放电的发展主要取决于沿放电路径的电场分布，而这种分布直接受到电极形式和表面状态的影响。从电场分布看，有以下三种典型的形式：极不均匀电场中垂直分量很强时的沿面放电、均匀电场中的沿面放电、极不均匀电场中垂直分量很弱时的沿面放电。在放电条件下，VOCs 中的有机分子发生物理和化学反应，使有机污染物转化成 H_2O 和 CO_2。大气压下的沿面放电有着很好的工业应用前景，对甲苯、丙酮等有机废气的处理效果较好，该技术适用于处理氯仿（$CHCl_3$）和一氟三氯甲烷（CFC－11）等难降解有机物。

3. 介质阻挡放电

介质阻挡放电法是一种高气压条件下进行的非平衡放电过程。其工作原理是：首先在两个放电电极间的孔隙间充满工作气体，并将部分电极用绝缘材料覆盖。接着，将介质直接悬挂在放电空间中间，或用介质填满放电空间，当在两个电极间施加足够高的交流电压时，电极间的污染物会被击穿而产生放电，从而形成了介质阻挡放电。在此过程中，会产生大量的羟基自由基、氧自由基等活性自由基，它们的化学性质非常活跃，很容易和其他原子、分子或其他自由基发生反应，形成稳定的原子或分子，进而实现 VOCs 气体的处理。

6.3.2 等离子体装置

6.3.2.1 电晕放电

1. 直流电晕

当电子跃迁产生的空间电荷诱导形成的场强与外部施加电场的场强在同一数量级时便形成流光电晕。形成的流光等离子体向场强增强的方向运动。据理论计算，流光等离子体在传播过程中的速度为（0.5～2）$\times 10^6$ m/s，其头部的场强通常维持在 100～200 kV/cm，远大于外部施加电场产生的自由基等活性离子。在流光等离子体的产生过程中，需要施加一个特定强度的外部电场以产生长距离流光通道。电场场强不能过低，场强过低会使流光不能贯穿于高低压电极之间，影响放电区域的大小。

2. 脉冲电晕

脉冲电晕放电系统中主要采用纳秒级脉冲供电系统，系统的放电效率主要受到开关性能、电源与反应器的匹配性等因素的影响。一般而言，目前常用的开关有火花开关、磁压缩开关和固体开关。开关的选择一般应优先考虑价格成本低、阻抗小、耐受电压性好和使用寿命长的开关。同时，也要对反应器进行精密设计，使其与电源进行合理匹配，这样将能极大地提高能量从电源到负载的传输效率，延长开关的使用寿命。

3. 交直流电晕

交直流叠加流光放电系统过电压远小于纳秒短脉冲，流光特性也因过电压高低有较大差别。在其放电区域存在约 20%的离子电流，能够同时净化有机气体和收集细颗粒物。交流电源与直流电源通过一个大电容耦合产生 AC/DC 电压波形。当电源运行的峰值电压接近闪络值时，才会得到较大的等离子体注入功率。偶然的闪络会导致耦合电容向反应器瞬间放电，造成耦合失败。此外，由于流光 AC/DC 等离子体是以自持放电的形式从高压电极随机产生的，电晕电流远小于纳秒短脉冲供电方式，因此单脉冲能量通常较低。

6.3.2.2　沿面放电

沿面放电反应器的结构主体为致密的陶瓷材料，在陶瓷内部埋有金属板作为接地极，陶瓷一侧的沿面上布置导电条作为高压电极，另一侧作为反应器的散热面。在中频或高频电压作用下，电流从放电电极沿陶瓷沿面延伸，在陶瓷沿面形成许多细微的流注通道进行放电，使气态污染物反应降解。

如图 6－10、图 6－11、图 6－12 所示，这种陶瓷沿面放电器件主要由 96 氧化铝陶瓷基片、纳米氧化铝保护层、放电电极、焊点和感应电极组成。96 氧化铝陶瓷基片的上沿面上设有金属钨放电电极，96 氧化铝陶瓷基片的下沿面上设有金属销感应电极，放电电极左端头设有焊点，金属钨感应电极的右端设有焊点，金属钨放电电极表面覆盖纳米氧化铝保护层。放电电极的厚度为 10±5 μm，纳米氧化铝保护层的厚度为 10±5 μm。纳米氧化铝保护层通过印刷工艺覆盖到放电电极上，然后将放电电极和纳米氧化铝保护层在高温下烧结为一体。在器件工作时，将与之匹配的高频高压电源的输出线与电板焊点相连，沿着放电电极的陶瓷表面就会发生电晕放电。

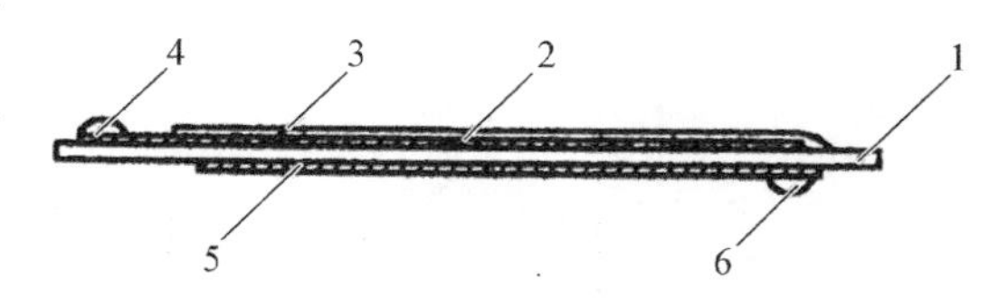

图 6－10　陶瓷沿面放电器件剖面示意图

1. 96 氧化铝陶瓷基片；2. 纳米氧化铝保护层；3. 放电电极；4. 焊点；5. 感应电极；6. 焊点

图 6－11　陶瓷沿面放电器件俯视示意图

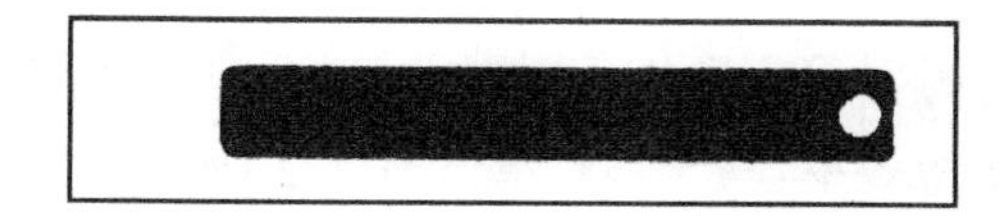

图 6－12　陶瓷沿面放电器件底视示意图

6.3.2.3　介质阻挡放电

考虑到使用成本和设备操作，现阶段针对该技术处理 VOCs 的研究及工业应用主要集中于介质阻挡放电。典型的介质阻挡放电低温等离子体反应器如图 6－13 所示。

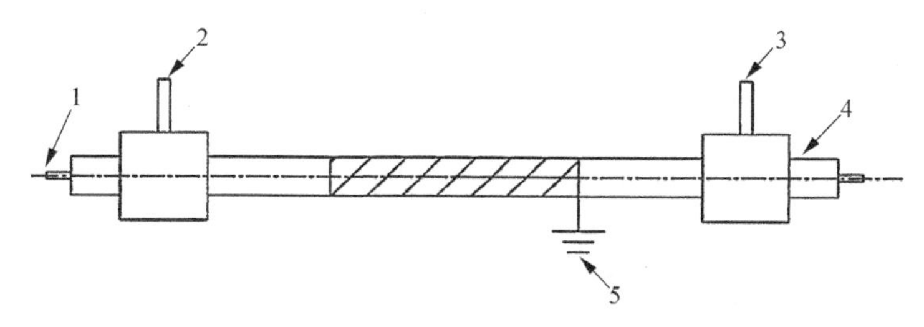

图 6－13　典型的介质阻挡放电低温等离子体反应器示意图

1. 高压电极；2. 进气口；3. 出气口；4. 绝缘封头；5. 接地电极

介质阻挡放电是一种在放电空间插入绝缘介质(如玻璃、石英或陶瓷)的气体放电现象。介质可以覆盖在电极上或悬挂在放电空间中(图 6－14)。当在电极上施加足够高的交流电压时，电极之间的气体发生电离，形成介质阻挡放电。当对两极板施加高电压时，就能在气体间隙中产生足够强的电场强度，电子从外加电场中获得能量，并通过与周围分子碰撞，将能量传递给其他分子，使之激发电离，从而生成更多的电子，引起电子雪崩。气体的击穿会形成大量的电流细丝通道，每一个通道相当于一个单个击穿或流光击穿，从而形成所谓的微放电。单个微放电在放电气体间隙的某一个位置上发生，同时也会在其他位置上产生另外的微放电。由于介质的绝缘性质，这种微放电能够彼此独立地发生在很多位置上。由于电极间介质层的存在，介质阻挡放电的工作电压必须是交变的。当微放电两端的电压稍小于气体击穿电压时，电流就会停止。在同一位置上，只有当电压重新升高到击穿电压数值时才会发生再击穿并在原地产生第二个微放电。微放电是介质阻挡放电的核心。气体放电保持在均匀、散漫、稳定的多个微电流细丝的状态。

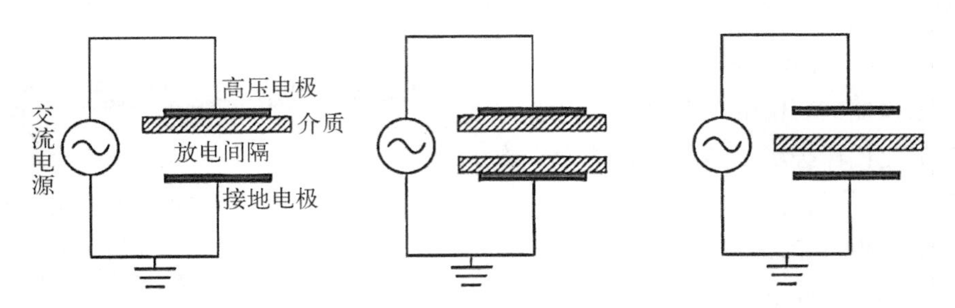

图 6-14　介质阻挡放电示意图

低温等离子体反应器的结构、电源参数及材料会极大地影响低温等离子体对污染物的降解效率，马天鹏对单、双介质结构低温等离子体反应器对不同混合种类 VOCs 的降解效果进行了对比研究。研究结果表明，双介质反应器产生的电子平均能量高于单介质反应器，在放电电压为 20 kV 时，双介质反应器对甲苯的降解率为 70%，而单介质反应器仅为 40%。此外，研究还发现，在负电晕放电低温等离子体系统中加入外磁场可以有效地提高 VOCs 的降解效率。当放电电压为 10.6 kV 时，甲苯的降解率在无磁场的情况下为 79.3%，而增加中心磁感应强度为 145 mT 的磁场后，甲苯降解率提升至 91.5%，双介质低温等离子体反应器如图 6-15 所示。

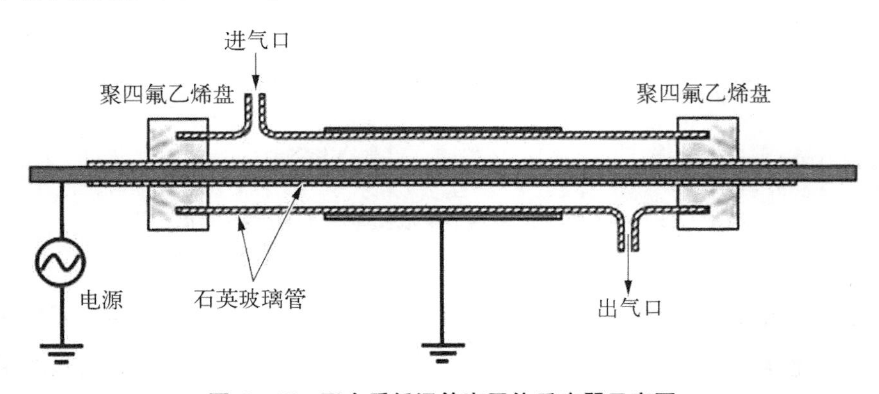

图 6-15　双介质低温等离子体反应器示意图

6.3.3 技术特点

1. 适用范围

目前,低温等离子法在降解 VOCs 方面的应用主要局限于实验研究,在实际工程应用中相对较少。等离子体技术在污染物净化方面的应用已经成为等离子体技术应用研究的新方向。国内外科研工作者已经针对等离子体技术在有机废气、氮氧化物、硫氧化物、颗粒物、微生物污染和水中污染物的控制等方面开展了广泛的研究。等离子体过程被认为是少数的可实现复合污染物各组分同时控制的工艺之一。等离子体对气体污染物的适应性强,降解效果好,易于与其他工艺相结合。这种技术主要适用于处理大气量、低浓度的有机废气。

2. 现存问题

低温等离子体技术的优势是适用于各类 VOCs 的处理,几乎对所有有害气体都有很高的净化效率、无二次污染物产生、可在常温下进行、易操作。现阶段国内外对低温等离子体技术的研究主要集中在低温等离子体协同其他技术处理 VOCs 上,这主要是因为单纯利用低温等离子体技术降解 VOCs 存在以下三个问题:

1) 对部分挥发性有机化合物的降解效率有待提高;

2) 设备成本高,能耗大,能量效率较低;

3) 不完全降解,会产生其他 VOCs 气体分子(氮氧化物、臭氧等)副产物。

3. 影响因素

在等离子体降解 VOCs 过程中,工艺参数的选择会影响到系统的降解效率。在利用等离子体降解 VOCs 的过程中,需注意的工艺参数如下:

(1) 湿度

工业废气一般来自环境空气,通常包含一定量的水蒸气,因此研究湿度对低温等离子体降解 VOCs 过程的影响就显得尤为重要。湿度对 VOCs 降解过程的影响在很大程度上取决于 VOCs 浓度及目标挥发性有机污染物的类型和放电类型。水蒸气在等离子体化学反应中起着重要的作用,因为它在低温等离子体环境中会分解成自由基 HO· 和 H·,具体反应如下:

$$H_2O + e^- \longrightarrow HO\cdot + H\cdot + e^- \tag{6-1}$$

$$H_2O + N_2(A^3\sum\nolimits_u^+) \longrightarrow N_2 + HO\cdot + H\cdot \tag{6-2}$$

$$H_2O + O(^1D) \longrightarrow 2HO\cdot \tag{6-3}$$

HO· 的氧化能力比其他氧化剂(如氧原子和过氧自由基)强很多。水蒸气的加入会使气体的放电特性发生变化。针对水蒸气对反应过程影响的研究主要集中在 DBD 填充床反应器上,对于这种类型的放电,水蒸气的存在减少了微放电的总电荷转移,并最终降低了等离子体中活性物质的量。此外,水蒸气的存在也会影响放电特性。当电压不变时,提高反应气体的相对湿度将会降低电流，这主要是因为等离子体的高附着率减少了HO·的产生量。另外，水分子的电负性会降低电子密度并抑制活性物种，同样会对VOCs的去除产生不利影响。

很多学者已对多种VOCs进行了湿度影响的研究，发现不论化学结构如何，加入水蒸气对气体的放电特性均会产生不利影响。然而，水蒸气含量的升高会增加HO·和H·的产量，最终如何影响污染物的降解过程取决于VOCs的化学结构。对于不同种类的VOCs，湿度对等离子体降解的影响可能为强化、抑制或中性。一些研究表明，存在实现VOCs最大去除效率的最佳水蒸气含量，如三氯乙烯(TCE)和甲苯的最佳相对湿度均为20%。此外，由于对形成臭氧的最重要来源消耗，水的加入可以抑制臭氧的形成。研究还表明水蒸气会减少CO的形成并提高CO_2的选择性。Einaga等采用等离子体联合MnO_2去除空气中的苯，研究发现随着空气中水蒸气含量的增加，苯的转化率降低，反应产物仅有CO_2和CO。在干空气中CO_2和CO的选择性分别为70%和30%，而在湿空气中CO_2的选择性得以提高，可达90%。

(2) 温度

在大多数情况下，升高温度会使低温等离子体更有效地降解挥发性有机污染物，因为降解反应的吸热行为加快了O·和HO·与VOCs之间的反应速率。这只是针对VOCs主要通过自由基反应而分解的情况，此时反应速率常数随着温度的升高而增大。但是，在等离子体催化系统中，过高的温度会导致产生的自由基寿命太短以至于来不及与催化剂表面吸附的VOCs发生反应，同时，高温又会促进自由基与催化剂表面VOCs分子之间的反应。当催化剂置于放电区域后部时，低温等离子体产生的臭氧可与分子氧在气相中发生反应而分解：

$$O_3 + O_2 \longrightarrow O + O_2 + O_2 \qquad (6-4)$$

该反应的速率常数随温度升高而升高，573 K时比373 K时高5倍。然而，在气相中产生的氧原子寿命过短以至于不能与吸附在催化剂表面的VOCs发生反应。同时，吸附的氧原子和VOCs在催化剂表面的反应也随温度的升高而加速。这两个竞争性的影响的最终结果就是温度升高带来不确定的实验结果，即随着温度的升高，VOCs的降解效率可能保持不变，也可能提高或降低。

当电子碰撞控制主要反应时，VOCs(如四氯化碳)的降解对温度没有依赖性，因为电子密度不是以此方式来影响反应的。折合电场强度的增强是升高温度提高等离子体降解VOCs的去除率和能量效率的另一个原因了。折合电场是指电场强度与气体密度的比值，它是决定等离子体中电子能量的一个重要因素。当压力恒定时，气体密度随着温度的增加而减小，而低温等离子体系统的折合电场升高。

(3) VOCs的初始浓度

一般来说，实际工业废气中VOCs浓度变化很大。因此，很多研究者针对VOCs初始浓度如何影响降解过程进行了大量的研究。一般认为，气体初始浓度增加，VOCs的去除率降低，能量效率增加。当输入的能量密度一定时，产生的高能电子和活性粒子的数目不变，初始浓度的增大意味着单位时间、单位体积内相应的 VOCs 分子数增多，则平均到每个 VOCs 分子上的电子和活性等离子体物种就会变少。通常，较高的 VOCs 初始浓度对单独等离子体和等离子体催化系统的降解效率有消极影响。Byeon 等研究发现，随着甲苯初始浓度的升高，DBD 降解甲苯的效率降低。当甲苯的初始浓度为 50 ppm 时，CO_2 的选择性为 66%，当甲苯浓度升至 200 ppm 时，CO_2 的选择性降至 43%。

也有一些研究表明，特征能量（即分解 63%初始浓度的 VOCs 所需的能量密度）和能量产率会随着 VOCs 初始浓度的增加而增加。但对于卤代烃化合物，初始浓度几乎不影响其降解效率，如 HFC - 134a>CFC - 12>HCFC - 22，这在一定程度上归因于初始分解阶段产生的碎片离子和自由基诱发的二次分解，另一个原因可能是与初始反应物浓度无关的初始反应阶段控制了整个反应过程。

（4）氧含量

与水蒸气相似，反应气体中的氧含量也会影响气体的放电特性并在发生的化学反应中起着非常重要的作用。氧浓度稍有增加就会大大提高活性氧自由基的生成量，并得到较高的 VOCs 去除效率。但是，由于氧具有较强的电负性，高浓度的氧气往往会吸附大量电子，从而降低电子密度，改变电子能量分布。同时，氧和氧自由基能够消耗降解 VOCs 的活性物种、激发态的氮分子与氮原子。因此，采用低温等离子体去除 VOCs 时存在最佳的氧含量，最佳的氧含量范围为 0.2%～5%。

在一体式反应器（In Plasma Catalysis, IPC）系统中具有类似的氧含量影响。此外，加入 O_2 会促进吸附在催化剂表面上的氧自由基和 VOCs 分子之间的反应。采用吸附-氧等离子体催化系统，在不同的氧含量下研究 $TiO_2/\gamma-Al_2O_3$ 和沸石降解甲苯和苯，实验结果表明，去除率随氧含量的增加（从 0%增加至 100%）而提高，高氧含量还可以减少 N_2O 和 NO_2 的生成。而在后置式反应器（Post Plasma Catalysis, PPC）系统中，氧含量对放电特性及 VOCs 降解过程影响的研究报道还相当有限。

（5）气体流速

实验研究采用的气体流速一般在 0.1～10 L/min 范围内变化。气体流速降低意味着 VOCs 在系统中的停留时间增加，这会提高电子碰撞反应及 VOCs 分子与等离子体活性物质的碰撞概率，同时也会有更多的能量输入到 VOCs 气体中，即生成更多的高能电子，从而提高 VOCs 的降解效率。当低温等离子体与催化剂结合时，流速降低会促进催化剂表面的反应，有利于 VOCs 的去除过程。Byeon 等研究发现，在甲苯初始浓度为 100 ppm、施加电压为 8.5 kV、频率为 1 000 Hz 的条件下，当气体流速由 1 L/min 增加到 5 L/min 时，甲苯的降解效率由 50%降至 30%。增加气体流速（即减少停留时间）会导致在相同时间内通过等离子体区域的甲苯分子数量增加，所以活性物种与甲苯分子之间的碰撞概率也会降低，从而降低了甲苯的去除效率。同时，气体流速还会影响 CO 和 CO_2 的选择性：CO 的选择性随着气体流速的升高而升高，而 CO_2 的选择性则随着气体流速的升高而降低。这是因为气体流速高致使电子和氧分子之间的碰撞概率降低，减弱了CO的氧化作用，从而导致CO_2的选择性降低。考虑到实际操作条件，一些研究团队在不降低气体流速的条件下，采用多级低温等离子体反应器以延长停留时间。但随着停留时间的延长，能耗也将有所提高，因此从经济性的角度上来讲，停留时间不宜过长。

6.4 光催化降解技术

光催化（photocatalysis）是指催化剂吸收光而进行的催化反应。1972年，A. Fujishima和K. Honda在二氧化钛(TiO_2)电极上发现了光催化裂解水反应，开辟了半导体光催化新领域。1976年，John. H. Carey等首次开展了光催化氧化多氯联苯的研究，自此光催化消除有机污染物一直是环保领域的研究热点。由于光催化技术具有环境友好、反应条件温和、清洁高效、可以提高有机物可生化性等优势，在控制低浓度有机污染物(如VOCs)污染方面具有广阔应用前景。

6.4.1 原理

光催化降解技术的原理是利用光催化剂，在紫外线的照射下对废气进行分解，生成CO_2和H_2O。光催化技术处理VOCs利用的是光照与催化材料之间的协同效应。该方法基于光照射下半导体具有的强氧化性，处理过程中半导体内的电子发生移动，氧化性增强，将废气中的有机物氧化。根据固体能带理论，固体材料的能带结构可以分为价带、禁带和导带三部分。由于半导体能带的不连续性，在半导体粒子的低能价带和高能导带之间存在一个能带结构，称为禁带。当能量等于或大于禁带宽度的光照射半导体表面时，其价带上的电子e^-便被激发，在激发能量的作用下电子跃过禁带进入导带，同时在价带上产生相应的空穴h^+，形成电子-空穴对，并在电场作用下分离迁移到半导体粒子表面(图6-16)。由于价带上的h^+具有较大的氧化反应活性，可以直接氧化有机物，同时与半导体表面吸附的H_2O等发生反应形成强氧化性的羟基自由基(·OH)，而跃迁到导带的电子具有较强的还原性可以直接还原有机物，同时也能够将吸附在半导体表面的O_2还原成弱氧化性的超氧阴离子自由基(·O_2^-)。因此，光催化就是在半导体表面产生的·OH、·O_2^-、e^-和h^+等一系列活性物种的共同作用下发生的氧化还

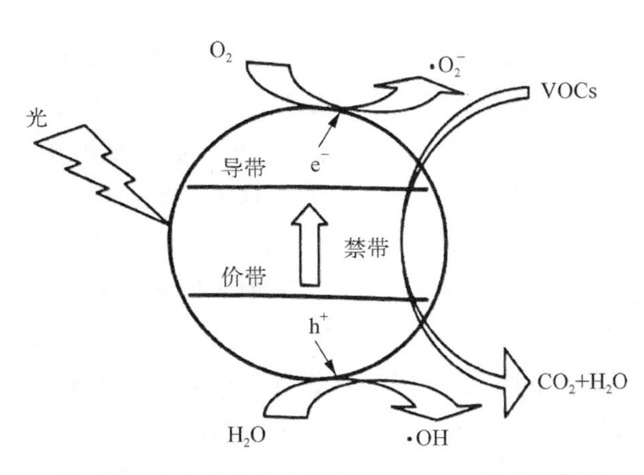

图6-16 半导体光催化降解VOCs原理示意图

原反应,将半导体表面吸附的 VOCs 降解为 CO_2 和 H_2O,从而实现 VOCs 的深度净化。

光催化法控制 VOCs 污染的典型工艺如图 6－17 所示。含 VOCs 的气体由光催化反应器的一端进入,在流动过程中首先接触到由光源激发催化剂表面形成的 h^+ 和 e^- 等活性物种而被直接氧化还原,接着被光催化剂吸附捕获后被·OH 和·O_2^- 等活性自由基进一步氧化,净化后气体由光催化反应器的另一端排出。

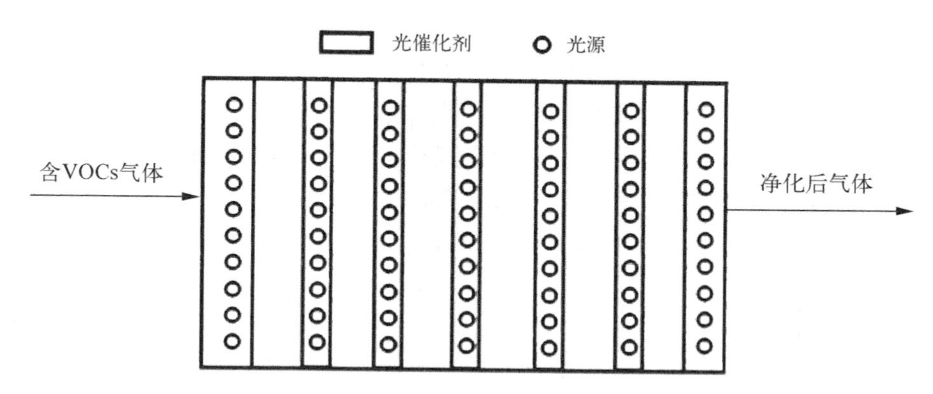

图 6－17　光催化降解 VOCs 的工艺流程示意图

6.4.2　光催化剂与光催化降解装置

6.4.2.1　光催化剂

光催化净化工艺的核心是光催化剂,光催化剂是具有光催化功能的半导体材料的总称。常用的光催化剂有 TiO_2、ZnO、SnO_2、Fe_2O_3、WO_3、ZrO_2 等。近些年,复合型光催化剂的研发逐渐成光催化领域的研究热点。以 TiO_2 为例,目前已有的复合型光催化剂包括 TiO_2－金属氧化物复合型光催化剂(如 CuO_x－TiO_2)、TiO_2－非金属材料复合型光催化剂(如 TiO_2－碳纳米管)和贵金属－TiO_2－非金属材料复合型光催化剂(如 Au－TiO_2－碳纤维)等。此外,开发既经济、资源又丰富的非金属光催化剂,如碳量子点、石墨化碳氮化物、石墨烯等,也是研究人员不断努力的方向。

根据光催化剂的存在形式,可将光催化剂分为颗粒型和负载型两类,其各自的优缺点见表 6－3。

表 6－3　光催化剂的类型及优缺点

光催化剂类型	优　　点	缺　　点
颗粒型	在反应器内部以颗粒的形式存在,比表面积较大,与反应物接触更加充分	催化剂难以分离回收利用,活性成分损失较大
负载型	将催化剂固定到载体表面或载体内部,使催化剂易于回收	催化剂与载体的接触不牢固,催化效率较低

6.4.2.2 光催化降解装置

光催化降解装置主要指光催化反应器。光催化反应器可分为负载型和悬浮型两类。负载型光催化反应器是将催化剂固定在载体上，根据载体的存在状态，又可将其分为固定床型和流化床型两种。本节主要介绍以下三种光催化反应器：

1. 悬浮型光催化反应器

早期的光催化反应器研究多以悬浮型为主。该类型反应器的工作原理是直接将纳米级或微米级的催化剂颗粒粉末加入反应的混合体系中，通过物理混合使其分散均匀。由于催化剂粒径小、比表面积大，因此反应物与催化剂接触更加充分，不存在质量传递的限制，具有较高的光催化效率。但由于催化剂易聚集，因此回收分离难度较高，故该类反应器一般用于实验研究。随着对该类反应器的研究，陆续出现了鼓泡式(图 6 - 18)、脉冲挡板式(图 6 - 19)及降膜式(图 6 - 20)等形式，其各自的优缺点见表 6 - 4。

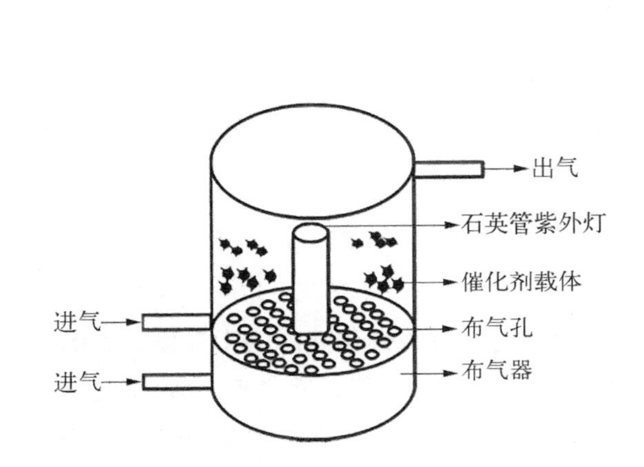

图 6 - 18 鼓泡式悬浮型光催化反应器

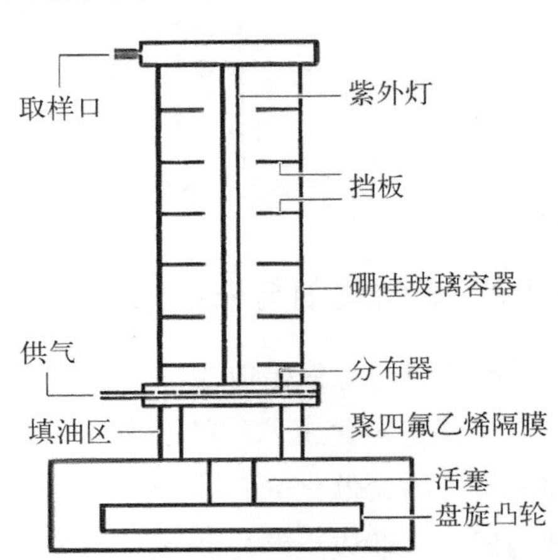

图 6 - 19 脉冲挡板式悬浮型光催化反应器

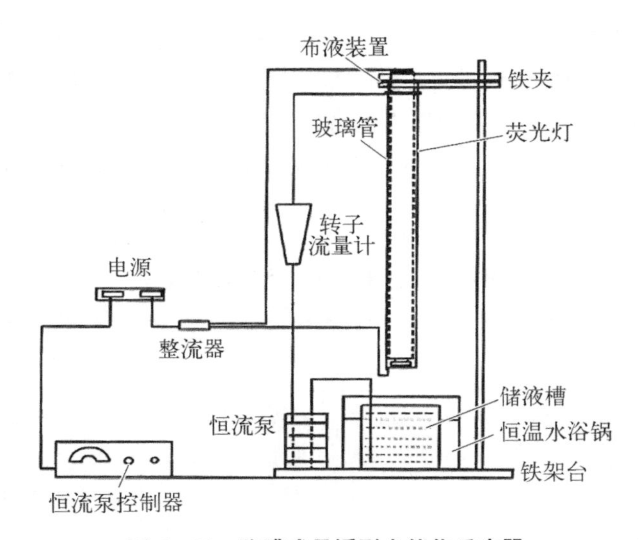

图 6 - 20 降膜式悬浮型光催化反应器

表 6-4　各类悬浮型光催化反应器的优缺点

反应器	优　　点	缺　　点
鼓泡式	气相反应物进入液相，分散均匀，液相混合充分，传质效率高	催化剂颗粒小，回收利用难度较大
脉冲挡板式	增加催化剂的停留时间，减少催化剂的沉积	
降膜式	废水通过泵输入，成膜状流过柱体，处理效果较好	

悬浮型反应器的效率虽然高，但存在催化剂分离难和回收效率低的问题。为解决这一问题，研究人员将膜分离技术与该类反应器结合，进行了大量的探索性研究。特别是采用孔径为 0.5 μm 的无机陶瓷膜对光催化后的二氧化钛悬浮体系进行分离，该分离过程利用二氧化钛颗粒易发生团聚，导致粒径变大的特点，将大于 0.5 μm 的二氧化钛颗粒留在反应器中，实现了对催化剂二氧化钛的分离，其分离效率可达 99%。利用超滤膜技术降解偶氮有机有害污染物，可使其降解率达到 97.7%，并且抗污染性更高，更适合实际应用。悬浮型-膜分离反应器长时间工作，效率会逐渐降低，催化剂会导致光能利用率低下。

催化剂的分离制约着悬浮型反应器的发展，虽然将膜分离技术与悬浮型反应器结合可以有效解决催化剂分离的问题，但是膜的成本及循环利用率也是实际应用中要考虑的。因此，该类反应器在 VOCs 实际治理工程中应用较少。

2. 固定床型光催化反应器

由于悬浮型反应器需要解决催化剂分离、回收的问题，不适用于实际应用，所以多数研究人员为了避开这个问题而选择负载型反应器进行研究。而固定床型光催化反应器就是负载型反应器的代表，该类反应器是将催化剂负载于较大连续面积的载体上，比如负载在反应器内外壁、玻璃片、玻璃珠和光导纤维等关键部件上。最常见的固定床型光催化反应器的典型代表有转盘式反应器（图 6-21）和管式反应器（图 6-22）等，其各自的优缺点见表 6-5。

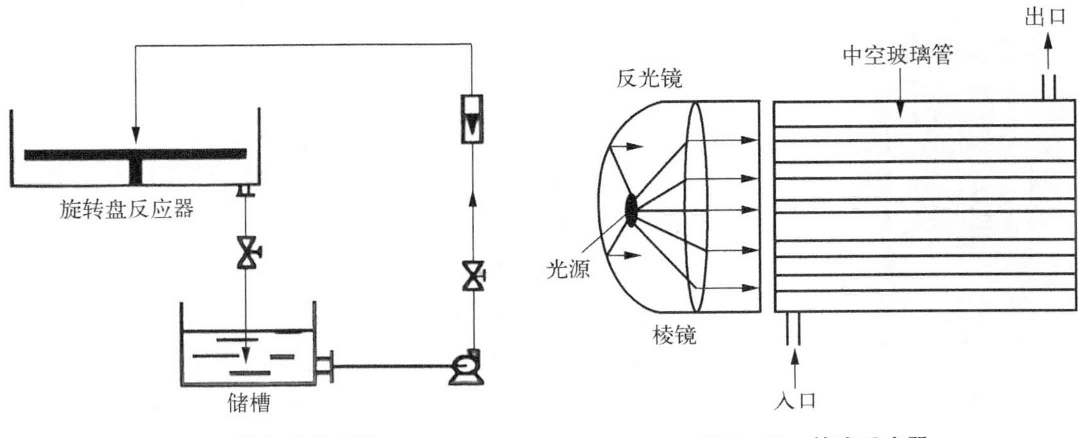

图 6-21　转盘式反应器　　**图 6-22　管式反应器**

表 6－5　各类固定床型光催化反应器的优缺点

反应器	结构特点	优点	缺点
转盘式	附着催化剂的盘面浸入水中并搅拌	很高的传质效率及光利用率	处理量小，不易放大
管式	光源经反射映射在催化剂膜表面	光能的利用率高	结构复杂，制作成本高，光催化剂利用率低

近年来，各国科学家都在固定床型光催化反应器处理有机污染物方向做了大量研究。通过将光催化剂（如 TiO_2 粉体颗粒）包覆在胶珠及固定在海藻酸钠球上，并与固定床型玻璃板光催化反应器及悬浮型光催化反应器对比，其 VOCs 降解率明显提高。还有人利用固定床的原理设计了固定床体系，运用合成的有机黏土吸附有机污染物，实现了大流速、宽范围吸附剂粒径、较高进料浓度、较低温度下对有机污染物的催化分解，这是一种相对简单易行的光催化分解方法。另外，通过将海胆状的 Fe_3O_4/ZnO/ZnSe 等分层异质结构光催化剂与光催化磁固定床反应器（PMFBR）相结合，在连续反应过程中可以显示出其优异的光催化能力。同时，磁性光催化剂和 PMFBR 的组合也可以将反应模式从烦琐的间歇操作转变为简单的连续催化方式，这种连续的光催化系统为大规模废气、废水处理提供了新的思路。

在处理 VOCs 时，虽然固定床型光催化反应器存在着传质限制、光照不均等问题，但因其结构简单、易操作等优点而被广泛研究与应用，加大对固定床型光催化反应器的研究也是大势所趋。

3. 流化床型光催化反应器

相比于固定床型光催化反应器，流化床型光催化反应器则是将催化剂负载于较大颗粒的载体上，并使其处于流化状态下，在光源的照射下，将载体表面的污染物降解。与悬浮型光催化反应器相比，流化床型反应器最大的优点是解决了催化剂回收困难的问题，无须进行过滤等操作。流化床型光催化反应器的类型较多，按照光源与流化床的位置，可以分为光源外置式装置（图 6－23）和光源内置式装置（图 6－24）。

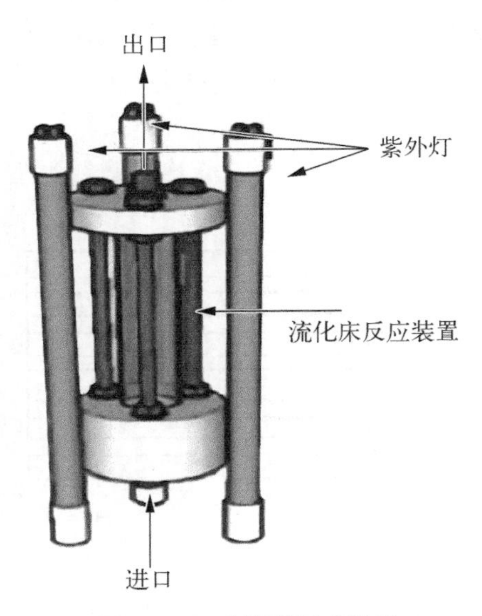

图 6－23　光源外置式装置

利用流化床型光催化反应器，传统研究以掺铁 TiO_2 催化剂为流化介质，其优势在于利用声场可以使细粉在高速流场中流化，有效提高有机污染物与光催化剂之间的传质速率，从而提高降解效率。最典型的方法是利用紫外线辐射的流化床型催化反应系统和负载 Pt 的 TiO_2 球来用于光催化分解有机污染物，该方法可以最大限度地减少反应过程中的寄生反应、质量传输和辐射分布效应，可以持续高效进行光催化分解反应。

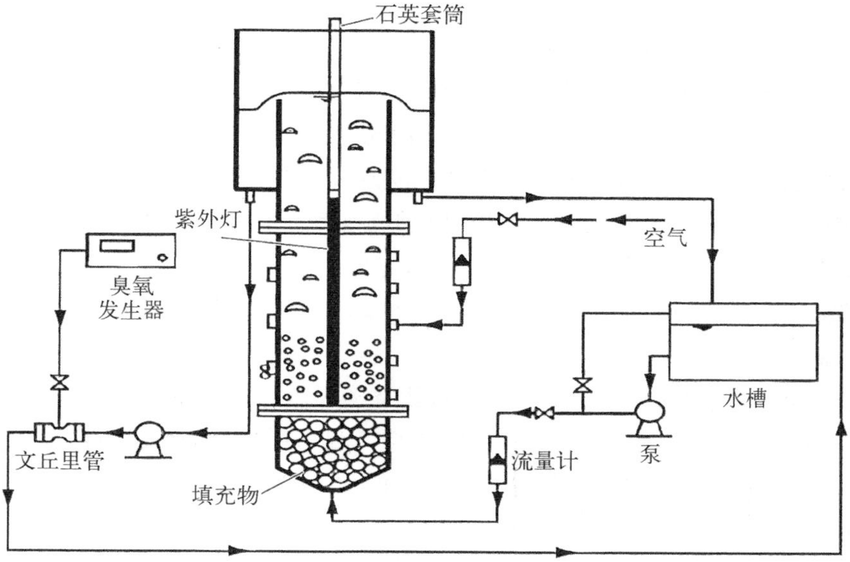

图 6－24　光源内置式装置

流化床型光催化反应器具有反应物接触充分、传质速率高等优点，适用于高浓度有机废气的处理。但是由于催化剂的固定，必然会导致催化剂与目标物接触不够充分，催化效率降低，这些都制约着流化床型光催化反应器的应用。随着科学技术的发展，高性能载体的研发、光催化剂固定化工艺的优化均是流化床型光催化反应器未来的发展方向。

6.4.2.3　光催化组合工艺控制 VOCs 污染

虽然单一光催化法可以实现 VOCs 的高效净化，但是在实际的复杂环境大气污染控制过程中，由于存在多种干扰因素(如大气颗粒物和其他共存污染物)，为保证 VOCs 的高效稳定去除，通常将光催化与其他物理、化学和生物控制技术进行组合和集成(图 6－25)。

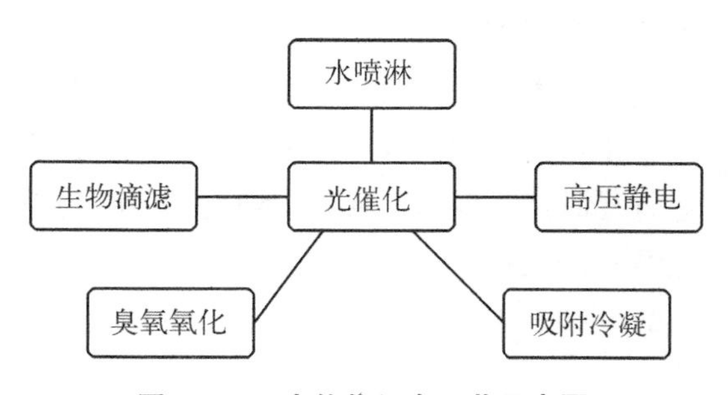

图 6－25　光催化组合工艺示意图

1. 光催化与水喷淋技术组合工艺

前端利用水喷淋技术有效去除颗粒物和亲水性 VOCs，结合后端光催化对所有 VOCs 无选择性深度氧化的特性，成功实现汽车喷涂等行业排放有机废气的高效净化。例如，该工艺对汽车 4S 店喷涂车间排放的 VOCs 最高去除率可以达到 70%(其中 VOCs 进口浓度为 580～1 200 mg/m^3，额定风量为 16 000 m^3/h)。

2. 光催化与吸附冷凝技术组合工艺

利用吸附快速捕获和浓缩后的 VOCs 通过脱附冷凝实现有效回收，残余 VOCs 被后端光催化深度氧化，实现涂料生产等行业排放有机废气的资源化回收和达标净化。例如，采用吸附冷凝-光催化组合工艺对涂料包装车间排放 VOCs 的去除率高于 96%（其中 VOCs 进口浓度最高为 1 100 mg/m³，额定风量为 1 000 m³/h）。

3. 光催化与高压静电和臭氧氧化技术组合工艺

利用高压静电前处理技术有效去除颗粒物和颗粒物上的半挥发性有机物（SVOCs），结合后端光催化和臭氧氧化协同深度氧化 VOCs，实现电子电器再生资源回收等行业排放有机废气的高效净化。例如，采用该组合工艺对电子垃圾拆解车间排放 VOCs 的平均去除率为 94%（其中 VOCs 进口平均浓度为 13 mg/m³，额定风量为 1 000 m³/h）。将该组合工艺可进一步放大到 60 000 m³/h 规模，实现对 20 个电子垃圾拆解车间排放 VOCs 的高效稳定去除。

4. 光催化与生物滴滤技术组合工艺

利用生物滴滤前处理技术有效去除颗粒物及亲水性、易生物降解的 VOCs，结合后端光催化对所有 VOCs 的无选择性深度氧化，实现涂料生产等行业排放有机废气的高效净化。例如，该组合工艺对涂料包装车间排放 VOCs 的去除率高于 95%（其中 VOCs 进口浓度为 70 mg/m³，额定风量为 3 000 m³/h）。

6.4.3 技术特点

1. 适用范围

光催化是 VOCs 处理领域的一种高效、绿色、彻底且无二次污染的技术，该法适用范围广，能够高效净化目前已知的绝大多数 VOCs，包括甲苯、乙苯、苯乙烯、二甲苯、三甲苯等芳香烃类，氯甲烷、溴甲烷、三氯乙烯、二氯甲烷、二氯乙烷等卤代烃类，正己烷、正戊烷、正庚烷、正癸烷、蒎烯、己烯等脂肪烃类和乙酸丁酯、乙酸乙酯、甲基异丁基酮、甲基丙烯酸甲酯等含氧 VOCs。

该技术适用于机械、家具、集装箱、汽车、涂料等生产企业的生产线或喷涂车间有机废气净化，石化行业、橡塑行业、电子行业、家电行业、印染行业、制药行业、香料行业、油脂行业、粮油行业、养殖行业、饲料行业等生产过程的有机废气，垃圾处理厂、污水处理厂、生活垃圾焚烧发电厂、危险废物焚烧处理厂等产生的臭气。同时，由于该技术对低浓度、气量小的 VOCs 或异味分子具有较好的处理效果，故在室内 VOCs 处理领域具有较好的应用前景。

2. 影响因素

光催化过程中，光催化技术的净化效率取决于多方面因素。影响光催化工艺处理 VOCs 效率的因素主要包括：

（1）VOCs 停留时间

停留时间直接影响 VOCs 与光催化剂的接触和反应时间。如果停留时间太短，VOCs 不能被光催化有效去除，产生的中间产物可能累积在光催化剂表面，具有一定的毒害作用，而且长期积累可能在光催化剂表面形成积炭，导致光催化剂失活；而停留时间过长则需要更大的反应器，增大了处理成本。一般建议停留时间最短为 6 s。

（2）气体杂质

包括与 VOCs 一起进入反应器的水分、颗粒物等杂质会覆盖在光源和光催化剂上，阻隔 VOCs 吸收光子或与光催化剂上的活性物种发生竞争反应，从而影响 VOCs 的净化效率。

（3）光催化剂性能

如何快速将 VOCs 捕获并加快其与光催化剂上的活性物种的反应速率是有效提高 VOCs 光催化处理效率的关键，通过开发 VOCs 富集强化、光吸收增强、电荷分离加速等多功能新型光催化剂可以进一步提高光催化剂的活性和使用寿命等。

（4）光源

光源对光催化效率的影响十分显著，光的波长及光照的强度会直接影响光催化剂产生光生电子及空穴的数量。在光催化氧化过程中，应用最普遍的是黑光紫外灯，波长主要在 350 nm 左右。但由于这种光源体积较大，难以在光催化装置中使用，因此，近些年人们尝试寻找新型的光源以提高光催化效率及其适用性。

（5）温度与湿度

温度、湿度等条件对光催化剂性能也有一定影响。以二氧化钛为例，在较低的温度、中等的湿度条件下，二氧化钛的光催化性能最好，主要是由于较低的温度更有利于 VOCs 分子首先吸附并扩散进入二氧化钛的孔道内部，中等的湿度更有利于光催化剂表面 HO· 自由基的生成。同时，光催化过程中会生成较多的副产物，这些反应生成的副产物附着在二氧化钛的表面，从而造成光催化剂的失活。

3. 现存问题

光催化降解 VOCs 的技术目前还处于研究发展阶段，但其在 VOCs 降解方面具有独特的优势和显著的效果。光催化技术具有选择性高、反应条件较为温和、设备简单、维护方便等优点，但同时也具有局限性，如反应量子产率低，催化剂对激发源特征波长要求苛刻，且在 VOCs 治理中使用该技术，对应有机物的浓度需要小于 100 mg/L，且气流量要较小。同时，光催化技术所使用的催化剂价格通常较高，并且容易受到粉尘、含卤素有机物、含硫有机物等污染，存在中毒失活失效、需定期更换等问题。一直以来，如何通过高效光催化剂的研发和改性以提高光催化降解 VOCs 的效率是光催化领域十分重要的研究方向。目前大多数光催化剂的研发仍然处于实验室探索制备阶段，离真正的实际应用还有相当的距离。同时，如何实现光催化剂的快速成型也是光催化领域需要攻克的重要科学和技术难题。此外，虽然实验室光催化处理 VOCs 的效率很高，但这仅仅代表原 VOCs 被去除。许多研究已经证实光催化处理 VOCs 会有大量中间产物形成，VOCs 并没有一次性完全矿化为 CO_2 和 H_2O。如果生成的产物种类毒性更大，那么光催化就没有实现 VOCs 的无害化。因此，在提高光催化性能的努力中，更应该同时关注 VOCs 的光催化深度净化与安全脱毒方面的研究，这需要企业及科研工作者的共同努力。

6.5 生物降解技术

生物降解法控制 VOCs 污染技术已得到规模化应用，有机物去除率大都在 90%以上。与常规处理法相比，生物降解法具有设备简单、运行费用低、较少形成二次污染等优点，尤其在处理低浓度、生物可降解性好的气态污染物时更显其经济性。

6.5.1 原理

生物降解法的理论基础是微生物在生长过程中产生的生物酶，这种酶有一种极强的生物催化活性，它比一般的催化剂具有更强的催化活性，就是这种比普通化学催化剂催化能力强上千万倍的生物酶，使得污染物得以降解。

VOCs 生物降解过程的实质是附着在滤料介质中的微生物在适宜的环境条件下，将 VOCs 中的有机成分作为碳源和能源，维持其生命活动，并将 VOCs 同化为 CO_2、H_2O 和细胞质的过程。

用于 VOCs 治理的生物降解法按照工艺过程的不同又可分为生物洗涤法、生物滴滤法和生物过滤法。这三种生物法降解 VOCs 均是基于双膜理论来进行的，其主要包括如下五个过程：第一步，在气相中扩散并传递到液相。第二步，VOCs 从液相扩散到生物膜表面。第三步，VOCs 在生物膜内部的扩散。第四步，生物膜内的降解反应。第五步，代谢产物经生物膜排出。简而言之，生物降解法处理 VOCs 的过程是吸收传质过程和生物氧化过程的结合。前者取决于气液间的传递速率，后者则取决于生物的降解能力，即该方法针对水溶性好、生物降解能力强的 VOCs 具有较好的处理效果。表 6-6 给出了部分有机化合物的生物降解难易程度。

表 6-6　部分有机化合物的生物降解难易程度

有机化合物种类	降解难易程度
芳香族化合物：甲苯、二甲苯 含氧化合物：醇类、醋酸类、酮类 含氮化合物：胺类、铵盐类	极易
脂肪族化合物：正已烷 芳香族化合物：苯、苯乙烯 含氧化合物：酚类 含硫化合物：硫醇、二硫化碳、硫氧酸盐	容易
脂肪族化合物：甲烷、正戊烷、环已烷 含氧化合物：醚类 含氯化合物：氯酚、二氯甲烷、三氯乙烷、四氯乙烯、三氯苯	中
含氯化合物：二氯乙烯、三氯乙烯 含氧化合物：醛类	较难

用来降解污染物的微生物种类繁多，在生物滤塔运行初期，微生物对有机物有一个适应过程，其种群及数量分布会逐步向处理目标有机物的微生物转化。对易降解有机物，大约需驯化 10 天；而对较难生物降解或对微生物有毒的物质，需要采用专门驯化培养的微生物种群来净化，而且要严格地控制负荷。

微生物对有机物不仅有独立氧化作用，而且还有协同氧化作用（共代谢），当微生物有可利用的碳源存在时，它对原来不能利用的物质也能分解代谢。在有些情况下，多种微生物在相同条件下均可正常繁殖，因此在一套滤塔中可同时处理多种成分的气体。研究表明，微生物对几种高氯代脂肪族的共代谢降解大于对单一组分的降解，以甲苯作为唯一碳源的微生物，当有其他碳源存在时，对甲苯的降解速率比单一甲苯存在时的速率更为显著。当然，多类有机物的共存对微生物抑制作用的研究也有报道。例如，当有丁醇存在时，微生物对甲烷的同化能力有所降低。

6.5.2　生物降解装置

在废气生物处理过程中，根据系统的运转情况和微生物的存在形式，可将生物降解工艺装置分成悬浮生长系统和附着生长系统。悬浮生长系统即微生物及其营养物存在于液体中，气相中的有机物通过与悬浮液接触后转移到液相，从而被微生物降解，其典型的形式有鼓泡塔、喷淋塔及穿孔塔等生物洗涤塔。而附着生长系统中微生物附着生长于固体介质表面，废气通过由滤料介质构成的固定床层时，被吸附、吸收，最终被微生物降解，其典型的形式有由土壤、堆肥、填料等材料构成的生物过滤塔。生物滴滤塔则同时具有悬浮生长系统和附着生长系统的特性，系统分类见表 6－7。

表 6－7　生物法处理工艺的系统分类

微生物存在形式	液相分布	
	连续相	非连续相
悬浮生长	生物洗涤塔、生物滴滤塔	—
附着生长	生物滴滤塔	生物过滤塔

6.5.2.1　生物洗涤塔（悬浮生长系统）

生物洗涤塔工艺流程如图 6－26 所示，从图中可知，洗涤塔由吸收和生物降解两部分组成。经有机物驯化的循环液由洗涤塔顶部布液装置喷淋而下，与沿塔而上的气相主体逆流接触，使气相中的有机物和氧气转入液相，进入再生器（活性污泥池），被微生物氧化分解，有机物得以降解。该法适用于气相传质速率大于生化反应速率的有机物降解。

洗涤塔的主要作用是为气液两相提供充分接触的机会，使两相间的作用能够有效进行。

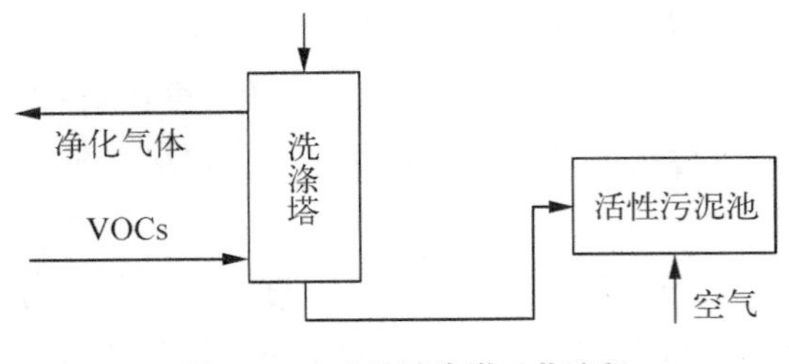

图 6-26　生物洗涤塔工艺流程

目前常用的洗涤塔有多孔板式塔和鼓泡塔。板式塔由圆柱形外壳及其中按一定间距设置的若干层塔板构成，塔内液体依靠重力作用自上而下流经各塔层后自塔底排出，在各层塔板上保持一定深度的流动液层，气体则在压力差的推动下，自塔底穿过各层塔板上的孔眼分散成小股气流鼓泡进入各板液层中，使两相密切接触并进行质量传递。板式塔与鼓泡塔相比具有处理能力大、分离效率高、操作弹性大、气相阻力小、结构简单、制造成本低等优点，其较为广泛地应用于生物降解系统中。经过液相吸收的有机物进入再生系统，在适当的环境中被微生物降解，从而使液相得以再生，继续循环使用。某污水处理厂利用该系统脱除臭气，去除率可达99%。在实际应用中，经常通过增大气液接触面积、在吸收液中加入某些不影响生命代谢活动的溶剂等利于有机物吸收的手段来提高有机物降解能力。

6.5.2.2　生物滴滤塔(悬浮、附着生长系统)

生物滴滤塔工艺流程如图 6-27 所示。VOCs气体由塔底进入，在流动过程中与已接种挂膜的生物滤料接触而被净化，净化后的气体由塔顶排出。滴滤塔集废气的吸收与液相再生于一体，塔内增设了附着微生物的填料，为微生物的生长、有机物的降解提供了条件。启动初期，在循环液中接种了经被试有机物驯化的微生物种群，从塔顶喷淋而下，与进入滤塔的 VOCs 异向流动，微生物利用溶解于液相中的有机物质进行代谢繁殖，并附着于填料表面，形成微生物膜，完成生物挂膜过程。气相主体的有机物和氧气经过传输进入微生物膜，被微生物利用，代谢产物再经过扩散作用进入气相主体后外排。

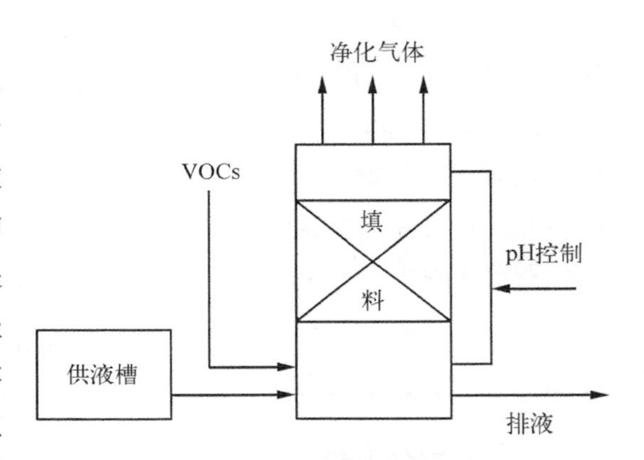

图 6-27　生物滴滤塔工艺流程

微生物膜是包含微生物及其他生物群落的黏质膜，由好氧区、厌氧区两部分组成，其厚度与生物量是由有机物负荷决定的，一般为0.5～2.0 mm，增加有机物的负荷时，膜的厚度能随之增长到一个较大的有效厚度，该厚度又与液气比、填料类型、有机物类型、空塔气速、温度及微生物的特性等因素有关。此外，当生物膜较厚时，有机物在未达到整个膜厚时就已消耗掉，导致厌氧区的微生物往往处于内源呼吸状态，内源呼吸的微生物在滤料表面的附着能力较差，使生物膜在滤料上脱离，而在脱离处又生长出新的生物膜，完成了膜的代谢，使微生物对有机物的代谢能连续稳定地进行。影响生物滴滤塔处理效率的技术因素如下：

(1) 进气流量、反应器体积及容积负荷

这些参数影响着有机废气的停留时间，从而间接影响着填料系统内的传质过程和降解过程。

(2) 循环液喷淋量及湿度

生物膜附着介质的含水率过高，一方面会使填料压差升高，过滤孔隙开始积水而影响通过气流的稳定性；另一方面不利于氧的传输，导致厌氧层增高和分解率降低。但含水率过低又会降低微生物活性，也会导致填料介质紧缩而使材质裂化，缩小气体的停留时间。因此，需根据实际情况调节循环液喷淋量。

(3) 营养液配比

有机废气生物降解法通常可在常温常压下进行生物降解，除了微量元素供给外，碳：氮：磷的比值至少需要 100：5：1。

(4) 系统 pH

大多数好氧微生物的最佳生物滤床操作 pH 在 7～8 之间。因为滤塔无循环水洗系统，对填充介质本身所产生酸性物质和微生物分解污染物时所产生的酸性中间代谢产物无法有效排出，因此通常将系统设计为弱碱性。

6.5.2.3　生物过滤塔(附着生长系统)

VOCs 气体由塔顶进入过滤塔，在流动过程中与已接种挂膜的生物滤料接触而被净化，净化后的气体由塔底排出。定期在塔顶喷淋营养液，为滤料微生物提供养分、水分并调整 pH，营养液呈非连续相，其流向与气体流向相同。奥滕格拉夫、范登奥维尔及霍奇等基于双膜理论分别于 1983 年、1991 年、1993 年提出了生物过滤塔降解 VOCs 的数学模型。他们认为，在过滤塔内，水只是滞留在生物膜表面和内层中，用于生物生长和自身代谢，而非作为 VOCs 溶剂，没有形成贯穿于整个滤料塔层的连续流动相，滤料中的水、含水微生物膜及含生物膜的滤料介质可视为单一相，称之为液/固相。因此，在建立模型过程中，滤塔的相构成视为两相，即含有 VOCs 的气相主体和由水、含水微生物膜及含生物膜的滤料介质组成的液/固相。VOCs 通过扩散效应、平流效应以及气相、液/固相的传递而被吸附到液/固相中，传递到液/固相中的 VOCs 通过微生物降解生成 CO_2、H_2O 和生物机体，生成的 CO_2 再通过液/固相与气相主体之间的传递，进入气相主体并通过气相主体外排，从而完成了 VOCs 降解过程。生物过滤塔降解 VOCs 工艺流程及生物降解模型如图 6－28 和图 6－29 所示。

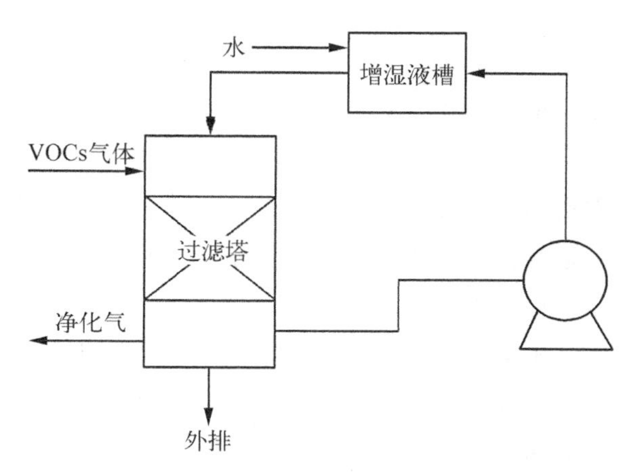

图 6－28　生物过滤塔降解 VOCs 的工艺流程示意图

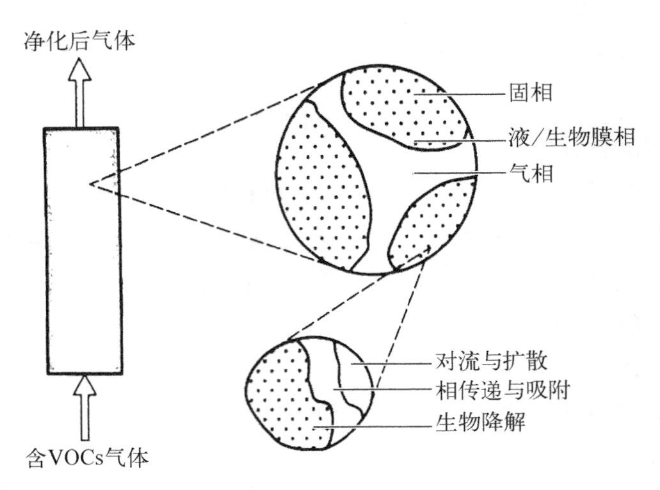

图 6-29　生物过滤塔降解 VOCs 的模型

最初的生物过滤塔采用土壤为过滤介质，随后采用含微生物量较高的堆肥等作为滤料。近年来，开发了诸如活性炭等新型介质作为滤料。生物过滤塔设计参数见表 6-8。

表 6-8　生物过滤塔设计参数

参　　数	参　考　值
表面气流速度	10～100 $m^3/(m^2 \cdot h)$
停留时间	15～60 s
填料高度	0.5～1.0 m
压力损失	500～1 000 Pa
相对湿含量	30%～60%
降解能力	6～16 $g/(m^3 \cdot h)$
pH	7～8

生物过滤塔易于操作，而且滤料（特别是新型滤料）具有比表面积大、吸附性能高的特性，可大大减缓因有机负荷变化而引起的降解效果的波动。同时，还可使微生物胞外酶、有机物在滤料和生物膜界面处浓缩，进而提高生化反应速率，使污染物得到快速降解。目前较为常用的生物过滤工艺有土壤法和堆肥法。

1. *土壤法*

土壤法是以土壤中的胶状颗粒作为滤料，利用其吸附性能和土壤中的细菌、霉菌等微生物的分解作用将污染物去除的生物过滤工艺。研究表明，该法因其较好的通气性和适度的通水与持水能力，以及相对稳定的生物群落系统，能有效地去除丙烷、丁烷等烷烃类化合物，对酸及乙醇等生物易降解物质的净化效果更好。该法具有设备简单、运行成本低、管理方便等优点，但由于占地面积大，开放式的场地因大雨和低温而使其通气性降低，导致生物活性差，从而降低了处理效果，制约了该法的推广和应用。工艺条件：温度为 5～30 ℃，相对湿度为 50%～70%，pH 为 7～8，滤料配比为黏土 1.2%、富含有机质灰土 15.3%、细沙土 53.9%、粗沙 29.6%，厚度一般为 0.5～1 m，通风速度为 0.1～1 m/min。

2. 堆肥法

该法是继土壤法后开发的另一种相对成熟的生物过滤工艺，与土壤法相似，它利用泥炭、堆肥、木屑等为滤料，经熟化后形成一种有利于气体通过的堆肥层，更适宜于微生物的生长繁殖。由于堆肥法中的微生物含量、种类大大高于土壤法，因此在去除相同负荷有机污染物时，可大大缩短停留时间，减少占地面积，克服了土壤法占地面积大的缺点。研究表明，利用该法处理浓度为 1 500 mg/m^3 的乙醇或苯乙烯废气，在停留时间为 1～1.5 min 时，净化率可达 95%。但由于堆肥是由生物可降解物质构成的，因而寿命有限，运行 1～5 年后就必须更换滤料。开放式的堆肥处理系统也同样受到气候等自然因素的影响。

近年来为了克服土壤法和堆肥法的缺点，增强系统的过程控制能力，相继开发了以活性炭等新型材料为滤料的封闭式生物过滤系统，大大减小了占地面积，延长了滤料的使用寿命，提高了有机物的转化能力，使过滤法得以广泛应用。

6.5.3 技术特点

1. 适用范围

生物降解法主要应用于常温、生物降解性好、处理低浓度的挥发性有机物，特别适合于处理气体流量大于 17 000 m^3/h、VOCs 体积分数小于 0.1%的气体。当挥发性有机物的体积分数小于 0.1%时，可以优先选择生物降解法这种污染控制技术，但如果污染物中的含氯物质比较多，则不能使用这种方式去除挥发性有机物。

生物降解法可处理的有机化合物种类包括：

烃类：苯、甲苯、二甲苯、乙烷、石脑油、环己烷等。

卤烃：三氯乙烯、四氯乙烯、三氯乙烷、二氯甲烷、三氯苯、三氯甲烷、四氯化碳等。

酮类：丙酮、环己酮等。

酯类：醋酸乙酯、醋酸丁酯等。

醇类：甲醇、乙醇、异丙醇、丁醇等。

聚合物单分子：氯乙烯、丙乙烯、丙烯酸酯、苯乙烯、醋酸乙烯等。

该技术适应于汽车、船舶、摩托车、自行车、家用电器、钢琴、集装箱等的喷漆废气，涂装车间或生产线产生的有机废气净化；印铁制罐、塑料、印刷油墨、电缆、漆包线等流水线产生的有机废气净化；制鞋上胶、鞣制造过程中产生的有机废气净化；污水处理厂、垃圾处理厂、屠宰厂产生的臭气净化；化学品生产、贮藏过程中产生的有机废气净化；胶卷生产和制药过程中产生的有机废气净化。

由表 6－9 可知，不同成分、浓度及气量的 VOCs 各有其适宜的有效生物降解系统。

净化气量较小、浓度较大且生物代谢速率较低的气体污染物时，可采用以多孔板式塔、鼓泡塔为吸收设备的生物洗涤系统，以增加气液接触时间和接触面积，但系统压力降较大；对易溶气体则可采用生物喷淋塔；对于大气量、低浓度的 VOCs 可采用过滤系统，该系统工艺简单、操作方便；而对于负荷较高，降解过程易产酸的 VOCs 则可采用生物滴滤系统。目前，VOCs 往往具有气量大、浓度低、大多数较难溶于水的特点，因此较多采用生物降解法处理。而对成分复杂的 VOCs，由于其理化性能、生物降解性能、毒性等有较大差异，适宜微生物亦不尽相同，因此建议采用多级生物降解系统进行处理。

表 6－9　生物降解法工艺性能比较

工　艺	系统类别	适用条件	运行特性	备　注
生物洗涤塔	悬浮生长系统	气量小、浓度高、易溶、生物代谢速率较低的 VOCs	系统压力降较大、微生物易随连续相流失	对较难溶气体可采用鼓泡塔、多孔板式塔等气液接触时间长的吸收设备
生物滴滤塔	悬浮、附着生长系统	气量大、浓度低、有机负荷较高及降解过程中产酸的 VOCs	处理能力强，工况易调节，不易堵塞，但操作要求较高，不适合处理入口浓度高和气量波动大的 VOCs	微生物易随流动相流失
生物过滤塔	附着生长系统	气量大、浓度低的 VOCs	处理能力大，操作方便，工艺简单，能耗小，运行费用低，对混合型 VOCs 的去除率较高，具有较强的缓冲能力，无二次污染	微生物繁殖代谢快，不会随流动相流失，从而大大提高 VOCs 的降解速率

2. 优缺点

生物降解法的优点：一是可在常温、常压下操作，设备结构简单、投资低、操作简便、运行成本低、净化效率高、抗冲击能力强；二是只要控制适当的负荷和气液接触条件，VOCs 净化率一般都在 90%以上，尤其在处理低浓度、生物降解性好的 VOCs 时更显其经济性；三是不产生二次污染，特别是一些难处理的含硫、氮的恶臭物及苯酚等有害物均能被氧化和分解。该法的缺点：一是由于氧化分解速度较慢，生物过滤需要很大的接触表面，过滤介质适宜的 pH 范围也难以控制；二是采用生物洗涤法时，有些不易氧化的恶臭物难于脱净。采用生物降解法必须满足微生物的生长、繁殖条件，如温度、湿度、pH、营养物质等。

对某些行业，由于其工艺是间歇过程，废气的排放也是周期性的。因此，设备的停运、有机营养成分的不足是否会影响微生物的生存和处理设施的再运转，已成为生物处理系统运行的关键所在。相关研究表明，设备停运两周以内，生物降解性能不会明显下降，如果在滤塔中加入充分的营养物质，停运时间可达两个月以上，为避免生物缺氧和缺水，停运期间必须定期供氧和增湿。

6.6　多技术联用控制 VOCs 污染

由于 VOCs 废气成分及性质的复杂性和单一治理技术的局限性，大多数情况下，采用单一技术在净化效率、安全性及经济性等方面具有一定的局限性，难以达到预期的治理效果。利用不同治理技术的优势，采用组合治理工艺不仅可以满足排放要求，同时还可以降低净化设备的运行成本。近年来在有机废气治理中采用两种或多种净化技术的组合工艺受到了极大的重视，并得到迅速发展。

6.6.1　吸附浓缩-催化氧化技术

在目前的 VOCs 联用技术中，吸附浓缩-催化氧化技术是应用比较广泛的一种。在工业生产过程中，通常遇到的是低浓度、大风量 VOCs 的排放。当 VOCs 回收价值较低而没必要进行回收时，一般选择催化燃烧或高温燃烧的方式进行销毁治理。工业排放的低浓度的 VOCs 分子直接进行催化燃烧或高温燃烧需要消耗大量的能量，设备的运行成本非常高。为了解决这个问题，研究人员将吸附浓缩和催化燃烧或高温燃烧技术进行联合，得到吸附浓缩-催化氧化技术（图 6 - 30）。

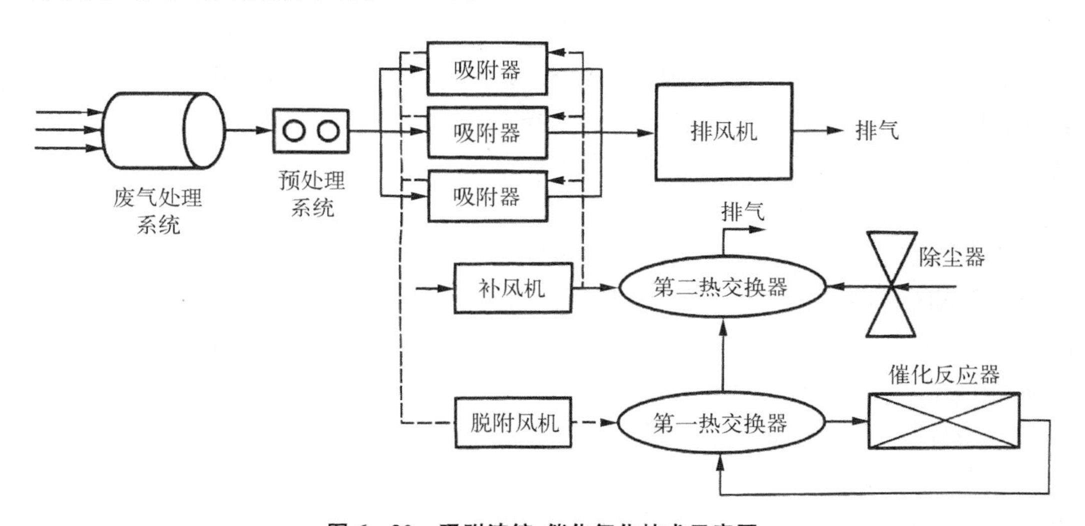

图 6 - 30　吸附浓缩-催化氧化技术示意图

6.6.1.1　具体工艺步骤

该技术利用吸附剂对 VOCs 废气进行吸附浓缩，将大风量、低浓度的 VOCs 转化为小风量、高浓度的 VOCs 后再进行催化燃烧净化。具体的工艺步骤如下：首先，废气中的 VOCs 组分通过预处理系统处理后，进入含有吸附剂的吸附床层进行吸附；然后，对于吸附 VOCs 已达到饱和的床层，可采用小气量的热空气等作为脱附介质对吸附饱和的吸附床层进行脱附再生处理，经浓缩后的小风量、高浓度 VOCs 气流进入含有催化剂的催化反应器；最后，在催化剂的作用下 VOCs 分子被燃烧氧化生成 CO_2 和 H_2O，达到充分净化的效果。经过吸附浓缩之后的 VOCs 废气具有较高的浓度，在催化反应器中可以维持氧化燃烧状态，在平稳运行的条件下催化反应器不需要进行外加热。在整个工艺流程中通常含有两个或多个固定吸附床交替进行吸附和脱附（吸附剂的再生），在生产过程中可进行切换，从而保证系统的高效性和连续性。

吸附浓缩-催化氧化技术使用范围广，VOCs 去除效率高，是目前我国喷涂、印刷等行业大风量、低浓度有机废气治理的主流技术。

6.6.1.2 吸附浓缩-催化氧化技术常用的吸附剂

1. 蜂窝状活性炭

吸附浓缩-催化氧化技术通常采用蜂窝状活性炭作为吸附剂。蜂窝状活性炭具有床层阻力低、动力学性能好等优点，尤其适用于低浓度 VOCs 的净化。目前有些企业也采用薄床层的颗粒活性炭和活性炭纤维毡作为吸附剂，采取频繁吸附/脱附的方式对吸附剂进行再生。催化燃烧后产生的高温烟气经过调温后可用于加热空气、吸附床的再生。充分利用废气中有机物的热值，可显著降低处理设备的运行成本。

该组合技术在工业 VOCs 净化中发挥了重要作用。但经过多年来的运行实践，发现该技术在应用过程中也存在一些明显的缺陷：

（1）采用活性炭材料作为吸附剂的安全性非常差

由于活性炭中含有一些金属成分（灰分），如铁、镁等，会对吸附在活性炭表面上的有机物的氧化产生催化作用。当再生热气流的温度达到 100 ℃以上时，由于催化氧化作用的增强而造成热量蓄积，易引起吸附床着火。

（2）高沸点有机物不适用

利用热气流吹扫再生活性炭时，因为再生温度低，当脱附周期完成后部分高沸点化合物未能彻底脱附，会在活性炭床层中积累而使活性炭吸附能力下降。由于存在安全性问题，通常再生温度不能超过 120 ℃。因此，对于沸点高于 120 ℃的有机物如三甲苯等，则不能利用该技术进行净化。

（3）对高湿度废气的净化效率低

活性炭具有一定的吸水能力，当废气湿度较高时（超过 60%），其对有机物的净化能力将会迅速降低。因此，在处理高湿度的废气时，活性炭净化效率较低。

2. 改性沸石分子筛

鉴于活性炭材料（蜂窝活性炭、颗粒活性炭和活性炭纤维）存在以上所述问题，日本在 20 世纪 90 年代开始研究利用改性硅铝分子筛（俗称沸石）代替活性炭。由于一般的分子筛材料是极性的，具有较强的吸水能力，对有机化合物的吸附能力较低，因此需要对分子筛进行疏水改性。改性分子筛吸附剂的特点是安全性好，可以在高温下进行脱附再生（最高可以达到 220 ℃），因此其也称为不可燃吸附剂，大部分的有机化合物都可以用其进行处理。

分子筛的吸附能力通常低于活性炭，当采用固定床时其吸附效率要低于活性炭床层，为此开发了旋转式的吸附浓缩装置。旋转式的吸附浓缩装置中既包含吸附部分，也包含脱附部分，可实现边吸附边脱附，其吸附效率要高于固定床吸附装置，成为目前国外低浓度VOCs治理的主流设备，近年来也逐渐在我国得到应用。国内的企业和科研院所也开始有关疏水分子筛和旋转式吸附浓缩装置的研究与开发。

6.6.1.3　预处理系统

大多数情况下，需要在吸附浓缩-催化氧化技术中添加预处理系统。利用吸附浓缩-催化氧化技术处理含VOCs的废气时，预处理系统占有重要的地位。当废气中含有颗粒物、重金属及含硫、卤素和氮等原子的化合物时，容易引起催化剂的中毒而使其失去活性，因此，在废气进入催化剂床层之前，应先通过预处理将上述物质去除。目前开发了一些抗硫、卤素和氮中毒的催化剂，在实际过程中已获得应用。当采用催化燃烧法处理含上述原子的废气时会产生二次污染物，反应尾气需要进行再处理后排放。

总的来说，吸附浓缩-催化氧化技术适用范围广、去除效率高，针对存在的一些问题，研究开发新型的高效疏水性吸附剂及高性能的抗中毒催化剂，将是未来研究工作的重点。

6.6.2　等离子体联合催化技术

单纯利用低温等离子体降解VOCs时，系统的降解效率和能量利用率并不高，而且在降解过程中可能会产生某些有害副产物，造成二次污染。如何降低成本、提高处理效率及抑制副产物产生已成为该技术研究的热点。等离子体与催化剂联合使用在降低能耗和减少副产物产生方面具有潜在优势，日益受到人们的关注。国外对低温等离子体催化技术的研究开展得较早，主要把该技术应用于脱硫脱硝、消除挥发性有机污染物、净化汽车尾气、治理有毒有害化合物等方面，相继获得了许多低温等离子体催化方面的专利技术。低温等离子体联合催化技术是目前世界上公认的处理低浓度废气的重要技术。近年来，美国、日本、韩国及欧洲许多国家相继对低温等离子体联合催化气体净化技术增加资金投入和研究力度。已有不少学者研究等离子体和催化剂的协同效应，且将该技术逐步商业化。

6.6.2.1　等离子体催化反应器结构

用于降解VOCs的等离子体催化反应器种类较多，根据放电形式可分为介质阻挡放电(DBD)反应器、沿面放电反应器、脉冲电晕放电反应器等，目前常用的是DBD反应器，在前文中已进行过详细介绍，此处不再阐述。在等离子体催化反应过程中，根据催化剂在反应器中的位置，可将反应器分为两类：一体式反应器(IPC)，即催化剂直接置于放电区域内部；后置式反应器(PPC)，即催化剂置于放电区域后部，如图6-31所示。

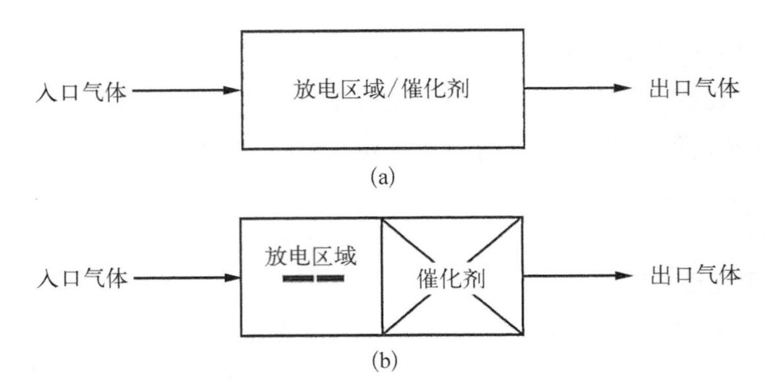

图 6-31　IPC 和 PPC 的基本结构示意图

(a) IPC;(b) PPC

在 IPC 中,等离子体和催化剂在反应过程中可表现出良好的协同作用,能大大改善对 VOCs 的降解反应性能。一方面,催化剂置于放电区域会促进放电过程的发展,有助于短寿命活性物质的产生;另一方面,放电过程会强化催化剂内部活性成分的分布和产生。IPC 中催化剂的存在方式包括(图 6-32):

1) 以涂层纤维催化剂涂于 IPC 器壁或电极;

2) 以颗粒状或涂层纤维催化剂作为填充床;

3) 以颗粒状或涂层纤维催化剂作为堆层置于电极的一端。

在 PPC 系统中,等离子体有两个重要的作用,即对 VOCs 进行活化、部分转化和产生强氧化性的副产物。前者是通过高能高活性物质直接破坏 VOCs 的化学结构,将其转化为小分子物质;当这些小分子物质进入反应器后部的催化剂区域后,能较容易地被催化氧化成 CO_2、H_2O 等无害物质。另外,在催化剂反应器中,放电反应过程产生的 O_3 等活性物质能在催化剂表面分解生成具有高氧化性的 O·,有助于小分子物质的深度氧化。在等离子体协同催化降解 VOCs 的应用中,能耗和副产物是关键影响因素。在能耗方面,由于 IPC 中等离子体与催化剂的协同效应较 PPC 更加显著,所以 IPC 的能量利用率较 PPC 高。

6.6.2.2　等离子体催化过程中的物理化学作用

研究表明,等离子体联合催化在能量效率和产物选择性等方面优于单纯等离子体和催化的简单叠加,即等离子体与催化之间产生了协同效应。等离子体协同催化能够产生有利于 VOCs 脱除的物理化学变化,并产生一些协同作用,如放电过程中电子密度的改变、放电形式的改变、催化剂性能的改善等。因此,深入探究等离子体协同催化反应过程中的物理化学作用,对明确 VOCs 降解反应性能得以改善的本质与机制具有重要意义。

1. 催化剂对等离子体的影响

放电区域中引入催化剂会改变放电特性,具体影响如下:

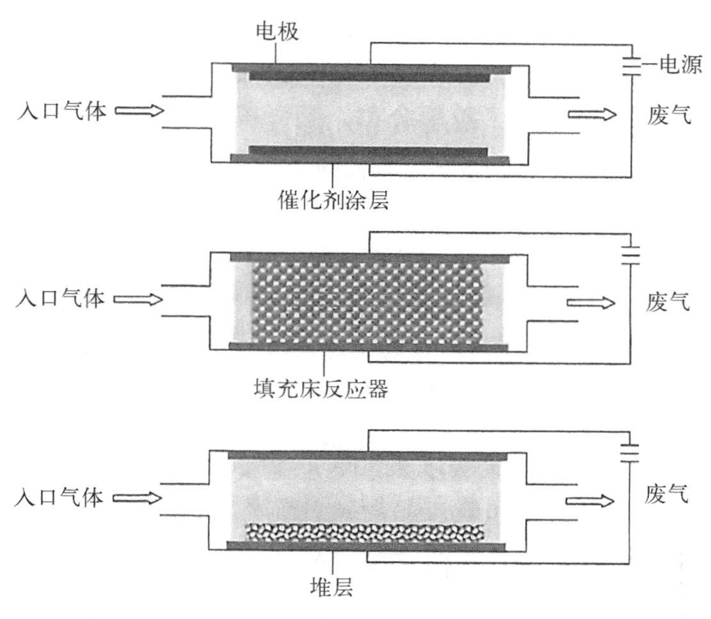

图 6 - 32　IPC 中催化剂的存在形式

(1) 提高电场强度

放电区域置入的异相催化剂颗粒能极大地提高电场强度，尤其是在颗粒与颗粒或颗粒与电极接触的位置。在放电区域放置球形、纤维状或颗粒状的催化剂(如填充床)，由于催化剂表面的粗糙或其具有的多孔结构都会使电场强度增强。这种填充床效应通常被看作物理作用，不直接参与催化反应。催化床中的填充物除了催化剂本身还可以是简单的电介质(如玻璃微珠、铁电体等)，或是电介质与催化剂的联合。填充床中电场强度的提高归因于电介质的极化作用及其表面放电的富集，这与填充颗粒的接触角、曲率和介电常数有关。对于具有孔结构的催化剂表面，电场强度的提高主要得益于局部表面具有的较大的曲率。虽然电场强度的提高是物理作用，但它也可以引起等离子体的化学效应。实际上，电场强度的改变会直接影响电子能量分布，进而影响电子碰撞、电离速率和等离子体的化学组成。

从等离子体化学效应的角度来看，通常认为转动和振动激发态的物质对碳氢化合物的离解重构没有太大作用，因为其存在的时间很短，并且具有的能量也较低(<2 eV)，而众多碳氢化合物的键能在 3～6 eV。但是，电场强度的增加将会使激发态物质的能量达到分解和离子化碳氢化合物键能所需的能量，从而减少了因无效碰撞作用而损耗的系统能量，使反应系统的能量利用率得到提高。Guaitella 等研究发现，在保持电压不变的条件下，引入负载 SiO_2 或 TiO_2 的玻璃纤维时输入功率明显提高，这是因为电场强度增加了。同样，放电区域中铁电材料和沸石也可以提高电场强度，从而提高材料表面的电子能量分布及等离子体的氧化能力。

(2) 改变放电形式

放电区域中引入催化剂会改变放电形式，在催化剂孔隙内部产生微放电，这是电场强度提高的一种体现。孔隙内的电场强度非常强，其放电特性与孔隙外的放电特性差别很大，能产生不同的等离子体物种并改变等离子体的化学组成。Hensel 等研究了多孔陶瓷的孔径与微放电的关系，当孔径比较小时（0.8 μm）只形成表面放电，孔道内部没有微放电，当孔径比较大时（≥15 μm），表面放电延伸到孔道内部形成稳定的微放电，有效提高了对废气的降解能力。

（3）产生新的活性物质

放电区域中置入催化剂可生成新的活性物质并改变等离子体的化学活性。Roland 等采用无孔和有孔的氧化硅和氧化铝催化剂联合等离子体降解 VOCs，发现材料孔道内的微放电会产生短寿命的活性物质。Chavadej 等的研究发现在放电区域中引入 TiO_2 会加速生成超氧阴离子自由基（$\cdot O_2^-$），提高系统的催化活性。

（4）在催化剂表面吸附污染物分子

在等离子体催化系统中，催化剂表面对气体分子的吸附对等离子体放电过程也有一定的影响。催化剂对 VOCs 分子的吸附能延长其在等离子体放电区域的停留时间及升高等离子体放电区域内 VOCs 的浓度，可大大提高 VOCs 分子与活性物质的碰撞概率，从而提高 VOCs 的吸附效率。然而，当污染物的浓度非常低时，吸附对等离子体化学组成和特性的影响并不大。催化剂表面对污染物分子和活性物质的吸附量与催化剂的孔隙率呈正相关关系。相对于热催化系统，等离子体催化系统中的催化剂具有更高的吸附能力，这一点对等离子体催化降解 VOCs 极为重要，研究证实它符合零级动力学过程，即 VOCs 的降解过程主要由吸附过程控制，而非放电特性。

2. 等离子体对催化剂的影响

等离子体催化系统中的等离子体也会通过各种途径影响催化剂的性质，具体如下：

（1）改变催化剂表面的物理化学性质

1）提高催化剂表面的吸附性能。如前所述，相对于热催化系统，等离子体催化系统中的催化剂表面具有更高的吸附能力。Blin-Simiand 等发现放电对微孔材料的吸脱附平衡的影响比较大。究其原因，放电可能会改变催化剂的表面性质，影响取向力（keesom force）>诱导力（debye force）和色散力（London dispersion force），从而影响吸脱附平衡。催化剂的高吸附能力会影响污染物分子在等离子体区域中的浓度和去除效率。从等离子体催化机理的角度看，催化剂的吸附能力与其表面反应机制密切相关，即 Langmuir-Hinshelwood（L－H）、Eley-Rideal（E－R）或 Mars-van Krevelen（MvK）机制。

2）提高催化剂的比表面积。催化剂表面吸附能力不只与吸脱附平衡有关，还与催化剂的比表面积有关。放电可以促使催化剂表面的粒度尺寸变小，形成纳米粒子，分布更加统一，从而提高比表面积。经等离子体处理后，催化剂表面金属活性物质组分分布更加均匀，具有更好的催化活性和稳定性。通常这种纳米粒子表面结构的有序度有所降低，在原子配位点、晶体边沿出现晶格缺陷和空缺，从而增加催化活性。一般地说，放电会引起催化剂整体形貌的改变，并因此改变其比表面积。

3）改变催化剂中金属的价态。等离子体对催化剂中金属的价态也能产生一定的影响。例如，将 Mn_2O_3 催化剂置于等离子体中后，检测到了强氧化性的 Mn_3O_4，MnO_x/Al_2O_3 与等离子体协同作用后，锰的氧化态由 Mn(Ⅳ)变为 Mn(Ⅴ)。一般认为，催化剂中金属价态的改变一方面是因为高电压的影响，另一方面是通过与活性氧物种(臭氧、氧原子、氧自由基)之间的相互作用，促进了 Mn 活性位中的电子向这些氧物种转移。此外，等离子体也可以还原催化剂中的氧化态金属至金属态。Ni、Fe 通常在其金属态时具有最高的催化活性。研究发现，在等离子体中，NiO 可被还原为金属 Ni，还原后的催化剂具有更高的活性。

4）减少催化剂表面的积碳。等离子体可以减少催化剂表面积碳的形成，防止催化剂钝化，这可能是因为等离子体使催化剂表面的金属活性相分布得更加均匀。例如，等离子体处理后催化剂表面 Ni 的分散性提高，当其尺寸足够小(小于 10 nm)时就会有效地控制积碳的形成。研究还发现，添加氧气后的等离子体能够防止含碳化合物沉积于催化剂的表面，使催化剂的催化稳定性得以提高。可见，经等离子体法处理之后，催化剂表面的积碳现象能够得到有效控制。还有研究指出，经等离子体协同催化处理后，催化剂表面的碳沉积率与未经处理的相比，能够降低 15%～55%，从而保证了长期有效的催化活性。

5）改变催化剂的逸出功。催化剂的逸出功是指将一个电子从催化剂中移到外界(通常在真空环境中)所需做的最小功。对于金属催化剂来说，逸出功等同于电离能。因此，催化剂逸出功与催化剂的表面性质密切相关。催化剂表面吸附微量的气体分子(少于单分子或原子层)，或者发生表面反应都会影响逸出功。在等离子体催化系统中，由于气体放电，催化剂表面会产生一定的电压和电流(或是累积电荷)，从而改变催化剂的逸出功。这种逸出功的变化是由于等离子体诱导极化改变了催化剂的电子逸出势能引起的。较高的逸出功反过来会强化活性金属组分的还原特性，并因此影响表面催化活性。

(2) 形成热点

低温等离子体的操作温度稍高于环境温度，在这种温度条件下，热催化活性是可以忽略的。等离子体催化系统中催化活性的提高可能是因为催化剂表面形成了热点。在催化剂中曲率较大的地方(如催化剂颗粒或孔道中)形成较强的微放电，使该区域的局部温度升高，形成热点。这些热点会影响局部等离子体的化学反应，甚至可能会热激活局部的催化剂，采用 Pt/Al_2O_3 催化剂联合等离子体降解甲苯的过程证明了这一点。当然，热点会提高催化剂活性这一观点还存在争议，也有学者认为热点会使催化剂失活并降低其对目标产物的选择性，因为等离子体会引起催化剂的破坏。

(3) 通过光子激活催化剂

等离子体通常包含光子，原则上光子是可以活化催化剂的。通过光子而使催化剂具有催化活性的过程称为光催化。最常用的光催化剂是 TiO_2，活性相是锐钛矿，禁带宽为 3.2 eV，当它受到波长小于或等于 387 nm 的光(紫外光)照射时，价带的电子就会获得光子的能量而跃迁至导带，使催化剂具有氧化还原能力。这一反应机制在富含光子的等离子体中具有非常重要的作用。对于这个理论也存在一定的争议，虽然很多研究证实光子可以强化催化剂的活性，但也有研究表明不存在这样的强化作用。研究显示，紫外光并不一定是激发催化剂活性的因素，吸附高能物种(如 N_2^*，6.17 eV)也可以传递光催化剂活化所需要的能量。

(4) 降低活化能

等离子体中含有大量振动激发态的活性物质，相对于基态它们具有更高的活性。因为反应物的能态提高了，所以会降低反应的活化能，但这种情况只发生在当激发态活性物种具有足够长的寿命使其能够在回到基态前到达催化剂表面时。降低活化能除了通过提高反应物能态还可以通过非绝热的越障作用实现，当反应物种处于振动激发态时，反应系统可以穿过基态无法达到的一个相空间而实现活化能的进一步降低。通常认为转动和振动激发态的物质对碳氢化合物的离解没有太大作用，因为其存在的时间很短，并且具有的能量也较低。最近有研究表明在典型的 F+CHD3 反应中 C—H 键的断裂受振动激发的控制。除了振动激发会降低反应的活化能，经等离子体处理后的催化剂也会进一步降低活化能。对于不同的催化剂等离子体的活化机制也不同。Demidyuk 和 Whitehead 通过绘制阿伦尼乌斯曲线来推导 $\gamma-Al_2O_3>MnO_2-Al_2O_3$ 和 $Ag_2O-Al_2O_3$ 降解甲苯的等离子体活化机制。研究发现置于放电区域中催化剂确实可以得到活化，对于 $Ag_2O-Al_2O_3$，等离子体处理后活化能降低但表面的活性中心数量并没有增加，而对于 $MnO_2-Al_2O_3$，等离子体没有改变活化能但形成了更多的活性中心。

(5) 改变反应途径

如前所述，等离子体除了离子、电子和光子外，还含有分子、原子、自由基以及电子激发态和振动激发态的物种等。这种复杂的组成使等离子体催化系统中的气相反应物与热催化过程中的气相反应物存在很大差异，所以催化剂上由反应物到生成物的反应途径也会有差别。通常认为在等离子体催化系统中只需考虑自由基和振动激发态的物种，因为离子和电子激发态的物种在到达催化剂表面之前就已经去激或参与了其他反应。也有学者认为等离子体催化系统中要兼顾离子和电子激发态物种的作用，因为催化剂表面不仅受到离子、电子的连续“攻击”，也受到与放电形式和放电条件密切相关的光子的连续“攻击”，表面吸附的分子会在这些活性物质的作用下产生新的离子和电子激发态物种。此外，一些电子激发态物种具有比较长的寿命，例如，高活性的单线态氧在气相中的辐射寿命是 72 min，在 293 K、0.4 Torr 条件下的碰撞寿命是 0.4 s。因此，这些活性物质对 VOCs 的降解也可能起着重要作用。

6.6.3 吸附-光催化技术

吸附法是目前 VOCs 治理过程中应用较为普遍的一种方法，具有成本低、适用范围广等优点；光催化法在气相污染物去除方面取得了较大进展，可降解大多数气态有机物，还兼有杀菌的作用。因此，将吸附法与光催化技术结合起来，对 VOCs 的去除将起到较好的作用。

吸附剂具有较高的比表面积和较大的孔体积，通过吸附过程，VOCs 组分被浓缩，可以为光催化技术提供较高浓度的 VOCs 及较长的 VOCs 停留时间，从而提高光催化效率，有利于光催化的进行；光催化技术可降解消除吸附剂材料内的 VOCs 组分，从而增强吸附剂的多次净化能力，延长吸附剂的寿命。研究人员对吸附-光催化技术进行了广泛的研究。

吸附-光催化技术目前遇到的较大阻碍主要是光催化剂的成本较高，且其对 VOCs 的净化反应性能不如催化氧化的效率高，但随着新型光催化剂的研发及其对 VOCs 催化性能的提高，吸附-光催化技术一定会得到更广泛的应用。

常用的吸附剂有炭类吸附材料、分子筛材料及其他吸附材料。

1. 炭类吸附材料

炭类吸附材料是目前应用最为广泛的吸附剂，将光催化剂负载在炭材料上，可使其具有较好的 VOCs 去除能力。Ouzzine 等将二氧化钛负载在木质颗粒活性炭及活性炭球两种炭材料上，通过改变温度及氧化条件制得了不同的光催化剂，并研究了低浓度条件下丙烯在催化剂上的光催化性能。研究结果表明，采用活性炭球作为载体时，二氧化钛具有更好的分散性且更易形成锐钛矿晶型，因而对丙烯的光催化性能优于颗粒活性炭载体。

2. 分子筛材料

分子筛材料也是一类良好的吸附剂，可与光催化技术联用。Biomorgi 等将二氧化钛沉积在 DAY 分子筛表面上制成 TiO_2/DAY 复合分子筛，以丁醇和甲苯为特征污染物，采用吸附与光催化相结合的方法研究了组合技术对丁醇和甲苯的去除性能。结果表明，采用 DAY 分子筛吸附与二氧化钛光催化的组合方法对丁醇和甲苯具有良好的去除效果，且在二氧化钛存在的情况下，DAY 分子筛表面上的 VOCs 组分会被二氧化钛光催化降解，因而在具有良好 VOCs 去除能力的同时，也具有良好的 DAY 分子筛再生能力。Cao 等以二氧化钛作为光催化剂，将其负载在分子筛 ZSM－5 上，合成吸附/光催化复合材料，并研究了复合材料对甲苯的去除性能。结果表明，在分子筛 ZSM－5 上负载二氧化钛，甲苯的去除效率得到很大的提高。Tangale 等将二氧化钛负载在介孔分子筛 MCM－41 上，并通过共沉淀法制得了掺杂不同金属含量的 TiO_2/MCM－41 复合材料，采用丙酮作为污染物分子研究了 TiO_2/MCM－41 及 Au－TiO_2/MCM－41 复合材料对丙酮的催化氧化效率。结果表明，尽管 TiO_2/MCM－41 具有较高的比表面积和较大的孔体积，但是当有活性相存在时，Au－TiO_2/MCM－41 对丙酮具有更高的去除效率，且所需的时间也更短。

3. 其他吸附材料

其他一些吸附材料也可与光催化剂联用，如硅胶、碳纳米管、黏土等。Zou 等通过溶胶-凝胶的方法合成了负载二氧化钛的纳米二氧化钛/二氧化硅复合材料，并研究其对甲苯的光催化性能。相对于其他光催化剂，纳米二氧化钛/二氧化硅复合材料具有较高的比表面积和孔体积，因此，其对甲苯具有较高的吸附量和光催化转化率，且能够在长时间内保持较高的转化率。Kibanova等采用黏土类矿物作为吸附材料，将其与二氧化钛进行复合制得吸附/光催化复合纳米材料，并研究了复合材料对甲苯的消除性能。研究结果表明，合成的复合纳米材料对甲苯具有良好的去除效果，去除效果与光源的种类、辐射强度等密切相关。此外，当相对湿度逐渐增高时，甲苯的去除率降低，吸附材料对水的吸附量越高，对甲苯去除效果的影响也就越大。

6.6.4 等离子体-光催化技术

等离子体-光催化技术是近年来出现的一种先进的组合式空气净化技术。等离子体产生高能量的活性粒子，促进催化反应，减少能耗；光催化剂则进一步促进等离子体产生的副产物发生氧化反应，且主导反应方向，提高反应的选择性，减少副产物，将两者进行有机结合，将大大提高VOCs的去除率。等离子体-光催化技术主要有两类：第一类是将光催化剂直接附着在等离子体发生装置上；第二类是以等离子体产生的电磁波作为光催化剂的激发光源。

国内外大量研究表明，相比单个作用，等离子体-光催化协同作用能极大增强有机化合物的净化效果。Assadi等将等离子体装置和光催化反应体系进行耦合，形成了平面的反应器，并研究了其对3-甲基丁醛和三甲胺的去除性能，结果表明，等离子体装置本身产生的紫外光对光催化反应的效果可以忽略，而当施加一定强度的外部紫外光源时，VOCs分子的去除率大大提高，且等离子体和光催化剂之间具有明显的协同作用。Thevenet等单独采用光催化和等离子体法对乙炔进行降解，然后再将两者联用，研究了这两种方法在净化乙炔过程中的协同作用。结果表明，在等离子体环境下，光催化剂的光催化性能得到较大的提升。Misook等在常压下，利用等离子体/TiO_2催化体系去除有机污染物苯，研究发现，在仅有O_2等离子体没有TiO_2催化剂时，仅有40%的苯被分解；在TiO_2/O_2等离子体中，苯的脱除率低于70%；在O_2等离子体中，TiO_2负载于Al_2O_3上时苯的转化率达到80%以上，两者协同作用的效果非常明显。

等离子体-光催化技术在处理VOCs、氮氧化物方面都有着广阔的发展前景，但目前在实际应用中该技术还不成熟，需要解决的问题还比较多，如等离子体与光催化剂的结合、等离子体致光效率等。随着相关研究的进一步深入，其应用范围也将越来越广。

本章参考文献

[1] 蒋文举.大气污染控制工程[M].北京：高等教育出版社，2006.
[2] 郝吉明，马广大，王书肖.大气污染控制工程(第四版)[M].北京：高等教育出版社，2021.
[3] 李守信.挥发性有机物污染控制工程[M].北京：化学工业出版社，2017.
[4] 席劲瑛，王灿，武俊良.工业源挥发性有机物(VOCs)排放特征与控制技术[M].北京：中国环境出版社，2014.
[5] 郝吉明，马广大，王书肖.大气污染控制工程(第三版)[M].北京：高等教育出版社，2010.

[6] 严方婷.VOC废气治理应用研究[J].资源节约与环保,2020(4):78.
[7] 户英杰,王志强,程星星等.燃烧处理挥发性有机污染物的研究进展[J].化工进展,2018(1):319-329.
[8] 李东阳.有机废气VOCs治理技术及应用研究[J].节能与环保,2022(9):85-87.
[9] 郑憬文.光催化技术在VOCs废气治理中的研究进展[J].广州化工,2022(18):37-39.
[10] 张瑞波,杨玉敏.燃烧法处理石化企业VOCs试验研究[J].能源环境保护,2020(2):53-56.
[11] 吴晓春.挥发性有机物的危害和治理策略分析[J].化工设计通讯,2022(9):80-82.
[12] 吴桐,周玉香,王芳等.燃烧法用于VOCs末端治理的研究进展[J].山东化工,2020(4):80-81+84.
[13] 李春生.热力燃烧法处理电子元件厂VOCs研究[J].广州化工,2015(3):141-142+157.
[14] 赵英德.蓄热式有机废气焚烧炉及其运行原理[J].设备管理与维修,2018(18):159-160.
[15] 张贤.试析热力燃烧法在处理有机废液和有机废气中的应用[J].当代化工研究,2021(7):119-120.
[16] 彭芬,刘彰,贺长江.蓄热式热力氧化技术及其应用研究[J].再生资源与循环经济,2018(3):31-33.
[17] 王文博,任秋鹤,陈冲冲等.工业VOCs治理技术分析与研究进展[J].广东化工,2022(18):88-92.
[18] 胡鹏.VOC废气处理用催化燃烧装置应用的分析与研究[J].皮革制作与环保科技,2022(4):7-9.
[19] 李红星,姚海珍.挥发性有机物污染控制技术研究[J].粘接,2021(3):51-55.
[20] 刘宗耀,曾永辉,刘俊伟等.挥发性有机物末端治理技术研究进展[J].现代化工,2022(3):74-78+84.
[21] 郝郑平等.挥发性有机污染物排放控制过程、材料与技术[M].北京:科学出版社,2016.

附录一
石化行业油品储运 VOCs 控制技术应用案例

案例一　A 膜技术工程有限公司典型案例

一、公司简介

成立于 2000 年的 A 膜技术工程有限公司(简称 A 公司),凭借着二十多年孜孜不倦的学习精神和精益求精的从业态度,专注于以气体膜为核心技术的工业气体分离纯化领域,服务于炼油、石油化工、煤化工等行业。作为整体解决方案的提供者,A 公司不仅提供有自主知识产权的气体膜分离的核心设备和技术,还提供压缩机组、制冷机组、真空机组、溶液吸收、变压吸附(PSA)、变温吸附(TSA)等其他配套技术与设备集成和服务。到目前为止,在世界各地已经有近 500 套商业化气体膜分离系统在运。特别是在 VOCs 控制排放领域,从 2000 年建立国内第一套工艺气体的 VOCs 回收装置及 2004 年国内第一套装卸车膜法油气回收系统和第一套加油站的油气回收系统开始,A 公司已经在石化行业设置了近 400 套 VOCs 回收装置,从处理的 VOCs 中回收的汽油达到 20 万吨/年。

二、典型案例

表 1　某石化有限公司 4 600 m^3/h 装车及洗槽油气的膜-吸附组合回收工程

业 主 单 位	某石化有限公司
工程地址	×××
工程规模及项目投运时间	项目处理最大规模：4 600 m^3/h； 废气治理：装车及洗槽油气； 实际投入运行时间：2013 年 8 月
验收情况	由业主进行验收,验收时间为 2014 年 4 月,验收结论为合格。
工艺流程	气柜—压缩—吸收—膜—真空吸附组合工艺

续　表

业主单位	某石化有限公司
污染防治效果和达标情况	可以实现 VOCs 的回收率达 99.5%，满足《大气污染物综合排放标准》(GB 16297—1996)的要求，其中：非甲烷总烃≤120 mg/m³，特别限制的苯≤12 mg/m³、甲苯≤40 mg/m³、二甲苯≤70 mg/m³。实际达标情况：可以达到《石油化学工业污染物排放标准》(GB 31571—2015)或《石油炼制工业污染物排放标准》(GB 31570—2015)的要求。
二次污染治理情况	无二次污染
主要工艺运行和控制参数	处理规模：0～4 600 m³/h； 油气的进气浓度：5%～45%(体积分数)； 操作压力：2.0～2.4 bar； 真空度：150 mbar； 膜出口的非甲烷烃浓度：5～15 g/m³； 真空吸附装置出口的非甲烷烃浓度：120 mg/m³； 防爆等级：Exd Ⅱ BT4
关键设备及设备参数	1. 收集气柜，体积 5 000 m³，材料为特殊橡胶，工作压力 0.5～1.5 mbar； 2. 湿式压缩机，流量 1 425 m³/h，入口压力 960 mbar，出口压力 3 500 mbar，功率 200 kW； 3. 真空泵，液环式，流量 760 m³/h，入口压力 150 mbar，出口压力 1 010 mbar，功率 150 kW； 4. 叠片式膜组件，尺寸 ϕ310 mm×750 mm，膜面积 200 m²，设计压力 4.0 bar，防静电、安全结构设计
投资费用	2 480 万元
运行费用	1. 每年运行能耗(按 2 000 h，每度电 0.8 元)：56 万元； 2. 每年材料消耗(包括膜的更换费用等)：20 万元； 3. 人工费用(全自动、无人值守)：0 元； 合计运行成本：76 万元/年
技术特点及创新点	1. 工程方面 (1) 大规模间歇性不稳定的 VOCs 通过缓冲气柜，收集平衡高峰与低谷的气量；大幅度地降低设备投资并实现系统稳定连续操作，降低运行成本和减少维护管理等。 (2) 湿式压缩机，使油气浓度远高于爆炸上限，保证了系统安全性，提高了后续设备的分离效率。 (3) 组合工艺的优化，将传统工艺与膜分离有机结合，发挥各工艺的优势特点，提高了效率和可靠性。 2. 材料方面 (1) 新型膜材料，采用 POMS 和 PAN 制备膜片，使膜具有更高的分离和化学耐受性。 (2) 安全型膜组件，新型叠片式膜组件防静电、流道短阻力小，使分离效率更高，操作更加安全。 (3) 特殊吸附剂，可以达到最严格的特别限值(如苯≤40 mg/m³)的排放标准
能源、资源节约和综合利用情况	1. 根据汽油装车量为 79.62×10 t/a 和 0.2%的损耗，按照 99%的回收率，每年可以回收的汽油量大约为 1 576 t； 2. 苯和二甲苯的装车量为 92.39×10⁴ t/a 和 0.1%的损耗，按照 99%的回收率，每年可以回收苯和二甲苯大约为 915 t

注：1 bar=10^5 Pa。

案例二　装车油气回收系统设计案例

一、设计任务及技术要求

(1) 油气回收处理装置处理规模：100 m^3/h。

(2) 油气回收处理装置整机使用寿命大于 20 年，活性炭使用寿命大于 10 年。

(3) 油气排放质量浓度实施在线监控且始终≤25 g/m^3，油气处理效率≥95%。

(4) 油气回收处理设施配有故障报警、联锁保护、真空泵(含机电)保护等先进控制技术，均由可编程逻辑控制器(PLC)控制，做到无需人工现场手动操作。

(5) 适应环境要求：环境温度为−25～40 ℃，相对湿度为 20%～95%。

(6) 机器在运行中产生的噪声符合《工业企业厂界环境噪声排放标准》(GB 12348—2008)。

(7) 现场仪表设备需具有国家级安全认证，防爆等级不低于 dⅠBT4，防护等级不低于 IP65。

(8) 自带凝液分离器，分离器容积 0.5 m^3(根据实际经验确定，也可以根据甲方要求定制)，凝液分离器中设有液位自控系统。

(9) 设备装配在同一底座上(凝液分离器埋地)，并配有地脚螺栓。

二、主要设计依据

《石油库设计规范》(GB 50074—2014)；《储油库大气污染物排放标准》(GB 20950—2020)；《油气回收系统工程技术导则》(Q/SH 0117—2007)；《石油化工液体物料铁路装卸车设施设计规范》(SH/T 3107—2000)。

三、设计处理能力及运行方式

(1) 系统运行

油气回收系统设计活性炭吸附塔及高浓度油气吸收塔，吸附塔采用活性炭作吸附剂，油气在吸附塔内被吸附；利用干式真空泵对吸附塔进行真空脱附，脱附下来的高浓度油气在吸收塔内进行吸收，回收的高品质汽油返回油罐。

(2) 油气物性数据

油气基本以 C_5 为主，平均相对分子质量取 68；浓度：15%～50%(体积分数)；温度：常温；排放方式：间歇排放。

四、装置的性能指标

(1) 吸附塔型号：GVC-100。

(2) 处理介质及处理能力：含油气装车尾气 100 m^3/h。

(3) 吸附材料：颗粒活性炭，碘值≥1 000 mg/g。

(4) 净化效率：>95%；尾气排放浓度：<25 g/m^3。

(5) 能耗：<0.15 kW·h/m^3。

(6) 工作压力：≤1 200 Pa。

(7) 装置采用下位机(PLC)和上位机(监控)联合控制，全自动化操作。

五、公用工程及占地

(1) 电源：380 V/220 V，20 kW；

(2) 循环“贫油”(成品汽油)：8 m^3/h；

(3) 占地面积：9 m×4 m(基础 10 m×5 m)；

(4) 设备总重：约 21 t。

六、工艺流程及说明

(1) 工艺流程图与布置模型(见图 1)

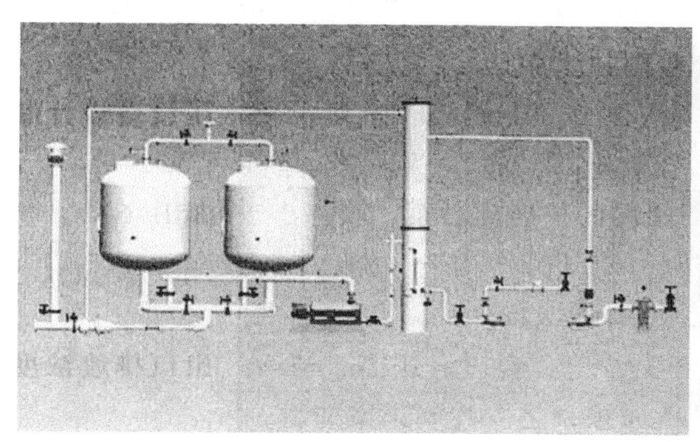

图 1　装车油气回收工艺流程图及布置模型

(2) 工艺流程简述

装车时产生的油气，经过阻火器和过滤器进入吸附罐，自下而上通过活性炭床层，油气分子被活性炭吸附，净化气体经过检测后排放。主体装置采用两个吸附罐并联工作相互切换，当一个罐吸附饱和时，切换到另一吸附罐进行吸附，同时吸附饱和的吸附罐开始解吸。

解吸时将真空泵开启，以降低吸附罐中的压力，吸附在活性炭上的油气被解吸下来送入吸收塔。解吸后期需通过吹扫阀送入少量空气，吹扫活性炭床层，以更大限度地将油气解吸下来，同时完成活性炭床层再生。

解吸下来的高浓度油气气体被真空泵直接送入吸收塔，与吸收塔顶部喷淋下来的“贫油”逆向接触吸收后变成液态汽油，少量未吸收的油气通过管道送回吸附系统重新吸附，液态汽油由回油泵送回储罐。整个过程在 PLC 控制下连续自动运行。

七、技术特点

1. 吸附器

活性炭吸附罐是本装置的核心设备，设计成圆筒形，按压力容器设计制造。其主要由罐体、隔板和气体分布器等组成。正常运行时处于常压状态，解吸时真空度最高达0.098 MPa。

由两个相同的吸附罐炭床组成吸附系统。装置处于工作状态时，一个炭床处于吸附阶段，而另一个处于脱附（再生）或等待状态。炭床可在吸附状态与脱附状态间自动切换。

2. 活性炭

专门用于吸附油气的煤质活性炭，其强度大于90%。丁烷工作能力（BWC）大于30 g/100 ml，具有吸附性能高、易脱附的特点。活性炭的使用寿命大于10年。

此活性炭出厂前做过充分老化处理，配合安全系统的有效控制，工作时活性炭升温始终控制在安全范围内。

与普通炭相比，活性炭有较高的吸附性，较好的脱附性能，可减少残留，寿命也更长。吸附热在100 ℃以下。耐久性实验曲线显示几乎没有衰减趋势（见图2）。

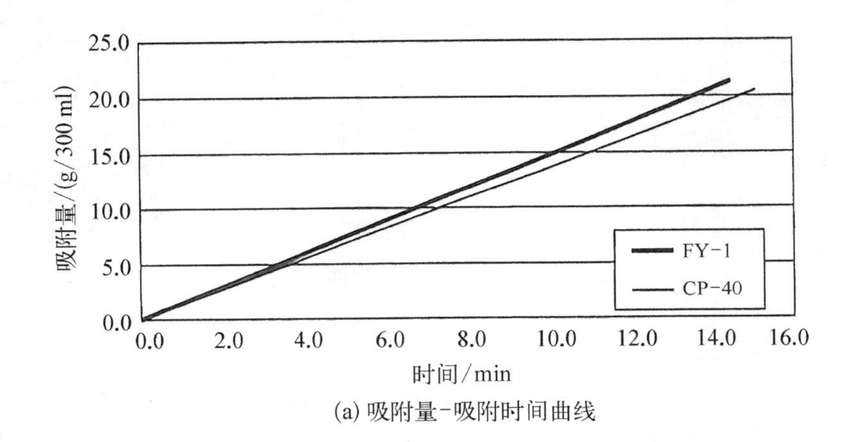

(a) 吸附量-吸附时间曲线

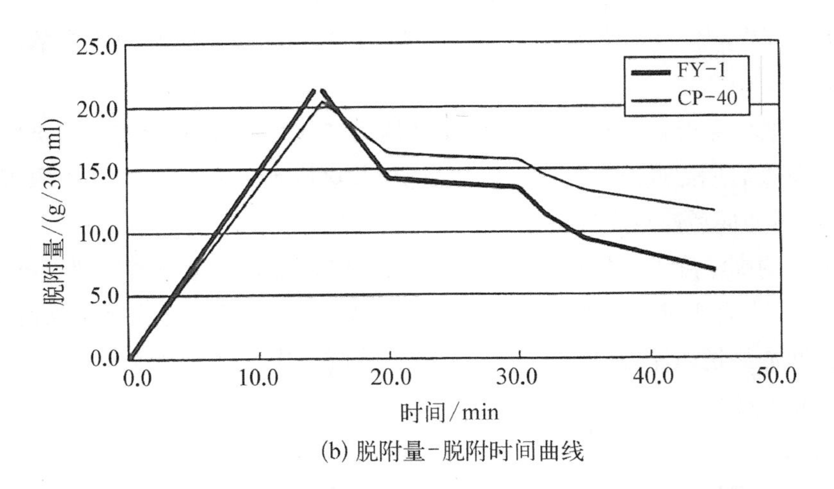

(b) 脱附量-脱附时间曲线

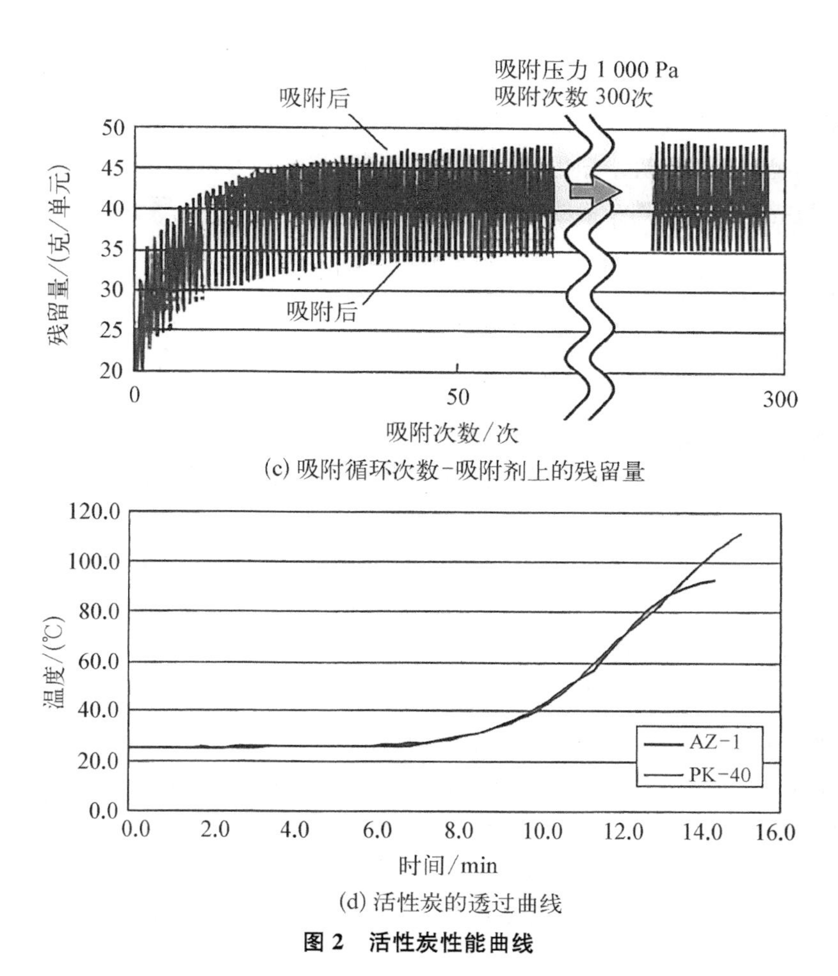

(c) 吸附循环次数-吸附剂上的残留量

(d) 活性炭的透过曲线

图 2　活性炭性能曲线

3. 真空泵

提供真空解吸的关键设备螺杆式真空泵，此真空泵专为抽吸油气设计，能提供较高的真空度，特别是安全操作方面有更可靠的保证。干式真空泵解吸技术也成功地应用在变压吸附技术中。

4. 吸收塔

采用填料塔，吸收塔及塔内液体分布器根据工艺要求按常压设备设计制造，内装波纹板整装填料，气液传质效果好，性价比高。

5. 传送泵

供油泵、回油泵采用安全无泄漏的优质离心泵，噪声小于 85 dB(A)。

6. 自动控制装置

PLC 监控系统装置可做到无人值守，全自动运行。完备的自控系统对阀门的开关位置、温度、压力、流量、出口排放浓度和机泵运行信号等重要参数进行遥控操作和持续监控。主要控制方案如下：

(1) 切换阀门：选用电动蝶阀和电磁阀实现自动切换，电动阀控制开关时间。

(2) 流量控制：气体流量计和液体流量计控制，在线显示进气流量和进油、回油流量。

(3) 温度控制：温度检测器随时显示活性炭床层和各段温度。

(4) 压力控制：选用真空压力变送器，检测和调节系统压力。

(5) 液位控制：液位计控制吸收塔液位，并有高低液位报警，联锁控制油泵自动调节液位。

(6) 出口浓度控制：浓度检测器在线检测并控制出口浓度。

(7) 真空泵和油泵变频控制：变频器根据工艺参数控制真空度和吸收塔液位。

故障系统具有故障自诊断和紧急保障功能，具体内容如下：

1) 吸附罐设有高温报警，一旦温度异常系统自动切换解吸。

2) 真空泵冷却系统设置低位报警，并能自动调整真空泵转速，保证真空泵的运行安全。

3) 吸收塔液位异常报警，并具有高低液位区别报警及联锁停车功能、自动调节液位功能。

4) 电动蝶阀开关异常报警。

5) 系统自动检测执行部件状态（真空泵、供/回油泵、电动阀）并在线诊断，发现故障立即报警或停机，并在组态界面上显示报警信息。

6) 系统具有联锁停车功能，所有故障报警在规定时间内得不到处理，装置将自动停车。

7) 装置现场和控制盘均设有紧急停车保护操作按钮。

8) 本装置在总进气管道上安装总进气蝶阀和事故排放气电动蝶阀，装置出现事故时事故蝶阀自动打开，总进气蝶阀关闭，保证装置在事故处理时不影响装车生产。

7. 安全保证措施

(1) 安全与防爆

1) 油气进口、出口都安装有阻火器

2) 油气回收处理装置所有设备、仪表、供电箱、电线保护管、电缆、钢带、支架槽板等均应依据相关标准进行电气连接和保护接地，接地电阻不大于 4 Ω。

3) 所有电气装置及仪表按 dⅡ BT4 防爆要求进行设计、选型、制作和安装。

4) 特设 UPS 电源，保证异常停电时阀门正常关闭。

5) 油气自动回收装置，经过国家认证的电气产品防爆质量监督机构的检测，取得吸附式油气自动回收处理装置整机防爆认证。

(2) 控制柜

汽车装车区油气回收处理装置自动控制系统的控制设置在距离座 15 m 外（油库设计标准）的控制室内（甲方指定），电器元件采用防爆电气元器件，并符合相关规范要求。

(3) 本控制系统可向集散中心控制室上传信号。

(4) 系统可以通过控制柜内的主开关选择不同的操作模式，主要包括“手动/停止/自动控制”三种状态。

八、油气回收处理装置安装条件

1. 现场安全条件

(1) 安装场所：设备安装在室外。

(2) 所处的爆炸危险性区域：设备所处爆炸危险性区域等级为(9) Ⅱ区。

2. 平面布置

提供整套油气回收装置技术方案及相关配套设施，包括座、吸附塔、吸收塔、真空泵、输油泵、控制系统、阀门、防爆接线箱，以及橇装底座内的所有辅助设备。橇装底座 9 m×4 m，水泥基础 10 m×5 m。

3. 与外部管道连接的要求

(1) 进气口连接法兰连接标准：凸面法兰(RF－WN)*DN*150 *PN*16 HG/T 20592。

(2) 贫油进口连接法兰连接标准：凸面法兰(RF－WN)*DN*80 *PN*16 HG/T 20592。

(3) 贫油出口连接法兰连接标准：凸面法兰(RF－WN)*DN*80 *PN*16 HG/T 20592。

4. 外接电源标准

电压：200 V/380 V，频率：50 Hz。

九、主要设备配置

主要设备配置见表 1。

表 1　油气回收装置主要设备配置表

序号	名称及规格		材　质	数　量
一、预处理及事故处理				
1	集液槽 0.5 m^3		碳钢	1 台
2	阻火器 *DN*150		碳钢	1 台
3	带雨帽阻火器 *DN*150		碳钢	1 台
4	过滤器，面积 $F=0.25\ m^2$，100 目		碳钢，滤网不锈钢	1 台
5	电动蝶阀 *DN*150		碳钢	1 台
6	电动蝶阀 *DN*100		碳钢	1 台
二、吸附系统				
1	活性炭吸附罐 Φ1 500 mm×1 900 mm		碳钢	2 台
2	电动蝶阀(真空)	*DN*150	碳钢	2 台
		*DN*100	碳钢	2 台
		*DN*80	碳钢	2 台

续 表

序号	名称及规格		材　质	数　量
3	电磁阀	*DN*20	碳钢	3 台
		*DN*15	碳钢	2 台
三、脱附系统				
1	真空泵，极限真空 2 kPa，11 kW		组合件	1 台
2	精密过滤器，过滤精度 5 μm		不锈钢	1 台
3	降温系统		不锈钢	1 套
四、吸收系统				
1	吸收塔 Φ400 mm×5 300 mm		组合	1 套
2	波纹板填料		不锈钢	0.25 m^3
3	贫油泵 Q = 8 m^3/h，3 kW		组合	1 台
4	回油泵 Q = 11 m^3/h，4 kW		组合	1 台
5	电动蝶阀 *DN*65		碳钢	1 台
6	电动蝶阀 *DN*50		碳钢	1 台
五、公用工程及管路辅助部分				
1	送气管路		碳钢	—
2	输油管路		碳钢	—
3	设备支架		碳钢	1 套
六、非金属材料部分				
1	活性炭(碘值≥1 000 mg/g)		煤质	2 t
2	密封材料		柔性石墨	—
七、电器、仪表及自动控制				
1	PLC+触摸屏		组合件	1 套
2	浓度监测器		组合件	1 套

续　表

序号	名称及规格	材　质	数　量
3	气体流量计	组合件	1 套
4	液体流量计	组合件	4 套
5	真空压力变送器	组合件	2 套
6	液位计	组合件	2 套
7	温度、压力检测	组合件	若干
8	控制柜	组合件	1 套

十、动力消耗(动力电源 380 V/220 V,AC 50 Hz,表 2)

表 2　动力消耗明细表

设备名称	装机容量
真空泵	11 kW
供油泵	3 kW
回收泵	4 kW
控制电源	2 kW
合计	约 20 kW

十一、本项目经济效益

装车速率 100 m^3/h,油气含量按 1 000 g/m^3,油价按 5 000 元/吨,每装车 1 h 油气回收的经济效益约为 500 元。

也可以按年发油量计算。如一个年发油量 20 万立方米的油库,发油损失 0.2%,油气回收的经济效益为:200 000 × 0.2% × 0.8 × 0.5 = 160 万元 / 年。

附录二
化工行业 VOCs 控制技术应用案例

案例一　工业用硝化棉生产过程 VOCs 废气的收集与治理

一、概述

挥发性有机物(VOCs)造成的危害主要表现在以下三个方面：

(1) 部分 VOCs 具有毒性和致癌性；

(2) 参与了光化学烟雾反应，VOCs 与大气中其他化学成分如 NO_x 反应，形成高浓度的 O_3 及其他过氧化物，O_3 是强氧化剂，会刺激和破坏深呼吸道黏膜和组织，对眼睛有轻度刺激性；

(3) 参与了大气中二次气溶胶的形成，二次气溶胶大多数在细颗粒范围($<PM_{2.5}$)，不易沉降，能较长时间滞留于空中，对光线的散射力较强，形成灰霾天气。

鉴于 VOCs 对大气环境的危害，我国《大气污染物综合排放标准》(GB 16297—1996)中对 14 类 VOCs 规定了最高允许排放浓度、最高允许排放速率和无组织排放限值，并于 2019 年出台了《挥发性有机物无组织排放控制标准》(GB 37822—2019)，规定新建企业 2019 年 7 月 1 日起(现有企业自 2020 年 7 月 1 日起)实施。该标准要求产生 VOCs 的生产或服务活动，应当在密闭空间或者设备中进行，废气经收集系统和(或)处理设施后达标排放；如不能密闭，则应采取局部气体收集处理措施或其他有效污染控制措施。

工业用硝化棉产品为了满足应用性能和使用、运输、贮存的标准要求，大部分产品要用酒精或异丙醇等醇类溶剂置换生产过程带入的水(简称驱水)，得到含有 25%～30%酒精或异丙醇的产品(简称含醇硝化棉产品)，按《挥发性有机物无组织排放控制标准》中 VOCs 物料的定义，含醇硝化棉属 VOCs 物料。因此，硝化棉驱水及含醇硝化棉产品的输送、加工、包装及淡醇溶液的精馏回收及溶剂储罐等均有 VOCs 废气产生，且排放量比较大，对环境和人的健康有较大危害，必须收集并对收集的 VOCs 废气进行净化处理，才能实现 VOCs 废气达标排放，确保硝化棉产业的持续健康发展。

二、项目实施前 VOCs 废气排放现状

1. VOCs 排放种类及主要物性

硝化棉生产中，排放的 VOCs 主要是乙醇、异丙醇，而乙醇、异丙醇极易挥发，国家废气排放标准中将乙醇纳入 VOCs(非甲烷总烃)进行管控，将异丙醇纳入特别控制的污染物项目进行管控。硝化棉生产过程中产生的醇类废气量较大，必须针对醇类废气进行收集和治理。

2. VOCs 排放部位及项目实施前排放现状

硝化棉生产中的 VOCs 主要来自硝化棉驱水、驱水后物料的输送、加工及包装；环境温度升高或储罐进料时储罐的呼气；溶剂精馏不凝尾气排放。故硝化棉生产中的 VOCs 排放装置主要是硝化棉驱水(包装)工房、储罐及精馏塔。项目实施前 VOCs 排放现状见表 1。

表 1　项目实施前硝化棉装置 VOC 废气排放状况

类　别	监 测 点 位	监 测 结 果			结果判定
		流量(m^3/h)	VOCs 浓度(mg/m^3)	异丙醇浓度(mg/m^3)	
有组织排放	驱水设备尾气排风口	50	13 000	—	超标严重
	1＃工房尾气排放口	2 500	7 000	10 000	超标严重
	酒精精馏塔尾气排放口	25	500	—	超标严重
	异丙醇精馏塔尾气排放口	25	4 000	5 000	超标严重
	排放标准	—	60	40	—

三、VOCs 废气收集

1. 储罐排放的 VOCs 废气的收集

随着环境温度或储罐内溶剂体积的变化，储罐内气相压强发生变化，而一般溶剂储罐采用常压储罐，为维持储罐内压力相对稳定，一般在储罐顶部安装呼吸阀。当环境温度升高或储罐内注入溶剂时，储罐内气体被压缩，气相压力升高，排出 VOCs 废气；反之，储罐内气相压力降低，吸入空气或保护气；储罐溶剂状态无变化或环境温度变化不大时，储罐不呼出也不吸入气体。因此，可通过风机收集储罐排放在收集罩里的 VOCs 废气或空气并输送至废气治理设施。VOCs 废气收集管出储罐区后，在收集管最低点处设置积液槽，沿呼吸阀至积液槽的所有管线的坡度不大于 0°；沿积液罐至收集罩的收集管线的坡度不小于 0°，以防止在收集管内积液。

2. 精馏工序排放的 VOCs 废气的收集

精馏工序的 VOCs 排放部位主要是产品收集槽、淡酒槽、中间槽及精馏塔，其中收集槽、淡酒槽及中间槽因槽内液位的增加或环境温度的增加而排出 VOCs 废气，可采用呼吸

阀于呼口集中收集。精馏塔塔顶排出的不凝气中含有一定的 VOCs 废气，VOCs 废气的浓度约 500 mg/m^3，可在精馏塔尾气排出口设置呼吸阀。在储罐或精馏塔 VOCs 排放口设置呼吸阀，可有效降低其 VOCs 废气排放的浓度。其主要原因是，风机不停抽取收集罩处气体，且风量远大于 VOCs 的排气量，这样就在 VOCs 废气收集管形成约 300～500 Pa 的真空度，收集管的真空度会加速挥发性溶剂的挥发；而在 VOCs 废气排放口设置呼吸阀后，容器内压力必须达到呼吸阀的呼气压力后才排出废气，抑制了 VOCs 挥发，降低了 VOCs 废气的排放浓度。

3. 生产现场排放的 VOCs 废气的收集

硝化棉生产现场排放 VOCs 的主要环节是硝化棉酒精或异丙醇驱水以及含醇硝化棉的输送、加工、包装及生产现场的溶剂储罐。硝化棉驱水过程产生的 VOCs 废气排出后采用收集罩收集，含酒硝化棉的输送、加工及包装的收集参照油烟的收集方法，溶剂储罐的收集采用呼吸阀呼气管接入收集罩的方法。生产现场的 VOCs 废气经收集后集中输送到 VOCs 废气处理系统进行集中处理。由于硝化棉的驱水，含醇硝化棉的输送、加工、包装等过程容易发生火灾，因此硝化棉生产过程中 VOCs 废气的收集特别需要关注安全问题。

针对 VOCs 收集的安全问题的建议：

(1) 驱水设备的 VOCs 尾气收集尽可能采用并联的方式，防止火灾事故的扩大。

(2) 工房收集的 VOCs 废气可能含有一定量的硝化棉，可采用喷淋水洗的方法将其去除，防止 VOCs 废气收集管沉积硝化棉；火灾事故或夏季高温暴晒收集管道或硝化棉分解可能引起硝化棉燃烧，从而引起收集管道内压力升高，在较高压力下硝化棉燃烧时可能发生爆燃，因此必须去除 VOCs 废气中的硝化棉。

(3) 乙醇、异丙醇的爆炸极限分别为 3.3%、2.0%(体积分数)，对应的浓度分别为 71 000 mg/m^3、53 000 mg/m^3，应采取措施将非敞开式设备设施(如驱水设备、废气收集管线)内的醇浓度控制在爆炸极限以下。

四、VOCs 废气治理

VOCs 废气治理技术种类很多，主要可分为破坏法(如热力燃烧、催化燃烧、生物处理)和回收法(如吸收法、吸附法、冷凝法、蒸汽平衡)两大类。通过对各 VOCs 废气治理技术治理硝化棉生产的 VOCs 废气的适宜性比较可知：针对精馏塔的尾气进行深度冷凝处理，可以回收高浓度高价值的溶剂；硝化棉生产过程中产生的含醇(乙醇及异丙醇)尾气，由于富含大量空气，回收价值低，考虑硝化棉生产过程的废水总氮处理需要大量碳源，而乙醇、异丙醇易溶于水，可与水任意比例混溶，对其最好的处理方式是采用水吸收洗涤废气，既可实现硝化棉生产的尾气中的异丙醇、乙醇的达标排放，又可减少废水处理的外加碳源。图 1 为硝化棉生产的 VOCs 废气治理工艺流程。

图 1 中硝化棉生产工房 1、工房 2 收集的 VOCs 废气经风机进入经特殊设计的水封罐(其主要功能相当于单向阀，废气只能经风机、水封罐进入吸收塔，水封罐出口的废气不能经水封罐倒流入工房尾气管道系统)后再进入吸收塔，同时异丙醇共沸精馏塔的尾气先

进入深度冷凝器，经冷凝后与酒精塔、储罐、工房的 VOCs 废气汇合后从吸收塔的下部进入吸收塔，在吸收塔的顶部通入吸收液（水），吸收塔装有填料，这样含醇 VOCs 废气与水在填料内进行逆流接触并被水吸收，进而实现达标排放。吸收异丙醇、乙醇后的水溶液进入废水处理系统作为硝化棉废水总氮处理的碳源，实现以废治废。

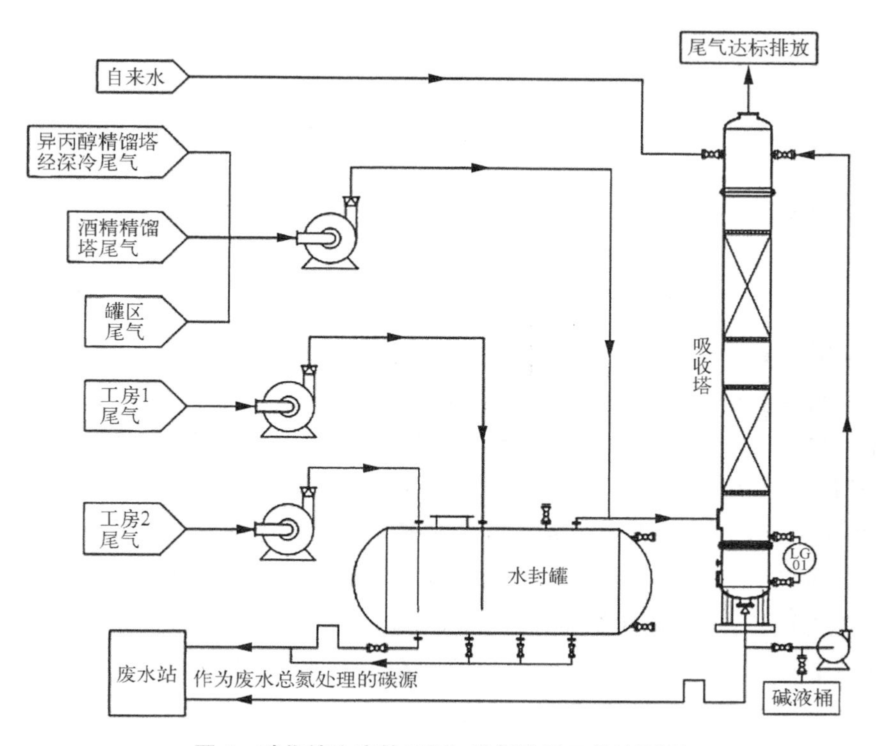

图 1 硝化棉生产的 VOCs 废气治理工艺流程图

五、治理效果

通过对硝化棉生产中的 VOCs 废气的收集，其无组织排放的 VOCs 废气实现了达标排放。通过对收集的 VOCs 废气进行水吸收处理，其排放的 VOCs 废气实现了达标排放，治理效果见表 2。

表 2 硝化棉生产的 VOCs 废气治理效果

类 别	部 位	风量（m^3/h）	监 测 结 果		备注
			VOCs 浓度（mg/m^3）	异丙醇浓度（mg/m^3）	—
收集 VOCs 废气	工房 1	3 000	3 000	3 500	—
	工房 2	3 000	3 000	—	—
	精馏工序及罐区	2 000	500～2 000	—	—

续 表

类别	部位	风量(m³/h)	监测结果		备注
			VOCs浓度(mg/m³)	异丙醇浓度(mg/m³)	—
总废气	吸收塔进气	8 000	2 800	3 300	—
总废气	吸收处理后	8 000	≤50	≤35	—
污染物去除率		—	98.2%	98.9%	—
排放标准		—	60	40	—
治理效果		—	达标	达标	—

六、结论

在硝化棉装置的储罐、精馏塔尾气排放口设置带呼口接管的呼吸阀，并将呼吸阀呼口排出的VOCs废气及硝化棉驱水过程产生的VOCs废气，利用集气罩进行收集，可实现罐区、精馏工序及驱水过程无组织排放的VOCs废气的收集；对驱水后含酒精硝化棉的输送、加工、包装产生的VOCs废气借鉴油烟的收集方法，可实现硝化棉驱水、包装工房无组织排放的VOCs废气的收集。硝化棉生产装置的VOCs废气采用以水为吸收液的吸收治理方法，可实现硝化棉生产装置的VOCs废气达标排放，吸收后的含醇吸收溶液进入废水处理装置作为废水总氮处理的碳源，减少废水总氮处理费用，实现以废治废。该VOCs废气净化技术投资少、可连续生产、能耗低，含醇VOCs去除率可达98%以上。

案例二　某制药厂VOCs处理工程

一、气体产生源及特征

气体由多个生产车间产生气体汇合形成。气体中的VOCs包括甲醇、乙醇、三氯甲烷、DMF、醋酸、乙酸乙酯、丙酮、四氢呋喃、氯化氢、二乙胺、甲苯、异丙醇和苯等，废气排放量为11 000 m³/h。

二、工艺流程

某制药厂VOCs废气催化燃烧工艺流程如图1所示。车间中需预处理的废气先通过现有的碱液喷洒装置去除无机组分，再通过过滤系统去除废气中的颗粒状组分和水分，以免颗粒状物质在催化室内沉积，影响催化氧化反应；然后将废气引入阻火器，阻火器是安全设施，可阻断火焰蔓延；再将废气送入蓄热式催化燃烧器的蓄热式换热器，使废气达到催化起燃温度，随后进入催化燃烧室，在催化剂的作用下，进行催化燃烧。燃烧后的气体通过清洗阀后进入蓄热床进行热交换，将燃烧产生的大部分热量储存下来，然后进入碱液喷洒装置，除去氯化物，最后高空排放（>15 m）。蓄热式催化燃烧装置如图 2 所示。

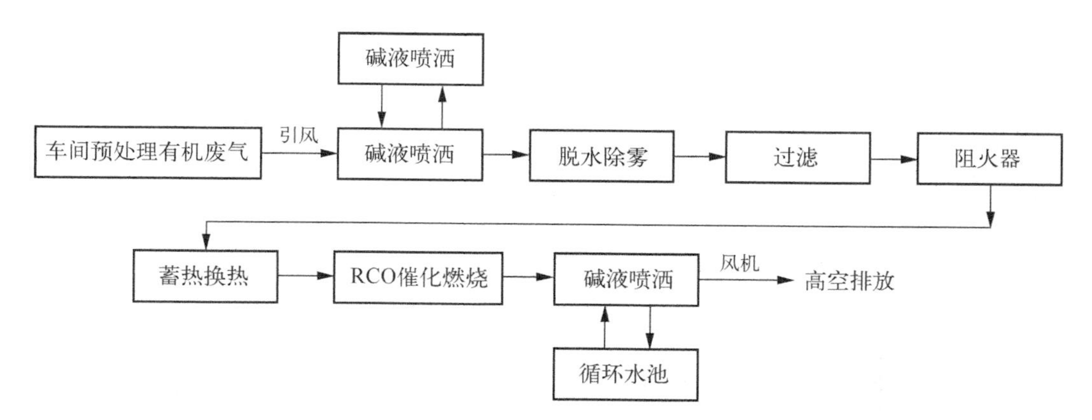

图 1　某制药厂 VOCs 废气催化燃烧工艺流程图

图 2　某制药厂蓄热式催化燃烧装置图

催化燃烧器采用三体型蓄热式燃烧器，结构如图 3 所示。催化剂使用寿命为 10 000 h，该工艺大大减少了 VOCs 特别是非水溶性 VOCs 的排放量，具有去除率高、安全、适应性强等优点。

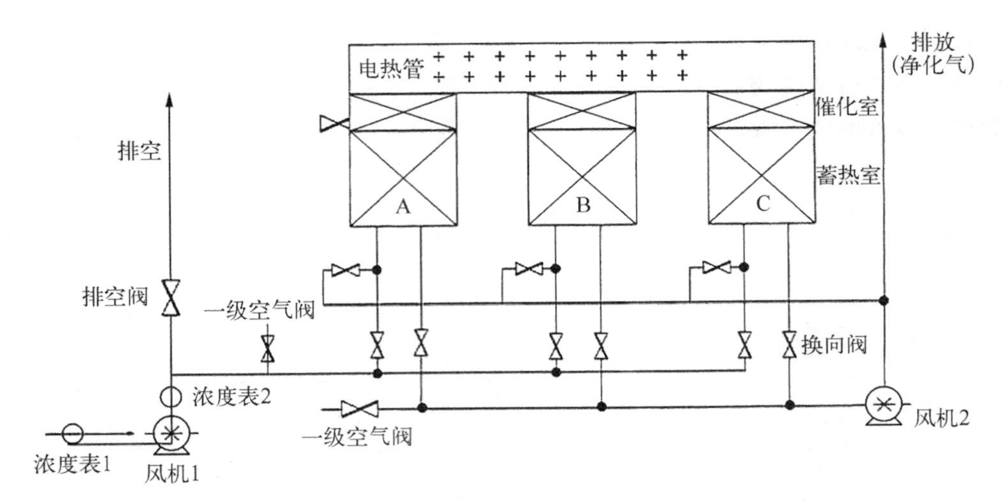

图 3　某制药厂蓄热式催化燃烧器示意图

三、工程运行情况及主要指标

该工艺设计 VOCs 去除率为 98%～99.5%，实际运行监测结果见表 1。

表 1　某制药厂催化燃烧工艺运行监测结果

污染物	催化前浓度均值(mg/m^3)	催化后浓度均值(mg/m^3)	处理效率(%)
甲醇	257	8.71	96.4
乙醇	41.1	0.196	99.5
DMF	0.092	0.012	86.3
丙醇	152	18.6	87.2
甲苯	173	5.62	96.6
乙酸乙酯	13.4	0.464	96.4
三氯甲烷	324	21.0	93.2
二氯乙烷	0.634	0.134	78.2
平均	—	—	91.73

从监测数据来看，该工艺运行效果较为理想。运行成本：电费 35 280 元/月(电耗 70 kW·h，0.7 元/千瓦时计)，水费 300 元/月(水耗 25 t/d，按 0.4 元/吨计)，碱 5 400 元/月(300 kg/d，按 600 元/吨计)，人工费用 6 250 元/月。

案例三　黏胶纤维生产废气中 CS_2、H_2S 回收技术案例

以短纤维产量 6 万吨/年、180 吨/日的生产线为例，对含 CS_2、H_2S 的混合气体，首先

利用烧碱液洗涤并以 NaHS 形式回收，然后对脱除 H_2S 后的含 CS_2 废气采用冷凝法或活性炭吸附法回收。在治理污染的同时，取得了较好的经济效益，投资回收期约 1.5 年。废气回收工艺流程见图 1。处理工艺流程说明如下。

一、H_2S 脱除及回收工艺说明

在纤维制造过程中，纺炼和酸站车间产生废气的主要成分是 CS_2 和 H_2S，除极少量逸散到生产岗位后通过排气扇送至排气塔后排入大气外，其余含 H_2S 和 CS_2 的废气经过三次碱洗槽时，废气中的 H_2S 先与 NaOH（浓度为 280 g/L）反应生成 NaHS 溶液。所述反应如下：

$$H_2S + 2NaOH \xlongequal{} Na_2S + 2H_2O$$

$$H_2S + Na_2S \xlongequal{} 2NaHS$$

通过以上净化处理，将约 95%以上的 H_2S 转化成 NaHS；未转化的 H_2S（浓度为 80 μL/L 以下），再进入 CS_2 回收洗涤塔与 NaOH（浓度 5 g/L）反应生成 Na_2S 溶液。所述反应如下：

$$H_2S + 2NaOH \xlongequal{} Na_2S + 2H_2O$$

通过以上净化处理，使废气中的 H_2S 浓度降到 10 μL/L 以下。因为废气中 H_2S 气体浓度已非常低，所以可以有效降低活性炭被单质硫堵塞而失效的可能性，从而提高了活性炭对 CS_2 的吸附效率。

三次碱洗过程中生成的 NaHS 溶液输出到 NaHS 储槽，经过再次加工后变为片状晶体，回用于皮革、选矿等行业。

二、CS_2 回收工艺说明

在黏胶短纤维制造中，喷丝口喷出的棉束，经过导丝轮进入二浴，然后经牵伸机、切断机至绒毛成型槽，在此过程中，黏胶中的 CS_2 在热水浴中完全分离，约有 20%的 CS_2 在纺浴中形成化合物（如 H_2S、Na_2S），从而无法回收。另外，在纤维素再生的副反应中所产生的 H_2S 气体，除由纺槽溢出外，仅有部分在棉束中。因此，在二浴至绒毛成型槽所收集的废气中，除含有大量的 CS_2 外，还含有相当多的 H_2S 气体。这些含有高浓度 CS_2 的废气和纺浴中带走的大量 CS_2 气体混合，再与酸站排放的废气汇合后，进入三次碱洗槽。经过碱洗槽净化后废气中的 H_2S 废气浓度降至 10 μL/L 以下后，再共同由下侧进入 CS_2 回收洗涤塔。经过冷却水冷却降温至 42～46 ℃后，再从顶部到达喷淋分离器，经过多层的 FRP 浪板除雾器除去废气中的水、酸、碱滴液，然后经废气风机送入活性炭吸收槽。考虑到安全问题，废气中 CS_2 浓度应保持在最低爆炸极限值 32 g/m^3 的一半左右，即 10～20 g/m^3 为最佳，但最低浓度也得在 2 g/m^3 以上，这样才能不浪费蒸汽、冷却水及电力等的运行成本。

脱附时，从吸附槽喷出的蒸汽及 CS_2 气体，在经过蒸发器凝结并产生部分水气后，到达 2 个冷凝器，经过冷凝的 CS_2 再与水（30～35 ℃），经排气罐进入密度分离器，再将水分离排放，CS_2 液体则经后冷却器（低温水）冷却后，经过计量，最后流入 CS_2 储槽。

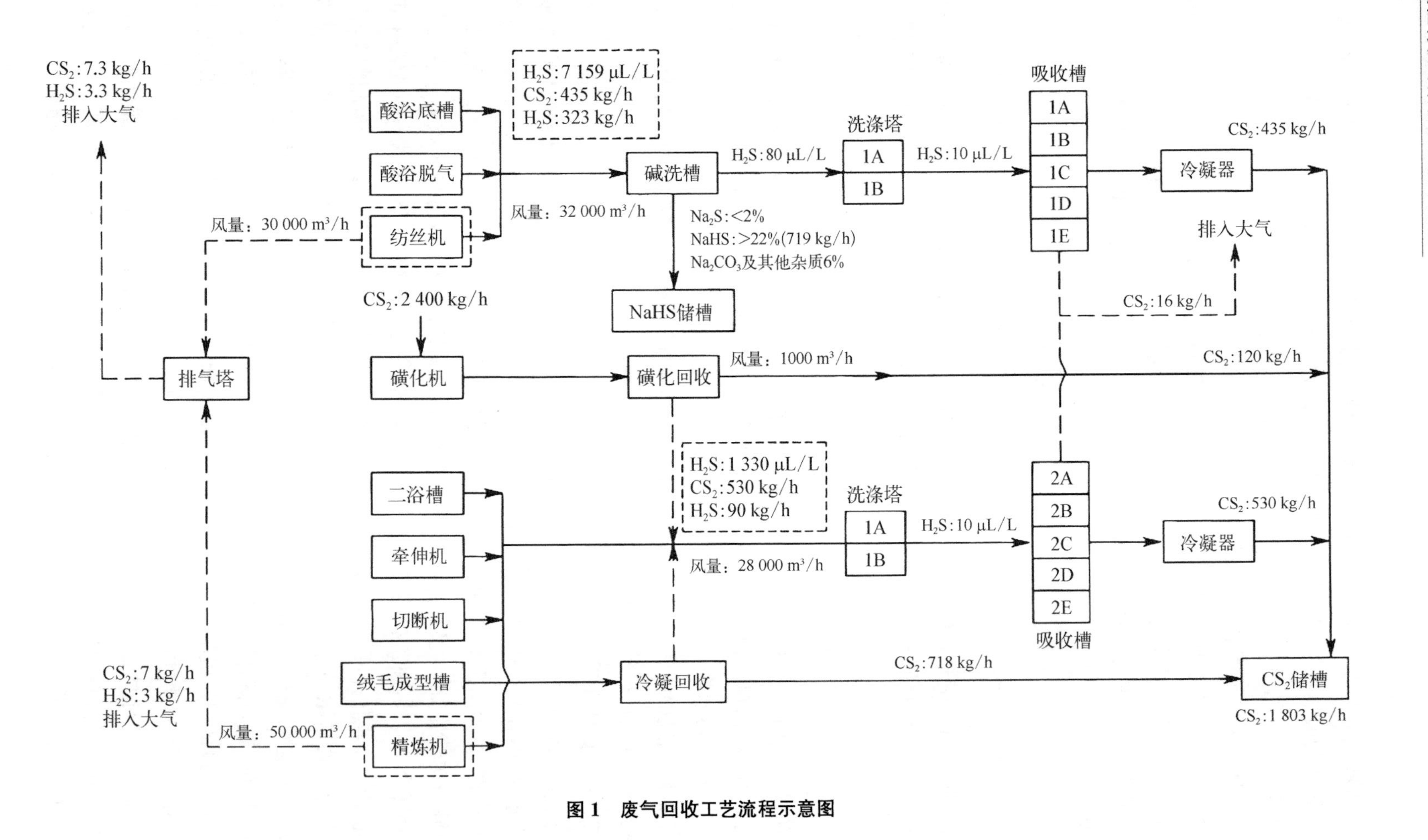

图 1　废气回收工艺流程示意图

脱附后的活性炭相当潮湿，且活性炭本身的吸水性也很强，因此必须将此潮湿的活性炭进行干燥处理，以便恢复它原有的吸附能力(通常活性炭在含水率 5%～7%时吸收能力最好)。干燥时，将新鲜空气加热至 95 ℃左右后通入吸收槽。刚开始干燥时，吸收槽内温度将由高温状态迅速下降至一个低点，保持一段时间后，当温度又开始回升时，表示干燥情况已到达最佳。

脱附并干燥后的活性炭，应再冷却至 50 ℃以下才能重新进气。新鲜空气的风速应以 0.6 m/s 为安全界限，超过 1.8 m/s 时，活性炭将有被吹走的可能。

未完全冷凝的少量气体，则经排气罐至废气冷却器(低温水)再冷凝一次，例如未凝结的气体再经过安全罐后，进入废气风道重新进入吸附槽进行再次吸附。

未凝结的废气温度超过 46 ℃时，为确保吸附槽的安全，这些废气将不回流进入吸附槽，而是经由三通油压阀排入大气。较高浓度的气体排入大气时可能着火，因此末端应设置有火焰捕捉器，有效降低着火的可能性。

三、运行安全性措施

(1) 当绒毛成型槽 CS_2 冷凝回收、磺化机 CS_2 冷凝回收系统因清理或故障无法运转时，CS_2 气体可直接导入本系统进行回收，避免造成生产线停产。

(2) 当本系统后段装置故障时，前段仍可对废气进行碱洗除去 H_2S 后排放，不会造成生产线停车。

(3) 本系统 CS_2 回收系统采用液压阀机械式分配自动控制执行吸附过程，准确无误，不会有误动作产生爆炸的危险。

(4) 回收率：CS_2 回收率 95%以上；H_2S 去除率 99%以上。

四、运行成本分析(以日产 180 t 计算)

本系统运行成本分析见表 1。

表 1　运行成本分析

序号	构 成 项 目	耗用量	单价/元	费用/元
1	电力/(千瓦时/天)	25 320	0.49	12 407
2	蒸汽/(吨/天)	220	80	17 600
3	过滤水/(吨/天)	1 440	0.7	1 008
4	软水/(吨/天)	960	1.0	960
5	烧碱/(吨/天)	15	1 980	29 700
6	活性炭/(吨/天)	0.04	28 900	1 170
				62 845

五、回收效益及投资费用(以日产 180 t 计算)

(1) CS_2 回收量：(530+435)×24=23 160 千克/天。

(2) 回收金额：23.18 吨/天×4 500 元/吨＝104 220 元/天。

当精炼机、绒毛成型槽及磺化机 CS_2 冷凝回收因故未运转，使废气直接导入本系统时：

(1) CS_2 回收率为 60％以上（CS_2 回收量为 34.56 吨/天）。

(2) 回收金额：34.56 吨/天×4 500 元/吨＝155 520 元/天。

(3) 投资费用：76 000 000 元。

因此，总投资回收期将低于 1.5 年。

附录三
涂料生产及涂装行业 VOCs控制技术应用案例

案例一　某集装箱厂 VOCs 处理工程案例

一、气体产生源及特征

该企业的主要产品为标准集装箱和特种集装箱。喷涂作业时，溶剂型涂料有 50%～70%以漆雾飞散，涂料中绝大部分 VOCs 挥发释放到大气中；VOCs 主要集中在喷涂生产线上，其中喷漆房、烘房是有机废气的主要来源。

废气主要来自喷漆房与烘房，其中底漆、中层漆、内面漆房、外面漆房的废气特点是常温、中高浓度，主要污染物为二甲苯和丁醇，VOCs 平均浓度为 1 900 mg/m^3，总风量为 190 000 m^3/h。

二、工艺流程

VOCs 气体采用吸附-溶剂回收法治理，工艺流程如图 1 所示。从车间收集的气体经

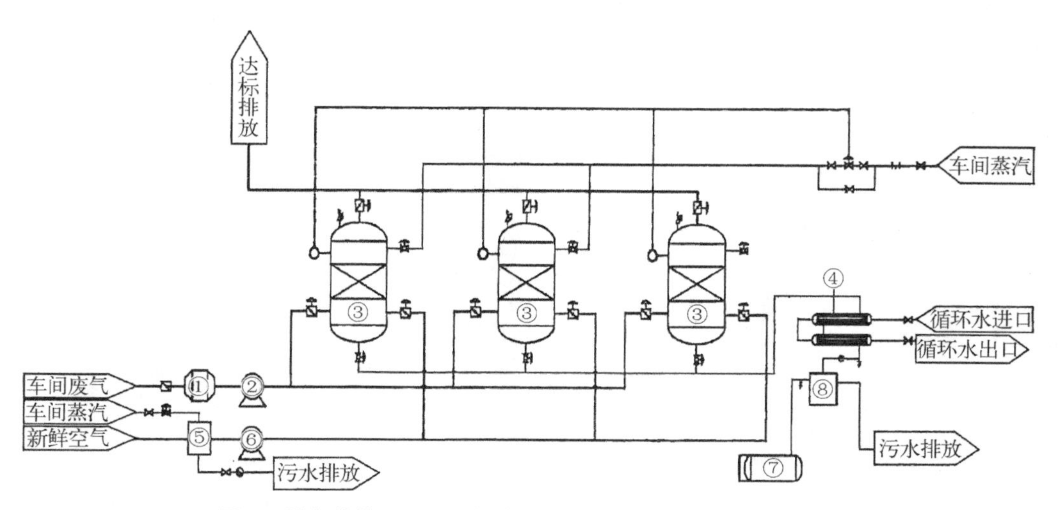

图 1　某集装箱厂 VOCs 气体吸附-溶剂回收处理工艺流程图

① 干湿复合过滤器；② 吸附风机；③ 固定吸附罐；④ 列管冷凝器；⑤ 蒸汽散热器；⑥ 烘干风机；⑦ 溶剂中转槽；⑧ 自动分层槽

过预处理后，再经过活性炭吸附罐处理并直接排放。吸附床达到饱和后，将热蒸汽通入吸附罐进行 VOCs 脱附，脱附后的 VOCs 经冷凝纯化后得到回收。

整套吸附设备系统占地面积 78 m^2(13 m×6 m)，设备的关键参数见表 1。

表 1　吸附设备关键参数

编号	名　　称	外 形 尺 寸(mm)	材质	备　　注
一	预处理系统			
1	高效纤维过滤器	2 196×1 986×1 701(H)	碳钢	处理风量：40 000 m^3/h；过滤材料：无纺布、过滤棉
二	吸附系统			
2	活性炭吸附罐	Φ2 600×5 000	不锈钢	单床处理量：20 000 m^3/h；吸附材料：煤质颗粒炭
三	回收系统			
3	列管冷凝器	—	不锈钢	换热面积 30 m^2
4	自动分层槽	—	不锈钢	容积 1 m^3
5	溶剂中转槽	—	不锈钢	容积 1 m^3

该吸附回收装置的部分设备及装置整体外观如图 2 所示。

高纤维过滤器

活性炭吸附罐

冷凝系统

自动分层槽

吸附回收装置整体外观

图 2　某集装箱厂 VOCs 吸附回收装置图

三、工程运行情况及主要技术经济指标

系统对 VOCs 去除率大于 95%，系统阻力≤5 000 Pa（含滤筒除尘系统和有机废气净化系统）。本工程总投资约为 1 500 万元，包含设备钢结构平台，有机废气净化系统，防爆型电气控制系统的设计、制造、安装、调试。设备运行维护措施包括：根据阻力情况更换过滤网板过滤材料；根据使用情况更换活性炭；根据设备表面油漆受损状况不定期进行修补；定期给阀门增补润滑油。

本工程共计 4 套溶剂回收装置，水、电、蒸汽、管理等运行费用和维修费用共计约为 400 万元/年。回收溶剂全部回用于生产过程，毛收益约 1 000 万元/年，净收益约 600 万元/年。

案例二　某涂料厂 VOCs 吸附-催化氧化处理工程案例

一、H_2S 脱除及回收工艺说明

废气主要来源于溶剂型涂料生产这一环节，生产过程中使用的稀释剂挥发形成 VOCs 气体。气体中的污染物主要包括二甲苯、丁醇、三甲苯、丙酮和粉尘等。VOCs 平均浓度为 425.8 mg/m^3，平均粉尘浓度为 497.11 mg/m^3。废气为常温气体，来自 5 个排风口（B1～B5），设计总风量为 100 000 m^3/h。

二、工艺流程

气体处理工艺流程如图 1 所示。粉尘含量高的废气经滤筒除尘处理后，与其他排放口收集的气体汇集后进入高效纤维过滤器，随后进入吸附床，经吸附净化后由烟囱排放到大气中。冷空气经换热器加热后进入饱和的吸附床使 VOCs 脱附，得到浓缩的 VOCs 气体进入催化氧化床进行燃烧，燃烧后经烟囱排放。燃烧放出的热量用于加热补充的新风。

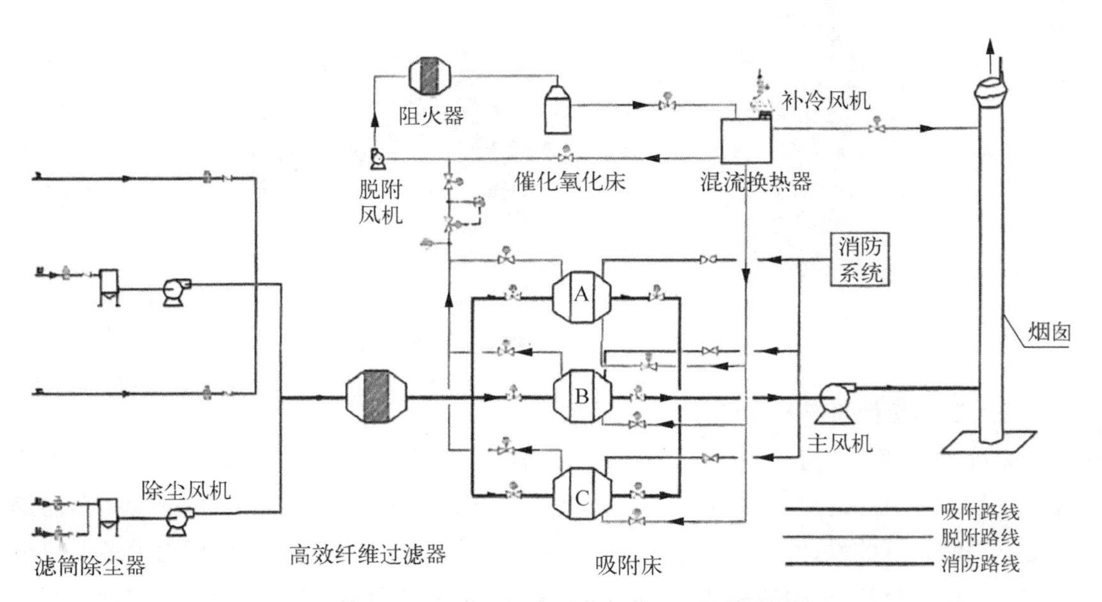

图 1　某涂料厂 VOCs 吸附-催化氧化处理工艺流程图

吸附-催化氧化处理系统整套占地面积为 126 m^2（14 m×9 m），主体设备构成和参数见表 1。

表 1　主体设备构成及关键参数

编号	名　　称	外形尺寸(mm)	材质	备　　注
一	预处理系统			
1	滤筒除尘器 1	3 090×2 032×4 310(H)	碳钢	处理风量 10 000 m^3/h；阻燃性滤筒
2	滤筒除尘器 2	2 885×1 016×3 312(H)	碳钢	处理风量 20 000 m^3/h；阻燃性滤筒
3	高效纤维过滤器	2 500×2 450×2 650(H)	碳钢	处理风量 100 000 m^3/h；过滤材料：无纺布、过滤棉
二	吸附系统			
4	固定吸附床	3 070×2 195×4 030(H)	碳钢	单床处理量 50 000 m^3/h；吸附材料：煤质蜂窝状活性炭，规格 100×100×100
三	脱附系统			
5	混流换热器	1 400×1 600×2 817(H)	碳钢	处理风量 5 000 m^3/h
6	催化氧化床	1 698×1 347×3 360(H)	碳钢	处理风量 5 000 m^3/h；贵金属催化剂；运行温度：380～580 ℃
7	阻火器	655×821×870	碳钢	处理风量 5 000 m^3/h；铜丝网

吸附-催化氧化处理装置各设备及整体外观如图 2 所示。

a. 滤筒除尘器

b. 高效纤维过滤器

c. 固定吸附床

d. 催化氧化床

e. 整体装置外观

图 2　某涂料厂 VOCs 吸附-催化氧化处理装置图

三、工程运行状况及主要技术经济指标

本工程 VOCs 净化率≥95%，颗粒物净化率≥99.99%(≥0.5 μm)。系统阻力≤2 700 Pa(含滤筒除尘系统和有机废气净化系统)。

工程总投资约为 500 万元，基本构成包含设备土建基础，有机废气净化系统，高压二氧化碳消防系统，防爆型电气控制系统的设计、制造、安装、调试。

运行维护措施包括：根据阻力情况更换过滤网板过滤材料；根据活性炭积灰情况定期清除炭层表面灰尘；定期更换活性炭；清除阻火器网板上积累的粉尘；设备外观维护；阀门维护；除尘滤筒、防雨棚、电磁阀定期检查。运行费主要包括：电费、人员管理费等，共计约 60 万元/年。

案例三 高效 RTO 设备在医药中间体生产废气处理工段应用

一、技术简介

成立于 2010 年的 B 化工有限公司（简称 B 公司）一直致力于 2 -氯咪唑并[1,2 - a]吡啶- 3 -磺酰胺类医药中间体的研发、生产和销售。医药中间体生产过程中有机废气的达标治理一直是重中之重，急需一种去除效率高、能耗低的有机废气处理工艺。C 环境工程技术有限公司（简称 C 公司）自主研发生产的高效 RTO 设备在 B 公司化工医药中间体生产过程中有机废气处理工段得到成功应用，为客户解决环保问题提供了极大的助力。

二、蓄热氧化炉（RTO）工作原理

RTO（蓄热氧化）技术是利用氧化过程将 VOC 废气转换成无害的 CO_2 与 H_2O，同时利用陶瓷材质做成的蓄热材料，利用其蓄热及放热原理进行设计的高温氧化技术。蓄热氧化炉（RTO）的核心部分为蓄热/切换装置，其利用≥800 ℃（正常控制在 820 ℃左右）高温将废气中 VOCs 氧化为 H_2O 和 CO_2。常温的废气进入燃烧室时从事先预热入口端的高温蓄热层吸收热量，达到 750 ℃以上温度，辅以燃烧器加热至设定温度进行氧化分解，排出时再由出口端蓄热层吸收大部分热量后排出。由气流切换阀门定时切换气流方向，原来的入口箱变成反吹箱（吹扫残留在蓄热陶瓷里面的微量 VOCs 气体，避免在切换为出口箱时污染已处理过的气体，降低处理效率。如此，出口箱变成入口箱，反吹箱变成出口箱，循环蓄热层进行周而复始的吸热和放热过程），因热回收效率很高，可达到 95%以上，因此在有机物浓度较高时无需燃烧器供热，以有机物氧化释放的热量就可以保持燃烧室的温度，节能效果好，RTO 的出口温度一般较入口温度高 40 ℃左右。

三、技术优势

C 公司采用组装式 RTO，设备具体外观见图 1、图 2，该设备具有如下技术优势：

（1）产品采用自主研发技术；

（2）模块化产品，整体运输，螺栓拼接，现场无焊接工作，内保温及蓄热套在车间内安装完成，现场安装工作及调试工期短；

（3）核心部件——提升阀采用不锈钢材质，阀门整体寿命 10 年以上，密封件使用寿命≥1 年，密封件可在位更换；

（4）自主研发的提升阀为零泄漏密封，实测处理效率可达到 99.5%；

（5）标准化批量生产，质量可靠，可实现短时间交付；

（6）可实现设备产品化及分销/代理模式；

（7）根据风量可自由并联组合，实现风量全覆盖。

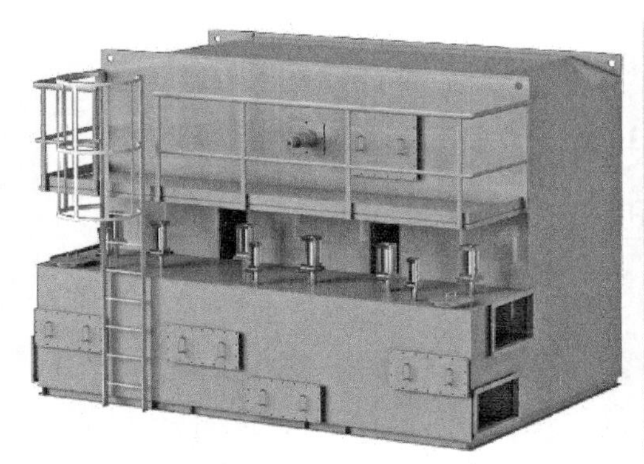
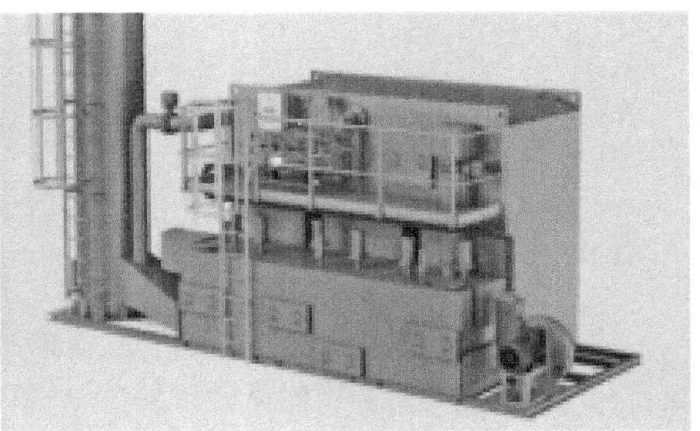

图 1　C 公司组装式 RTO 设备设计图

图 2　C 公司组装式 RTO 设备现场图

四、环保达标性

采用 C 公司高效 RTO 工艺处理后的废气 VOCs 排放浓度可以持续控制在 20 mg/m³ 以下，远低于山东省地方排放标准《挥发性有机物排放标准 第 6 部分：有机化工行业》(DB37/ 2801.6—2018)中 60 mg/m³ 的排放要求。

五、C 公司 RTO 优越性

C 公司的高效 RTO 设备占地面积小、能耗低，具体治理效果参数见表 1。

表 1　C 公司组装式 RTO 设备治理效果参数

项　　目	B 公司化工有机废气处理
设计风量(m³/h)	15 000
设计 VOCs 去除率	≥95%

续　表

核心设备	常规 RTO	C 公司高效 RTO
占地面积(m)	30×20	20×15
燃气消耗(m^3/h)	30	20
年节省燃气耗量(m^3/h)	80 000	

六、总结

C 公司自主研发生产的高效 RTO 在 B 公司医药中间体生产项目上的成功应用，为企业解决了环保难题。C 公司高效 RTO 的制造水平、处理效率都达到了国际先进水平。随着全社会环保意识的提高和环保技术的发展，C 公司高效 RTO 在国内有机废气处理的市场潜力巨大。

案例四　电子行业喷涂废气净化案例

北京某电子制造企业喷涂废气排放口共有 26 个，其中：18 个为涂装废气，每个排放口的风量为 9 000～9 500 m^3/h；8 个为喷涂排放口，每个排放口的风量为 6 500 m^3/h。要求治理涂装喷涂的漆雾和有机溶剂废气的污染，防止其扩散到厂区周围的大气环境中；根据工艺排放特性、数量、特点，合理改造和选用漆雾、有机溶剂处理等净化设施，并按照规范做好保障净化设施安全性能的措施。

一、依据标准

北京市地方标准《大气污染物综合排放标准》(DB11/ 501—2017)；《涂装作业安全规程　涂漆工艺安全及其通风净化》(GB 6514—2008)；《涂装作业安全规程　安全管理通则》(GB 7691—2003)；《涂装作业安全规程　涂漆前处理工艺安全及其通风净化》(GB 7692— 2012)；《工业企业设计卫生标准》(GBZ 1—2010)；《工作场所有害因素职业接触限值　化学有害因素》(GBZ 2.1—2007)。

二、喷涂废气排放情况

喷涂废气排放情况见表 1。

表 1　喷涂废气排放情况表

排放位置	排放口数量(个)	单机废气量(m^3/h)	总排放量(m^3/h)	废气浓度(mg/m^3)	废气温度
喷涂设备	8	6 500	52 000	300(主要污染物为苯、甲苯、二甲苯等)	常温
涂装设备 1	10	9 000	90 000		
涂装设备 2	8	9 500	76 000		

设计标准，根据北京市《大气污染物综合排放标准》中关于生产工艺废气及其他污染物排放限值进行设计，见表 2。

表 2 喷涂废气中有机物的排放标准

污染物	最高允许排放浓度（mg/m³）	污染物	最高允许排放浓度（mg/m³）
苯	8	非甲烷总烃	80
甲苯	25	其他颗粒物	30
二甲苯	40		

三、喷涂废气净化工艺选择与设计

1. 工艺选择

根据电子喷涂废气的性质和有关生产工艺资料，进行综合的环境经济评价，考虑其处理效果、是否有二次污染、处理成本等因素，对含少量漆雾颗粒物（或不含）的涂装车间废气与喷涂车间废气，采用旋流板塔—漆雾过滤—活性炭吸附—催化燃烧脱附并用的净化技术路线是目前较为可行的方案。

旋流板塔是一种湿式净化设备。它的优点是结构简单、空气阻力小，适用于处理常温常压废气，带水状态下不会造成堵塞，适合处理湿热的气体。废气经过塔内时与水膜接触，其中的污染物质如烟尘、有机物就会被部分吸收，从而降低废气的污染程度。旋流板塔具有如下特点：

（1）结构简单：改变常规的气液两相错流鼓泡的接触方式。

（2）处理风量大：比筛孔塔盘、阀式塔盘处理量大 36%。

（3）压力降小：比常规吸收塔小 16%。

（4）净化效率高：常规吸收塔效率在 70%左右，而旋流板塔可达 81%～90%。

（5）灵活性大：可根据不同的废气源增加或减少塔板层数。

废气经旋流板塔水洗、除雾器除雾后再进入活性炭吸附器进行吸附处理。除雾器由脱水板、防带水槽、脱水环组成，分布在水喷淋装置上部，当含有雾滴的废气通过脱水板、脱水环时，受离心力和重力的作用，废气中的液滴被凝聚流向塔壁后下落，大大降低废气中的含湿量，避免含水率较高的废气进入吸附床从而影响活性炭的吸附效果。采用活性炭作吸附剂，在运行一定时间后，活性炭将会饱和，对有机废气不再起吸附作用，必须进行再生处理，根据对活性炭更换或再生处理方式的不同，有两种方案可供选择。

方案一：活性炭定期更换。该方案工艺比较简单可靠，但是耗费人工，造成活性炭使用寿命短，浪费大。此种情况一般使用价格较便宜的活性炭。

方案二：活性炭再生。根据电子喷涂废气的具体情况，选用热空气再生法，此过程也称为变温过程，是目前应用较多、较为成熟的活性炭再生方法之一。采用热空气再生，其热源主要来自与吸附装置并用的催化燃烧装置产生的热能，而不需要其他热能，具有明显的节能效果，同时没有二次污染。

2. 工艺设计

根据喷涂废气的排放情况，工艺设计详见表 3。

表 3　废气治理工艺设计表

<table>
<tr><th>排放位置</th><th>总排放量（m^3/h）</th><th>废气浓度（mg/m^3）</th><th>废气温度（℃）</th><th>设计风量（m^3/h）</th><th>净化工艺</th><th>净化效率</th></tr>
<tr><td>喷涂车间</td><td>52 000</td><td rowspan="3">300</td><td rowspan="3">常温</td><td>80 000</td><td>旋流板塔＋漆雾过滤器＋活性炭吸附＋催化燃烧</td><td>>90%</td></tr>
<tr><td>涂装车间 1</td><td>90 000</td><td>60 000×2</td><td rowspan="2">旋流板塔＋漆雾过滤器＋活性炭吸附＋催化燃烧</td><td rowspan="2">>90%</td></tr>
<tr><td>涂装车间 2</td><td>76 000</td><td>80 000</td></tr>
</table>

图 1 为喷涂废气净化处理工程现场照片，图 2 为喷涂废气净化工艺流程图。

图 1　某电子制造企业喷涂废气净化处理工程现场照片

本工艺系统主要由旋流板塔、除雾器、活性炭吸附器、催化燃烧装置、主排风机、脱附风机、补冷风机、控制系统、管道及其附属系统组成。根据相关资料，一般小型油漆涂装作业所产生的漆雾颗粒粒径大小在 10 μm 左右的，在处理前的漆雾浓度为 78～120 mg/m^3。对于本项目漆雾颗粒物的治理，主要是根据漆雾颗粒的特点，选择旋流板塔处理方法，选

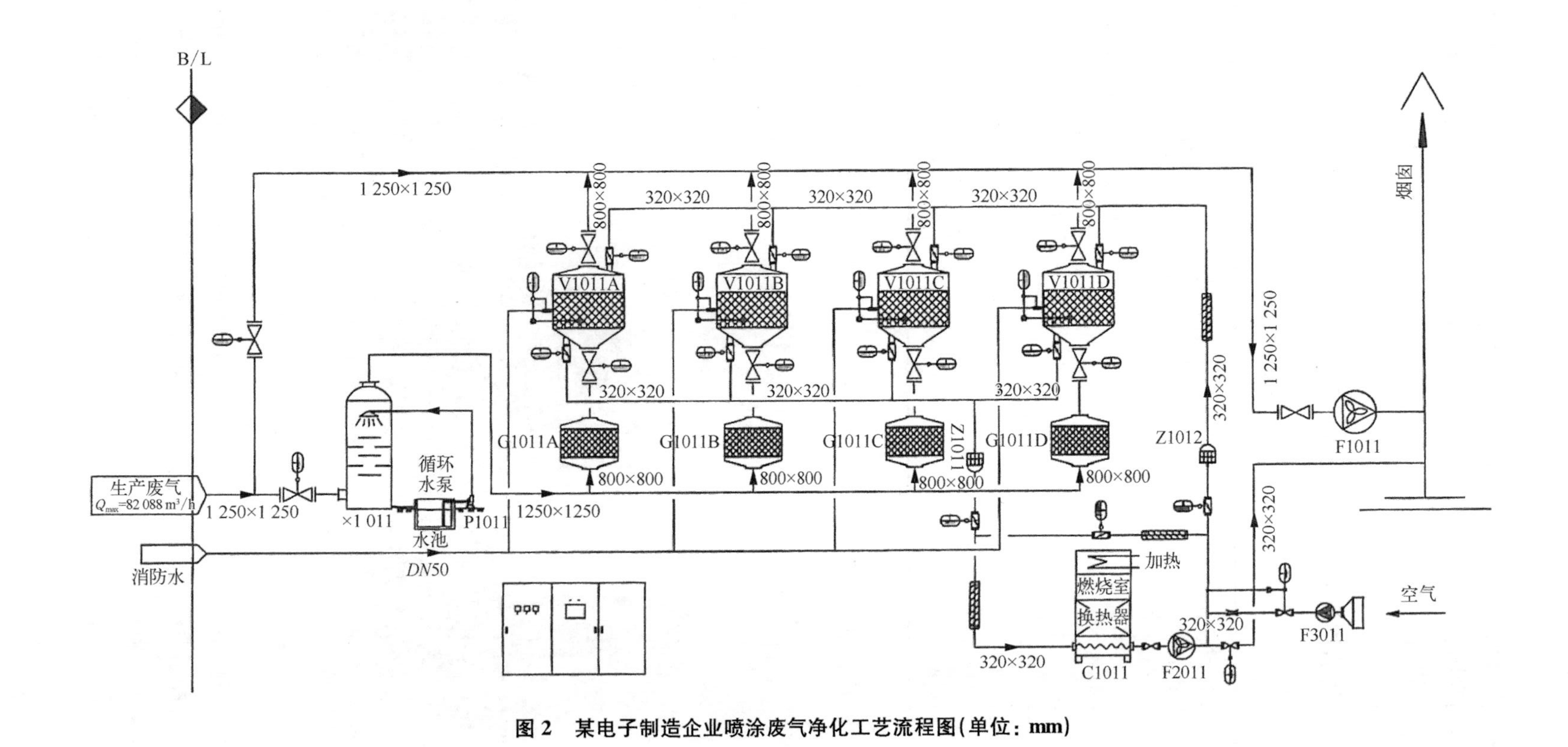

图 2　某电子制造企业喷涂废气净化工艺流程图(单位：mm)

用表面活性剂水溶液作喷淋液，设定合理的液气比，使漆雾颗粒物的净化效率到达 90%以上，同时可去除部分有机溶剂废气。

废气经旋流板塔净化漆雾颗粒物之后进入除雾器除雾。经过除雾器后的有机废气，温度已降到 40 ℃以下，经吸附床净化后可达标排放。吸附床使用的是蜂窝活性炭，具有性能稳定、抗腐蚀和耐高速气流冲击的优点，其对有机废气净化效率达到 90%以上，活性炭吸附饱和后用热空气脱附再生，重新投入使用。

一般通过控制脱附过程热空气流量，可将有机废气流量浓缩 10～15 倍，从而产生中高浓度有机废气，同时保证有机废气浓度在爆炸下限的 25%以内。脱附气流经催化床内设的电加热装置加热至 250～300 ℃，在催化剂作用下起燃，催化燃烧过程净化效率可达 97%以上，燃烧后生成 CO_2 和 H_2O 并释放出大量的热。该热量通过催化燃烧装置内的热交换器循环利用，一部分用来加热脱附用热空气，另一部分加热系统外的补冷新鲜空气。如再有预热，可引出另作他用。

为保证系统的连续运行，吸附器采用多单元，本工艺流程以 4 个单元为例，每个吸附单元设计最大处理风量为 20 000 m^3/h，正常运行时，处在脱附状态的只有 1 个单元而其他单元处于吸附状态；净化后的达标气体排入大气中。正常脱附前先将催化床燃烧室预热到 250～300 ℃(起燃温度)。系统通过放空阀和补冷风机来实现整个吸附-催化燃烧系统的热平衡。

由表 4 可见，系统运行时，任何时候都有 3 个吸附器处在吸附状态，有 1 个吸附器处在脱附状态或闲置，如此循环，保证系统的连续运行。本工艺吸附装置还设置有活性炭超温保护系统。因进气中有机废气污染物的浓度不恒定，当有机物浓度很高时，其燃烧后的脱附气温度也较高，可能超出活性炭的温度承受范围而引起活性炭的自燃。为防止活性炭自燃，本工艺首先在吸附床层内部设置温控系统，控制脱附气体的温度在合理范围之内；另外是在吸附器顶部设置消防喷淋装置，开闭由活性炭内部温度控制，万一活性炭自燃，消防喷淋启动，第一时间保护活性炭，防止火灾发生。

表 4　系统各吸附器运行逻辑

	——→时间			
吸附器 A	脱附或闲置	吸附	吸附	吸附
吸附器 B	吸附	脱附或闲置	吸附	吸附
吸附器 C	吸附	吸附	脱附或闲置	吸附
吸附器 D	吸附	吸附	吸附	脱附或闲置

注：时间 a min = $1/4T$，T 为吸附周期；
时间 a min = b min + c min，时间 c 最小可以为 0

案例五　“绿岛”治理模式——集中钣喷中心案例

一、项目背景

某钣喷中心 VOCs 治理“绿岛”为所在地区首家集中式钣喷中心，是集绿色环保、流水线作业、先进工艺设备、AI 智能为一体的创新项目，引领带动汽修钣喷行业绿色智能化升级，高效能、高科技节能减排。

该项目建设前，当地汽修钣喷行业各个维修店分散作业，污染治理成本高、监管难度大。项目建设完成后，新的钣喷行业集中治理“绿岛”模式诞生，有效解决了行业 VOCs 治理的痛点。

二、工艺设备

该项目全流程杜绝了 VOCs 外排，减少车辆因频繁移动造成的粉尘及颗粒物扩散；通过采取干磨除尘系统，油漆打磨工序效率提升 30%以上，打磨产生的粉尘通过管道及时吸走；通过微负压的新风系统，排气经过滤棉过滤后排放，解决 VOCs 外泄，做到了粉尘能收尽收，达到行业领先水平。

该钣喷中心项目建设总投资 5 000 万元，其中环保投资 2 000 余万元，该钣喷中心配备中央焊烟除尘系统，收集效率达 80%。在废气治理端，采用“吸附＋脱附＋催化燃烧”VOCs 治理模式，配备重达 20 吨的专业 VOCs 环保治理设备，是总投资 2 000 万元中的重要一环，VOCs 综合去除效率可达 90%。该设备处于行业领先水平，解决了传统设备间接产生臭氧的问题，分四组对油漆车间流水线上的喷烤房进行三级过滤，在活性炭饱和后该设备系统能够实现自动监测启动催化燃烧脱附程序，具有极佳的治理效果。另一方面，该项目中搭建了一套先进的 AI 智能管理系统，可以实现智能排程、实时数据采集及后台大数据运算，有效降低大规模集中化生产的管理难度，降低过程损耗，大大提升生产效率。

三、主要成效

钣喷中心 VOCs 治理“绿岛”投入使用后，所达到的节能减排效果显著。根据监测数据，厂界下风向无组织颗粒物排放浓度范围为 0.10～0.22 mg/m^3，非甲烷总烃排放浓度范围为 0.39～0.53 mg/m^3，均能满足《大气污染物综合排放标准》(GB 16297—1996)的要求。该项目实现了从传统的废气无序排放到如今有组织排放的转变，解决了汽修行业废气治理效率低、门店分散监管难度大的难题，做到节能、提质、增效的最优模式，VOCs 处理效率居行业领先水平，项目可实现对 VOCs 减排 12 吨/年，成为地区先进典型，引领整个行业的发展和革新。

附录四
包装印刷行业 VOCs 控制技术应用案例

案例一　采用转轮浓缩-催化氧化工艺处理印刷厂废气

一、气体产生源及特征

本项目地点位于市重点监控化学工业园区，厂区占地面积 50 000 m^2，VOCs 主要来源于印刷机废气和干式复合机废气（含油墨槽和烘箱废气），其中主要污染物为无组织排放的乙酸正丙酯、乙酸乙酯、丁酮、异丙醇、甲苯、二甲苯等，风量高达 200 000 m^3/h，废气浓度不稳定，最高浓度可达 1 000 mg/m^3。

二、工艺流程

采用转轮浓缩-催化氧化工艺，工艺流程如图 1 所示。

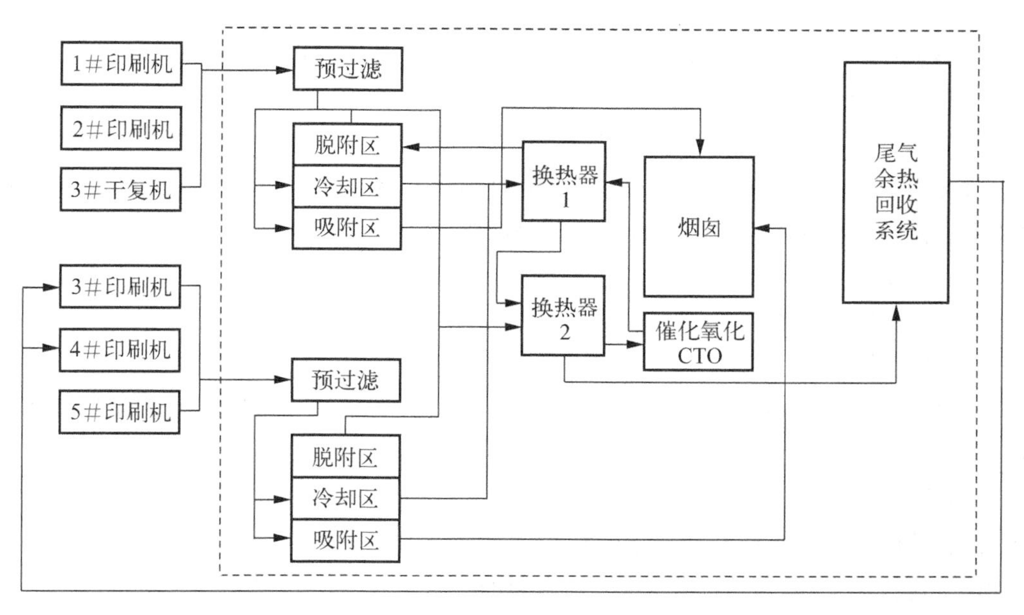

图 1　印刷行业 VOCs 转轮浓缩-催化氧化工艺流程示意图

无组织排放废气经吸风罩收集后，进入多级过滤器除尘、除水，再进入转轮的吸附区除去 VOCs 组分，洁净废气直接通过烟囱排放至大气中。脱附区经热风脱附得到高浓度、低风量的有机废气，其进入催化氧化炉后在贵金属铂催化剂的作用下快速氧化去除 VOCs，氧化作用产生的热量可大大降低氧化炉的能耗。处理装置如图 2 所示。

图 2 印刷行业 VOCs 转轮浓缩-催化氧化系统装置图

系统主要管道采用不锈钢材质，紧凑美观，集成度高，占地面积小。

三、沸石转轮的优势

(1) 采用优质沸石

1) 采用的高品质沸石具有丰富的多孔性结构和极强的疏水性，可有效吸附苯系物、醇类、酯类等多种 VOCs 组分。

2) 耐高温，寿命长。

3) 利用沸石的不可燃和耐高温的性能，可用较高的温度脱附高沸点的 VOCs 物质，避免了有机组分在转轮上残留聚合的情况，从而延长转轮的使用寿命，并保证系统在使用过程中安全稳定。

4) 低压损，低能耗。

(2) 合理的设计

转轮的蜂窝状结构有助于空气快速通过，产生的阻力小，非常适用于大风量、低浓度废气浓缩，浓缩倍率最高可达 20 倍，同时降低了系统运行的能耗损失。

(3) 精细的制造工艺，保证了设备的优质。

四、工程运行情况及主要经济指标

系统运行稳定，净化效率高，催化氧化炉的处理效率高达 99%，排放满足《印刷业大气污染物排放标准》(DB31/ 872—2015)的要求。装置配有 PLC 控制系统，自动化程度高，维护简单。每年的运行成本不足 100 万元，主要用于风机和电加热器的电费及催化剂的更换费用，无固体废物产生。

采用该技术成功地治理了多种行业排放的大风量、低浓度的 VOCs。

案例二　某塑料彩印公司 VOCs 处理工程案例

一、气体产生源及特征

某塑料彩印公司属于软包装印刷行业，主要产品为塑料软包装印刷膜卷和各种制袋产品。塑料印刷产品在复合生产过程中要使用双组分聚氨酯黏合剂，同时要添加乙酸乙酯作为稀释剂，两者比例约为 1∶1。在复合后加热烘干过程中，大量乙酸乙酯被气化，产生 VOCs 废气。VOCs 气体排放量约 27 600 m^3/h，主要组分为乙酸乙酯，排放温度为 50～70 ℃。

二、工艺流程

废气处理工艺流程如图 1 所示，废气经过预处理后进入吸附罐，被净化后直接排放。吸附床达到饱和后，将加热后的氮气通入吸附罐进行 VOCs 脱附，脱附后的 VOCs 经冷凝纯化后回收。每个吸附器体积为 27.5 m^3，填料床体积为 13 m^3，吸附温度在 40 ℃以下，罐体流速低于 0.6 m/s，运行 14 h 达到吸附饱和，进入脱附状态，脱附温度为 130～150 ℃，脱附时间约 3 h。

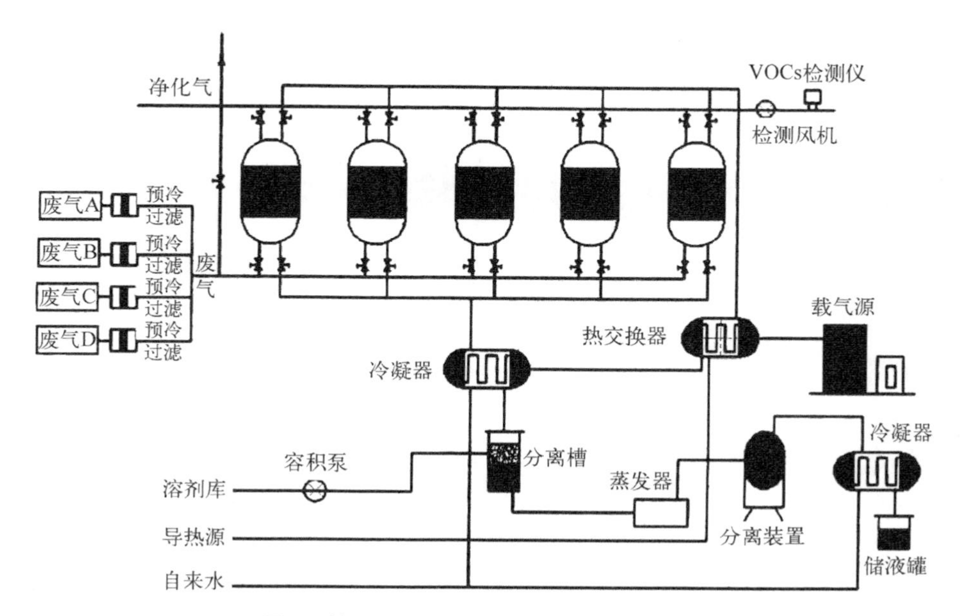

图 1　某塑料彩印公司 VOCs 回收工艺流程

该套溶剂回收设备建成于 2014 年 1 月，使用了氮气保护再生技术，解决了回收溶剂中含水、废水二次污染及酸性水分腐蚀吸附设备等问题。

三、工程运行情况及主要技术经济指标

设备 VOCs 回收率在 92%以上，净化率达到 96%，回收的溶剂纯度≥99.9%，尾气达标排放率 100.0%，尾气排放浓度<80 mg/m^3。

该设备使用溶剂的主要组分为乙酸乙酯，年使用量 500 t，乙酸乙酯价格 6 500 元/吨，经过计算可知，该工程的回收利润为 148 万元/年，回收周期为 25.7 个月，如表 1 所示。

表 1　投资回收期计算表每月运行成本　　(单位：万元)

总投资	每月运行成本						月回收溶剂价值	月回收溶剂利润	年利润	回收周期/月
	水	电	人工	维修费	其他费用	折旧				
	0.135	8.18	0.4	0.05	0.05	3.23				
400	合计：12.05						24.38	12.3	148	25.7

注：运行费用占回收价值的 49.42%，收益率 50.58%。